U0176520

航天科技图书出版基金资助出版

液力透平设计

王 珏 吴玉珍 等 著

中国宇航出版社
·北 京·

图书在版编目（CIP）数据

液力透平设计 / 王珏等著. -- 北京 : 中国宇航出版社, 2021.8

ISBN 978-7-5159-1958-4

Ⅰ.①液… Ⅱ.①王… Ⅲ.①液力透平－设计 Ⅳ.①TK73

中国版本图书馆 CIP 数据核字(2021)第 157554 号

责任编辑　赵宏颖　　封面设计　宇星文化

出版发行　中国宇航出版社

社　址　北京市阜成路 8 号　邮　编　100830
(010)60286808　(010)68768548

网　址　www.caphbook.com

经　销　新华书店

发行部　(010)60286888　(010)68371900
(010)60286887　(010)60286804(传真)

零售店　读者服务部　(010)68371105

承　印　天津画中画印刷有限公司

版　次　2021 年 8 月第 1 版
2021 年 8 月第 1 次印刷

规　格　787×1092

开　本　1/16

印　张　15

字　数　365 千字

书　号　ISBN 978-7-5159-1958-4

定　价　98.00 元

本书如有印装质量问题，可与发行部联系调换

《液力透平设计》
编 委 会

章节主要编著人员 王 珏 吴玉珍 戴 侃 郝开元
林奇燕 吴乃军 王小华 郑 昂
赵 钊 张召磊

参与编写人员 陈乃镝 韩 虹

前　言

液力透平是将液体压力能转化为机械能的叶轮机械，在液体火箭发动机推进剂泵驱动、工业装置液体压力能利用或余压能回收领域有广泛用途。

液力透平过流部件一般由壳体、导叶、转轮等组成。高压液体从透平入口流入，经壳体和导叶部分或全部压力能转变为速度能，推动转子做旋转运动；液体进入旋转的叶片流道后，尚未转化的其余部分压力能在转轮内转变为动能，特定的结构设计使得液体进入叶轮后形成叶片压力面和吸力面的压力差，进一步推动转轮旋转，同时将液体的动能转化为机械能。液力透平所产生的机械能可以通过主轴带动发电机或泵等其他旋转机械。

液力透平与水力发电行业的水轮机工作原理相同，但在应用环境、结构形式和结构尺寸、驱动介质等诸方面与水轮机均有较大区别，因此液力透平的设计与水轮机的设计存在着较大差异。

从涡轮机械原理讲，液力透平可以被认为是泵的反向旋转，因此目前工业装置液力透平的设计主要采用反转离心泵设计方法，该方法建立在大量泵模型、泵正反转（即泵状态和透平状态）性能试验和优化基础上，而工业装置中实际的液体介质流量、压力能（水头或扬程）、运行参数范围千差万别，使得这种模型设计方法的应用效果具有一定的局限性。提高液力透平的能量转换效率、运行调节能力、设备的安全稳定性等整体技术水平，是未来相当长时间内透平机械领域的持续性研究课题。

本书创作团队有 30 多年液力透平和涡轮泵研制经验，团队由流体设计、结构和强度设计、密封和轴承设计、状态监测与安全防控等方面专业技术人员组成。本书内容丰富、全面，涵盖基本原理、水力设计与案例、结构设计、系统设计、标准与试验、应用与选型数据等。

本书对液力透平设计、试验和应用方面的技术人员，以及流体机械学科的本科和研究生具有较高参考价值。

本书创作过程中部分研究工作得到国家重点研发计划课题“大型气化炉与关键设备开发”2017YFB062702 的经费支持，同时得到编著团队成员所在单位“北京航天动力研究所”“北京航天石化技术装备工程有限公司”“中国航天科技集团有限公司‘低温重点实验室'"以及上级单位的大力支持；本书在立项申请和编著团组建设过程中得到航天推进技术研究院科技委主任谭永华、副主任张楠的指导。在此一并表示感谢！

书中难免有错误和不当之处，敬请读者批评指正。

作　者

2020年7月30日

目　录

第1章　概　论

1.1　工程流体力学基本方程

1.1.1　工程流体力学基础

流体力学属于力学范畴，是连续介质力学的分支，是研究流体现象及力学行为的学科。工程流体力学侧重力学运动规律及其应用的研究，以解决工程中的实际问题为目标，主要研究在各种力的作用下，流体本身的静止状态和运动状态，以及流体和固体壁面之间、流体和流体之间、流体与其他运动形态之间的相互作用和流动的规律。

流体包括牛顿流体和非牛顿流体，符合切向力与运动梯度成正比的规律的流体为牛顿流体，否则为非牛顿流体，如凝胶等塑性流体、高分子溶液等假塑性流体以及胀塑性流体都属于非牛顿流体。本书所涉及流体为不可压缩的牛顿流体，当含有一定量的不凝气或流动过程中出现闪蒸汽等可压缩流体时，仍按均匀的不可压缩流体计算，再根据具体情况进行修正。

流体力学研究过程中把流体分为理想流体和实际流体，无黏性流体（黏度为0）为理想流体。实际上没有任何流体的黏度为0，理想流体并不存在。因此，通常采用简化的纳维-斯托克斯方程（即简化的N－S方程）描述实际流体运动。

$$\frac{d\boldsymbol{C}}{dt}=\boldsymbol{F}-\frac{1}{\rho}\nabla P+\nu\nabla^2\boldsymbol{C} \tag{1-1}$$

当工程中将流体视为理想流体进行计算时，须进行黏性修正。通常流体黏度的影响在透平机械结构设计中用水力效率和轮盘摩擦效率进行修正，将式（1－1）的黏性项去掉，两边同乘$\boldsymbol{C}$，得到透平机械设计常用的伯努利方程

$$\frac{dC^2}{dt}=\boldsymbol{F}\cdot\boldsymbol{C}-\frac{\boldsymbol{C}}{\rho}\nabla P \tag{1-2}$$

对定常流动，沿流线的伯努利方程进一步简化为$\boldsymbol{C}$

$$\frac{C^2}{2g}+Z+\frac{P}{g\rho}=\text{constant} \tag{1-3}$$

考虑黏性的定常流动情况下，沿流线的伯努利方程可表示为

$$\frac{C_1^2}{2g}+Z_1+\frac{P_1}{g\rho}=\frac{C_2^2}{2g}+Z_2+\frac{P_2}{g\rho}+h_m \tag{1-4}$$

式（1－4）的物理意义为：在定常流动条件下，当流体质点沿流线从位置P_1流动到位置P_2时，其动能、位置势能和压力势能的和，等于位置P_2处的能量与沿程摩擦损失h_m的和。如图1－1所示。

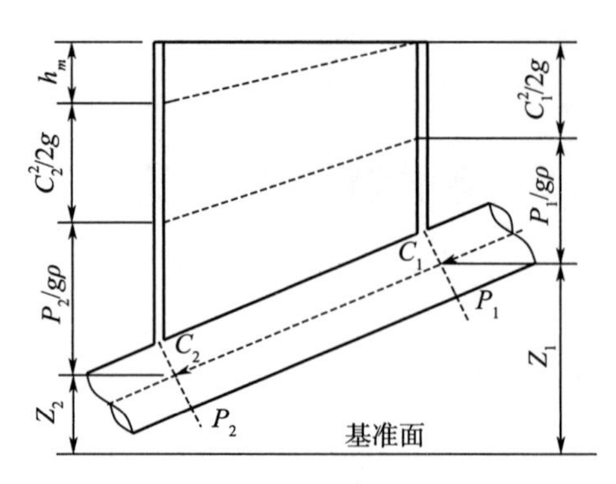

图 1-1　伯努利方程的物理意义图解

如位置 P_1 处的流束截面积为 A_1，位置 P_2 处的流束截面积为 A_2，则通过两位置的流体的质量相等，即

$$\rho_1 C_1 A_1 = \rho_2 C_2 A_2$$

对均匀的不可压缩流体有

$$C_1 A_1 = C_2 A_2 \tag{1-5}$$

1.1.2　坐标系

坐标系可分为直角坐标系、圆柱坐标系和球面坐标系等。用三个互相垂直的坐标轴 x 、y 、z 表示物理位置的直角坐标系，是工程中应用最广泛的坐标系；圆柱坐标系，是平面极坐标系沿 z 轴方向的延伸，即其中的一个面由长度 r 和角度 φ 表示，高度 z 垂直于该面，圆柱坐标系常用于透平机械。圆柱坐标系和直角坐标系可互相转换，如图 1-2 所示，$x=r\cos\varphi$ ，$y=r\sin\varphi$ ，$z=z$ 。

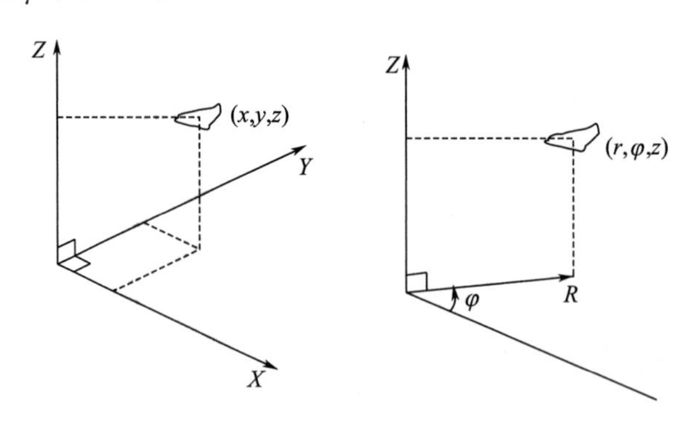

图 1-2　直角坐标系与圆柱坐标系

坐标系又分为静止坐标系和运动坐标系，如图 1-2 和图 1-3 所示。运动坐标系更适用于对透平类旋转机械叶轮流道内的流动和受力进行分析，一般运动坐标系的旋转速度和方向与透平机械旋转速度和方向一致。在透平机械设计和流体动力学分析中，往往同时使用运动坐标系和静止坐标系。

当流体质点在 $\mathrm{d}t$ 时间内从 P 点移动到 P' 点时，动、静坐标系的关系如图 1-3 所示。

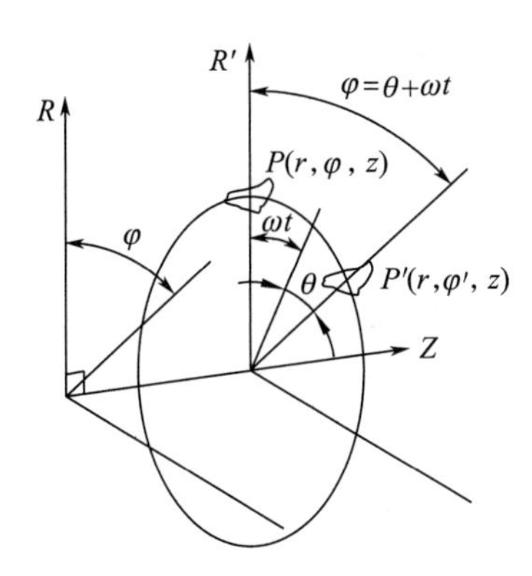

图1-3 静止坐标系与运动坐标系

1.1.3 流体动力学基本方程

流体动力学基本方程包括连续方程（质量守恒）、运动方程（动量守恒）和能量（守恒）方程。透平机械内流具有典型的三维流动特性，且流动过程中不考虑流体与外界的热交换，因此简化后的定常、黏性、不可压缩流体的基本方程如式（1-6）～式（1-8）所示。

连续方程

$$\frac{\partial C_x}{\partial x}+\frac{\partial C_y}{\partial y}+\frac{\partial C_z}{\partial z}=0 \tag{1-6}$$

运动方程

$$C_x\frac{\partial C_x}{\partial x}+C_y\frac{\partial C_x}{\partial y}+C_z\frac{\partial C_x}{\partial z}=\nu\left(\frac{\partial^2 C_x}{\partial x}+\frac{\partial^2 C_x}{\partial y}+\frac{\partial^2 C_x}{\partial z}\right)-\frac{1}{\rho}\frac{\partial P}{\partial x} \tag{1-7a}$$

$$C_x\frac{\partial C_y}{\partial x}+C_y\frac{\partial C_y}{\partial y}+C_z\frac{\partial C_y}{\partial z}=\nu\left(\frac{\partial^2 C_y}{\partial x}+\frac{\partial^2 C_y}{\partial y}+\frac{\partial^2 C_y}{\partial z}\right)-\frac{1}{\rho}\frac{\partial P}{\partial y} \tag{1-7b}$$

$$C_x\frac{\partial C_z}{\partial x}+C_y\frac{\partial C_z}{\partial y}+C_z\frac{\partial C_z}{\partial z}=\nu\left(\frac{\partial^2 C_z}{\partial x}+\frac{\partial^2 C_z}{\partial y}+\frac{\partial^2 C_z}{\partial z}\right)-\frac{1}{\rho}\frac{\partial P}{\partial z} \tag{1-7c}$$

能量方程

$$C_x\frac{\partial T}{\partial x}+C_y\frac{\partial T}{\partial y}+C_z\frac{\partial T}{\partial z}=\frac{k_f}{\rho C_p}\left(\frac{\partial^2 T}{\partial x}+\frac{\partial^2 T}{\partial y}+\frac{\partial^2 T}{\partial z}\right)+S_T \tag{1-8}$$

式中 下标 x、y、z ——物理量在该坐标轴上的分量；

k_f ——流体的热传导系数；

S_T ——黏性耗散项。

其中坐标 x、y、z 可用 r、φ、z 替代。

式（1-5）和式（1-4）分别是式（1-6）和式（1-8）的一维表达式，式（1-7）是对式（1-1）的三维微分展开。

传统的透平机械设计采用一维公式进行流动参数计算和宏观结构参数的确定，并在大量试验模型数据的支撑下，利用半经验公式和试验拟合系数等对所获得的结构进行修正。

吴仲华提出 S_1/S_2 流面理论后，无黏流体的流面迭代准三维计算方法诞生，使得对透平机械内部流动状态的描述更精确，结构设计更合理。计算机技术的发展则使得黏性流体复杂流动的三维 N－S 方程直接求解成为可能。目前透平机械多采用一维结构设计确定过流部件的进出口参数；应用解决二维正向问题的方法，设计过流部件内部结构形状；应用三维数值仿真展示内部流动状态，并根据流态确定结构和性能优化的方向。

1.2 液力透平定义

工业装置余压能回收利用设备分为容积式（如螺杆膨胀机等）、速度式（如透平膨胀机等）和混合式（如引射器等），能量回收涉及的介质可以是气体、液体和气液混合物。

液力透平英文为 hydraulic turbine，是指区别于水轮机、用于工业装置液体压力能利用的透平原动机，可直接驱动发电机用于发电，也可以独立或与电动机等其他动力设备共同驱动泵或风机（压缩机）等转动设备。

液力透平与其他的透平机械一样，是具有叶轮（叶片）的速度（动力）式流体机械。其特点是装有叶片的转子作高速旋转运动，液体流经叶片流道时，通过叶片与流体之间的相互作用，将压力能、速度能转换为机械能。

1.3 液力透平结构形式及应用

（1）结构形式

液力透平基本结构包括转子和静子，转子由叶轮、轴、轴上其他辅助件（如轴承、密封动环、轴套等）等组成；静子主要包括涡壳、进出口管、导叶，以及其他与转子构成完整过流部件的零件。

液力透平的结构分类，取决于工作介质的流量和可利用压头（又称为水头、扬程或压差），过流部分一般以叶轮数量和叶轮结构形式进行分类，外部结构则由转子支撑和壳体的剖分方式[5]进行分类，如图 1－4 所示。

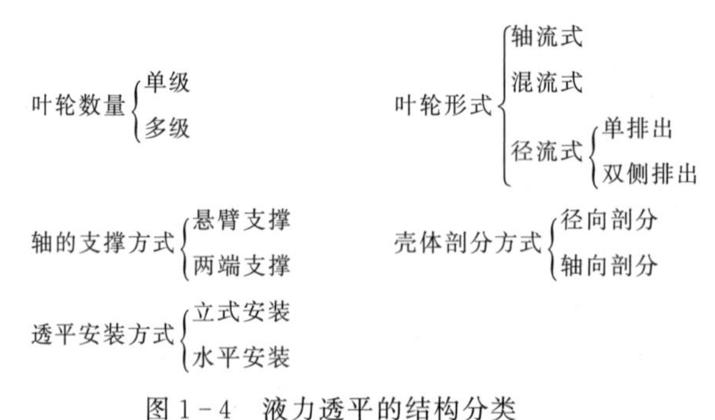

图 1－4 液力透平的结构分类

以水斗式为代表的冲击式结构不在本书的“液力透平设计”讨论范围内。

混流式液力透平工程应用较多，具有水头利用率高、参数适应范围广的特点，通常比

转速范围 $n_{sT}=30\sim300$，水头 $H=30\sim700$ m。

径流式液力透平可以作为混流式液力透平的特殊情况看待，当叶轮进口流体流动方向与转动轴方向成90°时，混流式即为径流式。通常适用于比转速较低的参数条件。

轴流式液力透平适用于比转速较高、流量较大、水头相对较低的情况，或对径向尺寸有较高要求的特殊场合，如液体火箭发动机推进剂预压泵驱动涡轮，通常适用于比转速 $n_{sT}=200\sim850$，单级水头 $H=10\sim80$ m 情况。

当液力透平的比转速低于30或水头在700 m以上，水头与比转速严重超出上述推荐的匹配条件时，可采用多级径向或多级轴向液力透平，此时比转速和水头用级比转速 n_{js} 和级水头 H_j 来替代，进行相应的设计计算。

（2）参数与结构形式关系举例

例1　液力透平流量300 m^3/h、可利用水头60 m，可以采用单级径向进、轴向排出的叶轮，悬臂支撑、壳体径向剖分结构，根据API 610规定，当介质温度不高、采用地脚支撑时，标记为OH1型，如图1-5（a）所示；如介质温度较高，采用中心支撑时记为OH2型，如图1-5（b）所示。

例2　液力透平流量3 000 m^3/h、可利用水头180 m，可以采用单级双侧排出叶轮、两端支撑、壳体轴向剖分结构，根据API 610规定，透平形式标记为BB1型，如图1-5（c）所示。

例3　液力透平流量400 m^3/h、可利用水头380 m，可以采用3～4级叶轮串联、两端支撑、壳体径向剖分结构，根据API 610规定，标记为BB4型，如图1-5（d）所示。

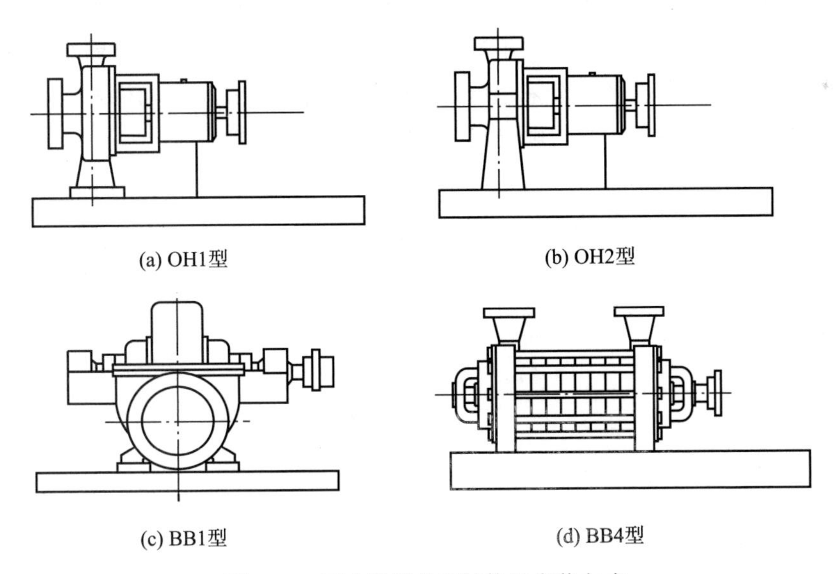

图1-5　液力透平外部结构及安装方式

（3）应用

液力透平的应用环境由工业装置中具有可利用的液体压力能的场合决定，可以应用液力透平的常见的工业装置有炼油加氢装置、煤化工或天然气净化系统的低温甲醇洗装置、天然气的汽化/液化装置、海水淡化装置、合成氨及其类似的脱碳装置、电厂循环水系统以及其他液体循环利用系统。这类工业装置的特点是，流体在高压和低压之间变换并循环利用，系统一般需要增压泵和减压设备，典型的循环系统如图 1-6 所示，图 1-6（a）为常规的合成氨脱碳工艺流程，图 1-6（b）为增加了液力透平的工艺流程。

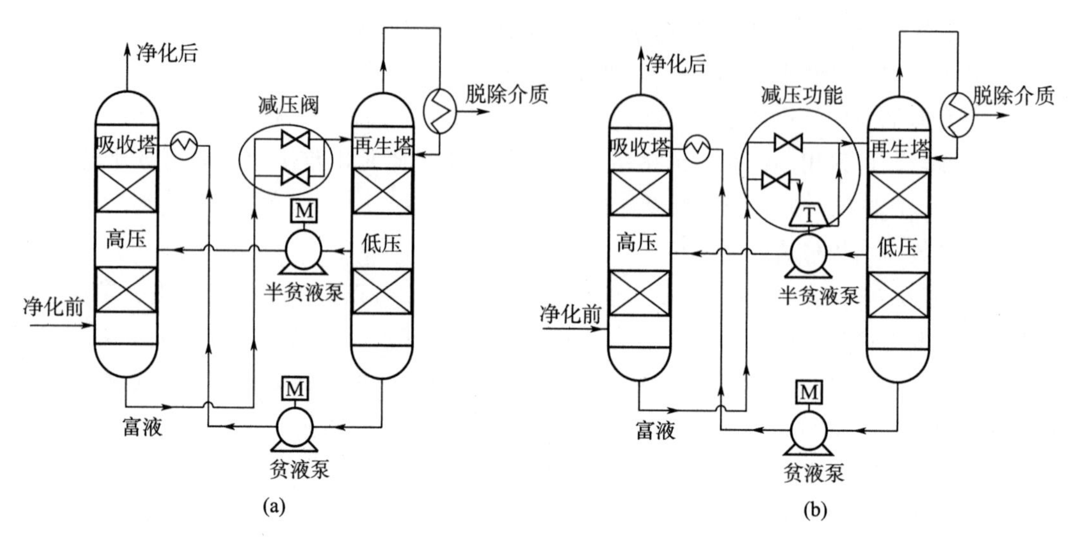

图 1-6 典型的合成氨脱碳工艺流程

工业装置液力透平的特点是应用环境复杂，且多处于易燃易爆区域。不同工艺装置能量水平千差万别，即使工艺条件相同，由于规模不同，也会造成能量水平的较大差别。流体多为高温、高压、高黏、腐蚀、含不凝气、饱和或接近饱和、含固体颗粒、易燃易爆等复杂介质。工业装置液体透平一般采用卧式安装，可以直接驱动发电机发电，独立驱动泵或风机、压缩机等旋转机械，常与电动机等设备共同驱动被动机。

参考文献

［1］ 陈卓如．工程流体动力学（2 版）[M]. 北京：高等教育出版社，2004.

［2］ 王仲奇，秦仁．透平机械理论 [M]. 北京：机械工业出版社，1987.

［3］ 王仲奇．透平机械三元流动计算及其数学和气动力学基础 [M]. 北京：机械工业出版社，1998.

［4］ 关醒凡．现代泵理论与设计 [M]. 北京：中国宇航出版社，2011.

［5］ API 610 11 edition，Centrifugal Pumps for Petroleum Petrochemical and Natural Gas Industries [S].

［6］ 杨军虎，张雪宁，等．能量回收液力透平研究综述 [J]. 流体机械，2011，39 (6)：29-33.

［7］ 杨守智，王遇冬，等．天然气脱硫脱碳富液能量回收方法的研究与选择 [J]. 石油与天然气化工，2006，35 (5)：364-367.

第2章　液力透平基本理论和设计方法

2.1　液力透平基本方程

2.1.1　叶轮形式与反力度

工业装置液力透平以混流式或纯径向式为主，特殊情况也采用轴流式叶轮。混流式（径流式）液力透平流体沿径向流入、沿轴向排出叶轮；轴流式液力透平的流体在转子内沿轴向流动。由于流动方式和结构区别较大，混流式（径流式）和轴流式液力透平设计中所采用的基本方程表达式有所不同。

液力透平做功是叶轮将流体的能量转换为机械能的过程，壳体、导叶等静止的过流部件只是为叶轮提供必要的流动条件，也就是说透平能否对外做功、液体能量转换为机械能的效率主要取决于叶轮，因此液力透平的设计要从分析叶轮相关的能量方程开始。

假定流体在叶轮内的损失为零，则单位质量流体通过叶轮所输出的理论能量，用欧拉方程表示为

$$H_{0T}=\left(Z_{1T}+\frac{P_{1T}}{\gamma_1}+\alpha_1\frac{C_{1T}^2}{2g}\right)-\left(Z_{2T}+\frac{P_{2T}}{\gamma_2}+\alpha_2\frac{C_{2T}^2}{2g}\right) \tag{2-1}$$

式中　H_{0T} ——理论可利用能量或理论可转化能量；

Z ——液柱高度；

P ——流体压力；

γ ——密度；

C ——速度；

α ——系数；

下标1为进口，2为出口。

对水轮机，进出口密度 γ 相同（常数），对工业装置的可利用流体，随着压力的降低，在叶轮出口因气体析出引起密度变化较大时，应考虑密度 γ 的差别。

方程两边同除 H_{0T}，式（2-1）表示为

$$\frac{(Z_{1T}+P_{1T}/\gamma_1)-(Z_{2T}+P_{2T}/\gamma_2)}{H_{0T}}+\frac{\alpha_1C_{1T}^2-\alpha_2C_{2T}^2}{2gH_{0T}}=1 \tag{2-2}$$

式中，第一项是流体压力能和位能的和，为势能，记为 E_{0P}；第二项为流体动能，记为 E_{0v}。在工业装置中，由于液力透平尺寸较小，叶轮进出口高度差与压力差的比可以忽略不计，即认为 $Z_{1T}-Z_{2T}\approx 0$，在不考虑密度变化和结构影响情况下，式（2-2）可简化表示为

$$\frac{(P_{1T}-P_{2T})/\gamma}{H_{0T}}+\frac{\alpha(C_{1T}^2-C_{2T}^2)}{2gH_{0T}}=1 \tag{2-3a}$$

$$E_{0P}+E_{0v}=1 \tag{2-3b}$$

如式（2－3b）中的 $E_{0P}=0$，$E_{0v}=1$，则意味叶轮转换的机械能完全来源于速度能，此种情况为冲击式透平。

如 $0<E_{0P}\leqslant 1$，说明叶轮转换的机械能来源于压力能和速度能，此种情况定义为反击式或反力式透平，该值又称为反力度。

在工业装置中，管道流动速度较低，除大流量、低水头情况外，液力透平的来流压力能占绝大部分，因此式（2－3a）中的叶轮来流的压力能与速度能主要来源于透平入口的压力能。

在叶轮设计中，合适的反力度可取得较高的能量转换效率，因此在水轮机设计中，无论是混流式还是轴流式，推荐按反击式进行设计。按纯冲击式设计时，叶轮前应有导叶等装置将流体的全部压力能转变为速度能。在压力能转变为速度能过程中，以及高速流体运动过程中均存在不可避免的能量损失，因此冲击式透平设计对叶轮入口前的静止件要求较高。

2.1.2　混（径）流式液力透平基本方程

速度为矢量，叶轮机械内部任意流体质点的速度 $\boldsymbol{C}$，可以表示为牵连速度 $\boldsymbol{U}$（叶轮旋转速度）和叶轮内部流体相对速度 $\boldsymbol{W}$ 的和，用式（2－4）表示，其速度的几何关系如图 2－1 所示，各分量用速度三角形关系计算，例如 C_u 可用式（2－5）计算获得。

$$\boldsymbol{C}=\boldsymbol{W}+\boldsymbol{U} \tag{2-4}$$

$$C_u=C\cos\alpha \tag{2-5}$$

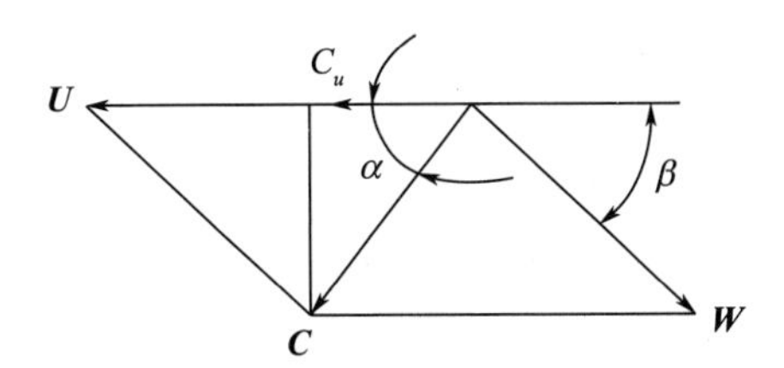

图 2－1　叶轮内流体质点速度三角形

根据透平基本原理和流体质点速度三角形关系，叶轮进出口速度如图 2－2 所示。流体在透平内部的流动情况比较复杂，在此暂不做分析。

由于叶轮能量转换不可能达到100%，所以引入水力效率 η_h，因此液力透平叶轮的能量转换基本方程为

$$g\eta_{hT}H_{0T}=C_{1uT}U_{1T}-C_{2uT}U_{2T} \tag{2-6}$$

$$2g\eta_{hT}H_{0T}=\omega_T(C_{1uT}D_{1T}-C_{2uT}D_{2T}) \tag{2-7}$$

根据速度环量定义 $\Gamma=2\pi C_uR$，式（2－7）用速度环量表示为

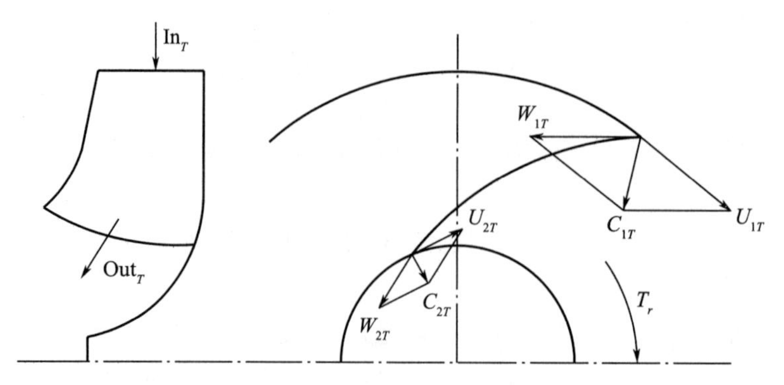

图 2-2　液力透平进出口速度三角形

$$g\eta_{hT}H_{0T}=\frac{\omega_T(\Gamma_{1T}-\Gamma_{2T})}{2\pi} \tag{2-8}$$

即

$$\frac{60g\eta_{hT}H_{0T}}{n_T}=\Gamma_{1T}-\Gamma_{2T} \tag{2-9}$$

式中，n ——透平转速，r/min。

为尽量提高透平对外输出能量的水平，设计时应尽量减少叶轮出口环量。对反力式透平，一般额定工况点的出口环量接近于零，即叶轮出口流体的切线速度分量 C_{2u} 近似为零。当叶轮进出口环量为常数，即 $\Gamma_{1T}=\Gamma_{2T}=\text{constant}$ 时，透平不对外做功，流体在叶轮内做有势流动。

图 2-3 是与图 2-2 具有相同子午截面形状，而叶片弯曲形式不同的叶轮。根据叶轮旋转方向与叶片弯曲方向的关系，图 2-2 为叶片前弯的叶轮，对应后弯叶片离心泵叶轮的反转工况；根据前弯离心泵叶轮具有较高扬程系数的特点，前弯叶片液力透平也具有较高的速度能转化能力。图 2-3（a）和图 2-3（b）为后弯叶片叶轮，对应前弯叶片离心泵叶轮的反转工况，与常规水轮机叶型设计一致。

根据速度三角形，$C_u=C\cos\alpha$ ，$C_uU=CU\cos\alpha$ ，$C^2=W^2+U^2-2CU\cos\alpha$ ，将速度关系代入式（2-6），可得叶轮能量转化的另一表达式为

$$g\eta_{hT}H_{0T}=\frac{C_{1T}^2-C_{2T}^2}{2}+\frac{W_{2T}^2-W_{1T}^2}{2}+\frac{U_{1T}^2-U_{2T}^2}{2} \tag{2-10}$$

如果 $U_{1T}=U_{2T}$ ，$W_{1T}\approx W_{2T}$ ，则

$$\eta_{hT}H_{0T}=\frac{C_{1T}^2-C_{2T}^2}{2g} \tag{2-11}$$

式（2-11）为冲击式液力透平叶轮能量转化方程。从式中可以看出，进出口叶轮圆周速度相等的条件是进出口直径相等，对于混（径）流式叶轮来说这种情况不可能存在，因此可以说明混（径）流式液力透平均为反力式透平；提高冲击式液力透平能量转换效率的方法是降低出口速度。如图 2-2 和图 2-3 所示，当出口相对速度与牵连速度成钝角时，可降低出口绝对速度。

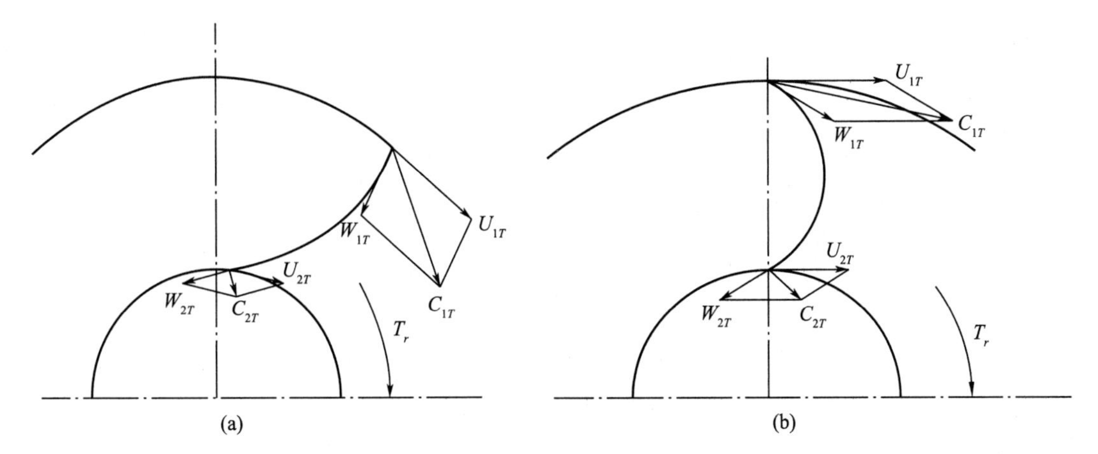

图 2-3　叶片形状对进出口速度三角形的影响

2.1.3　轴流式液力透平基本方程

由于流体在轴流式液力透平叶轮内沿轴向流动，沿圆柱截面任意位置有 $U_{1T}=U_{2T}$；当叶轮进出口处的轮毂直径与叶片高度相同，或用叶片中径或按流量平均直径进行设计计算，且叶轮进出口直径差为零或可以忽略时，进出口牵连速度相等，则式（2-10）可改写为

$$\eta_{hT}H_{0T}=\frac{C_{1T}^2-C_{2T}^2}{2g}+\frac{W_{2T}^2-W_{1T}^2}{2g} \tag{2-12}$$

图 2-4 为轴流式叶轮轴面和叶片中心高处叶栅流道的展开放大图。从式（2-12）中可以看出，在来流速度 C_{1T} 一定的情况下，降低叶轮出口绝对速度，有利于提高能量转换效率；降低入口相对速度，即增加叶轮入口有效面积，有利于提高能量转换效率。当进出口叶片流道截面面积相同，且 $\beta_1=180°-\beta_2$ 时，$W_{1T}=W_{2T}$，对比式（2-11），该设计结果为纯冲击式叶轮。当介质中含有不凝气或由于减压导致大量气体析出时，轴流式叶轮叶片出口高度应大于入口，此时液力透平的能量转换应按式（2-10）或式（2-12）计算。

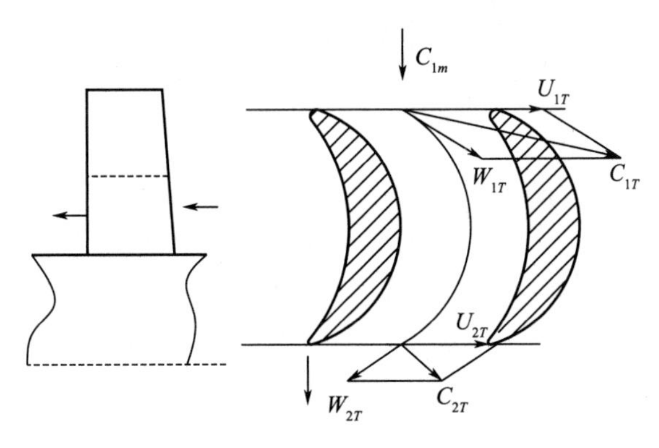

图 2-4　轴流式叶轮叶栅速度三角形

根据式（2－9），设 $\Gamma_T=\Gamma_{1T}-\Gamma_{2T}$，轴流式叶轮的叶片数为 z，则单翼环量 $\Gamma_{zT}=\Gamma_T/z$。单个叶片的环量表示为

$$\Gamma_{zT}=\frac{60g\eta_{hT}H_{0T}}{zn_T} \tag{2-13}$$

根据能量守恒定律，在不考虑叶轮内流体与叶片表面流动摩擦损失的情况下，单级或多级的级动叶进出口能量关系为

$$\frac{P_{1T}}{\rho g}+\frac{C_{1T}^2}{2g}=\frac{P_{2T}}{\rho g}+\frac{C_{2T}^2}{2g}+\frac{C_{1uT}U_{1T}-C_{2uT}U_{2T}}{2g} \tag{2-14}$$

在设计中如叶轮出口液流为纯轴向，即 $C_{2T}=C_{2mT}$，$C_{2uT}=0$，并且 $C_{1mT}^2=C_{2mT}^2$；由 $C_{1T}^2=C_{1uT}^2+C_{1mT}^2$，则轴流式叶轮能量平衡方程简化为

$$\frac{P_{1T}}{\rho g}=\frac{P_{2T}}{\rho g}+\frac{C_{1uT}(U_{1T}-C_{1uT})}{2g} \tag{2-15}$$

2.1.4 静止导叶

静止导叶有两个作用：一个作用是为叶轮创造良好的入流条件，使其液流出口角与叶轮入口叶片几何条件相匹配；另一个作用是将部分或全部压力能转变为速度能。在不计流体摩擦损失的情况下，静止导叶内的能量守恒关系为

$$\frac{P_{1\mathrm{d}}}{\rho g}+\frac{C_{1\mathrm{d}}^2}{2g}=\frac{P_{2\mathrm{d}}}{\rho g}+\frac{C_{2\mathrm{d}}^2}{2g} \tag{2-16}$$

式中，下标 d 表示导叶，1 为入口，2 为出口。

对轴流式透平或叶轮与导叶间隙不大的混流式透平，可以近似认为 $C_{2\mathrm{d}}=C_{1T}$；当静止导叶出口与叶轮入口有较大的自由空间时，无叶空间按环量不变计算，即 $C_{2\mathrm{d}u}D_{2\mathrm{d}}=C_{1uT}D_{1T}$。

导叶与动叶几何关系如图 2－5 和图 2－6 所示。

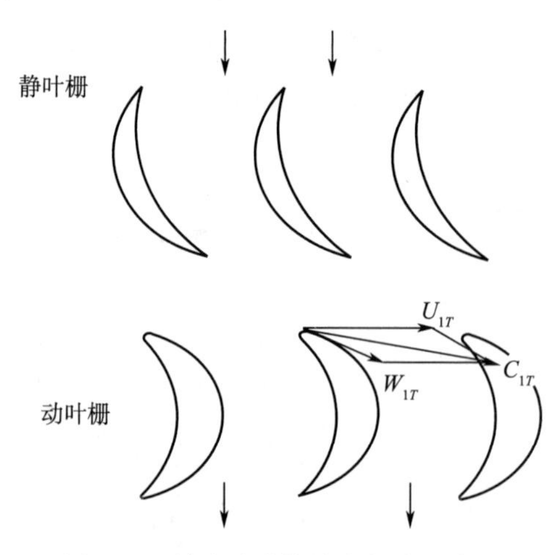

图 2－5　轴流式叶轮导叶与动叶关系

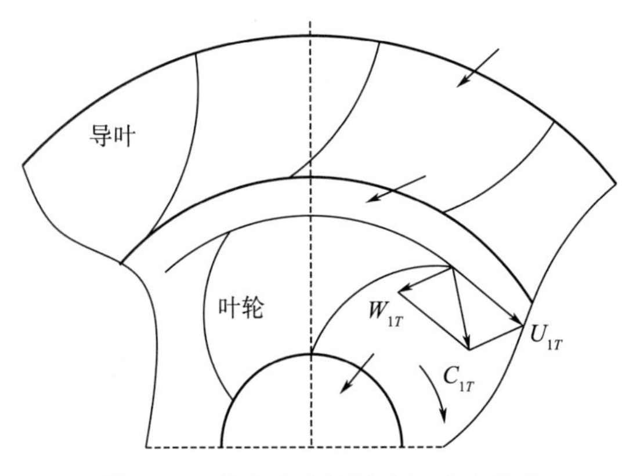

图 2 - 6　径流式叶轮导叶与动叶关系

2.2　液力透平主要特征参数

液力透平的特征参数包括比转速、单位转速、单位流量以及单位功率。比转速决定叶轮形式，也在一定程度上决定了透平的效率水平和整体结构形式；单位转速、单位流量和单位功率是区别于泵的特有参数，分别表示叶轮外径为 1 m、水头为 1 m 时的转速、流量和做功能力，单位转速和单位流量是选择模型叶轮、确定叶轮结构和过流部件主要参数以及水力效率的重要特征指标。

2.2.1　比转速计算

比转速是确定透平叶轮结构形式的首要判断参数。当按泵反转进行透平设计时，透平参数须首先转换为泵参数，然后按泵参数进行比转速计算，并按该参数确定叶轮结构以及叶轮级数，泵比转速计算公式为式（2 - 17）。

$$n_{sp}=3.65n\sqrt{Q_p}/H_p^{3/4} \tag{2-17}$$

当采用水泵水轮机或直接按水轮机进行设计时，可根据流量和可利用水头，估算效率和功率，并根据给定的设备运行转速或由配套条件初步确定液力透平转速，按计算公式（2 - 18）计算透平比转速。透平比转速表征水头为 1 m、发出功率为 1 kW 的水轮机或液力透平所具有的转速。

$$n_{sT}=\frac{n\sqrt{N}}{H^{5/4}} \tag{2-18}$$

式（2 - 17）和式（2 - 18）给出的泵和透平比转速均为有量纲参数，n_{sp} 的单位是 $(m/s^2)^{3/4}$，n_{sT} 的单位是 m/kW。具有相同流量、转速和水头（扬程）的泵和透平的计算比转速值并不相同，两者不能直接互相代替，但都是表征叶轮形式的特征参数，可分别应用该特征参数在泵和透平中选取叶轮形式。

当参考水轮机模型进行设计时，可根据水头初步确定透平的结构形式，再根据式

(2－19) 或式 (2－20) 进行比转速计算，此时比转速为仅与水头相关的物理量。

适用于轴流式水轮机的比转速

$$n_{sT}=\frac{2\ 300}{\sqrt{H}} \tag{2-19}$$

适用于混流式水轮机的比转速

$$n_{sT}=\frac{2\ 000}{\sqrt{H}}-20 \tag{2-20}$$

一般地，轴流式水轮机比转速在 200～850 之间，混流式水轮机比转速小于 300，纯径向叶轮结构的比转速应在 100 以下，比转速低于 35 的常规水轮机多采用水斗式结构。如前所述，当比转速较低或水头较高，采用单级叶轮不适合时，建议采用多级叶轮结构，此时比转速按级比转速 n_{sj} 计算。

2.2.2 单位转速单位流量单位功率计算

单位转速和单位流量是反映一系列水轮机或液力透平真机与模型机相似关系的物理量，其物理意义表示如下。

单位转速

$$n_{11}=\frac{nD_1}{\sqrt{H}} \tag{2-21}$$

单位流量

$$Q_{11}=\frac{Q}{D_1^2\sqrt{H}} \tag{2-22}$$

单位功率

$$N_{11}=\frac{N}{D_1^2H^{\frac{3}{2}}} \tag{2-23}$$

将单位转速与单位流量代入式 (2－18)，可得到用单位转速和单位流量表示的透平比转速计算公式

$$n_{sT}=3.13n_{11}\sqrt{Q_{11}\eta_{hT}} \tag{2-24}$$

关于单位流量、单位转速、单位功率的来源，将在 2.3 节中介绍。

2.3 液力透平相似理论简介

透平机械相似定律规定，两种相似的流动状态，必须满足几何相似、运动相似（速度三角形相似)、动力相似、雷诺数相同等条件。当水轮机等透平机械采用模型法设计时，几何相似自然满足，即 $\frac{D_1}{D_{m1}}=\frac{b_1}{b_{m1}}=\frac{D_2}{D_{m2}}\cdots$；运动相似则意味 $\frac{C_1}{C_{m1}}=\frac{W_1}{W_{m1}}=\frac{U_2}{U_{m2}}\cdots$； $\beta_1=$

β_{m1}；$\alpha_1=\alpha_{m1}$；$\beta_2=\beta_{m2}\cdots$。下标 m 表示模型机参数，不带 m 表示设计的真机参数。

实际水力发电用水轮机真机尺寸是模型机的 10 倍甚至更多，导致真机与模型机的水头比在 100 倍以上，无法进行运动相似的试验验证，因此采用动力相似参数进行判断。动力相似是指真机与模型机的各个力的方向相同、数值成比例，因此用压力相似的欧拉数衡量，即用 $\frac{P}{\rho C^2}=\frac{P_m}{\rho_m C_m^2}$ 反映。将上述相似指标分别用转速、流量、水头、功率关系表示时，得出如下关系。

转速相似律

$$\frac{nD_1}{\sqrt{H\eta_h}}=\frac{n_m D_{1m}}{\sqrt{H_m\eta_{hm}}}=\xi_1 \tag{2-25}$$

流量相似律

$$\frac{Q\eta_v}{D_1^2\sqrt{H\eta_h}}=\frac{Q_m\eta_{vm}}{D_{1m}^2\sqrt{H_m\eta_{hm}}}=\xi_2 \tag{2-26}$$

功率相似律

$$\frac{N}{D_1^2(H\eta_h)^{3/2}\eta}=\frac{N_m}{D_{1m}^2(H_m\eta_{hm})^{3/2}\eta_m}=\xi_3 \tag{2-27}$$

当上述公式中的真机与模型机效率相等，且水力效率、容积效率也分别相等时，效率项可以约掉，此时，相似定律的各个常数项 ξ_1 、ξ_2 、ξ_3 分别为 2.2 节中的单位转速、单位流量和单位功率，因此单位参数表征模型与真机的相似程度。

2.4　液力透平设计方法

液力透平设计方法分为模型设计法和不完全依赖模型的透平机械基本原理直接设计法。模型设计法包括水轮机设计、水泵水轮机设计、离心泵反转设计，另一种方法是本书将要在后面章节中重点介绍的液力透平的直接正向设计方法。

2.4.1　水轮机和水泵水轮机设计方法

水轮机和水泵水轮机均是将水的位差（势能，又称水头）转变为电能的透平装置。

（1）水轮机设计

依据缩比转轮的大量试验、优化，形成标准转轮模型，以该转轮模型为基础形成高效率的相对固定的过流部件匹配，在相似理论指导下进行水轮机真机设计，该方法是目前国际通用的水轮机设计方法，即模型设计法。

水轮机由转轮（叶轮）、导叶、壳体、进/出水管（尾水管）组成，结构示意图如图 2-7 所示。

在水轮机设计中，转轮是非常重要的部件，好的转轮模型，是获得高效率水轮机真机的前提。图 2-8 为标准的 HL100[2] 型水轮机转轮（叶轮）模型，该转轮为径向进水/轴向出水结构，悬臂安装，出口轮毂较小；该图给出的尺寸关系，可用于真机叶轮机构参数设计。

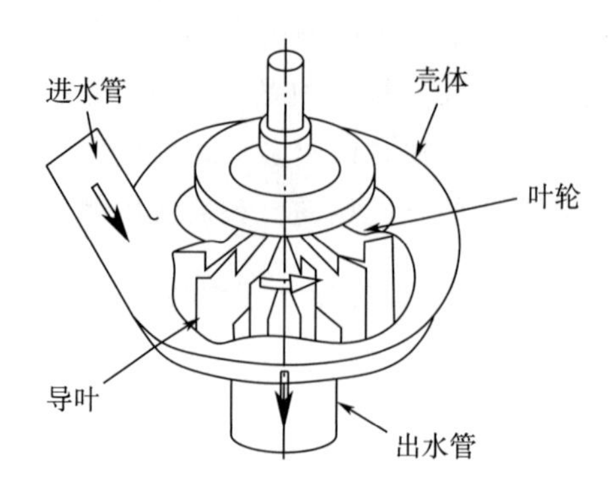

图 2-7　水轮机结构示意图

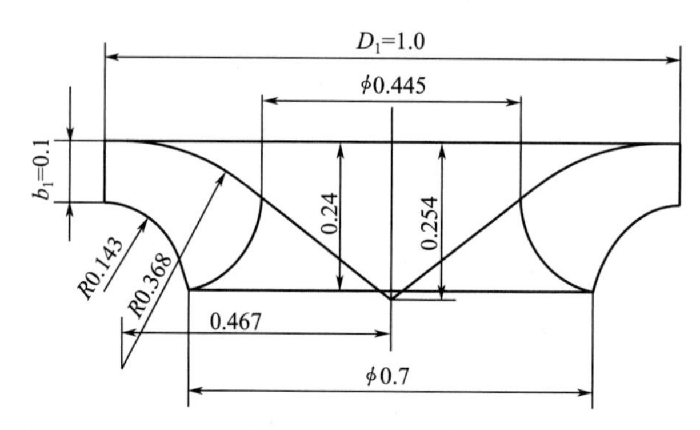

图 2-8　混流式水轮机转轮

图 2-9 为 HL100 型水轮机过流部件几何参数关系图。转轮直径 D_1 确定后，过流部件所有参数可根据图示关系计算得到。图 2-10 是该型水轮机性能曲线，其中横坐标为单位流量，纵坐标为单位转速，封闭曲线为效率，开式曲线为导叶开度。根据图 2-10 可以确定，当选择 HL100 模型时水轮机在不同的导叶开度和运行参数条件下的效率水平。

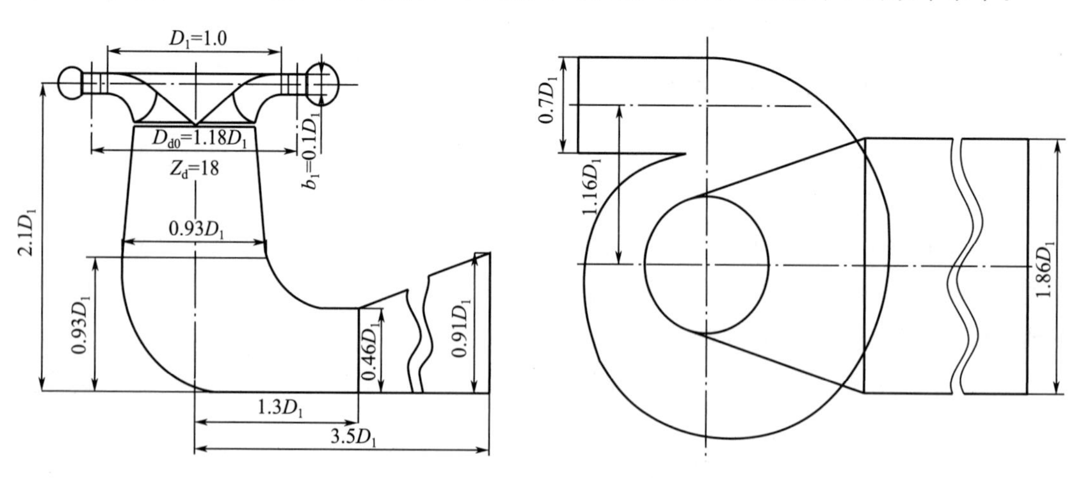

图 2-9　过流部件匹配关系

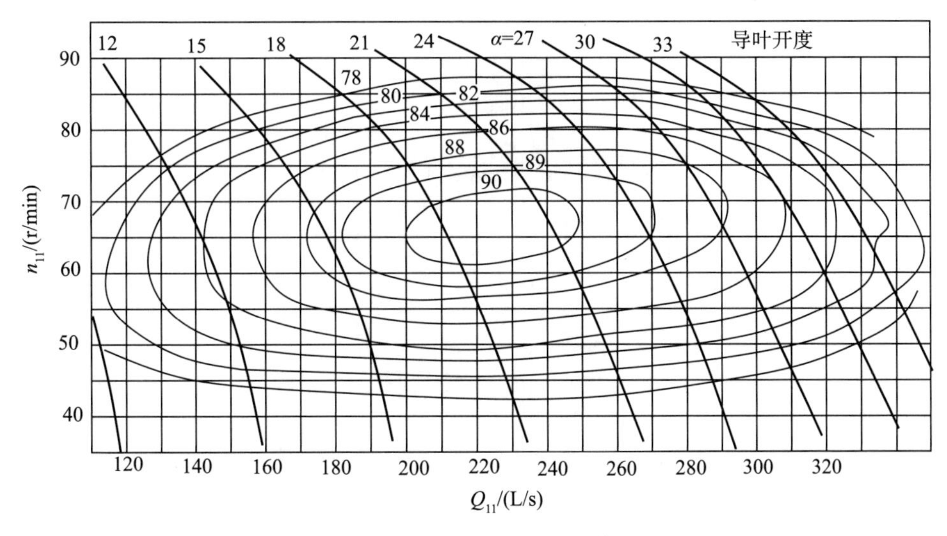

图 2-10　模型水轮机性能曲线

（2）水轮机的设计流程

根据可利用水头和水量，确定比转速和转轮形式（如轴流式或混流式），以便确定模型转轮；根据单位转速和单位流量，通过图 2-10 确定该参数在模型转轮中应具有的效率水平和导叶开度；根据模型及过流部件匹配关系，计算真机叶轮直径、转速、导叶、进水管、尾水管等其他结构参数；进行强度校核、反向计算改进等。

（3）水泵水轮机设计

水泵水轮机是为抽水蓄能电站研发的、过流部件结构区别于常规水轮机的水力透平。水泵水轮机一般比转速较低、水头较高，采用多级叶轮的情况较多，如图 2-11 所示。水泵水轮机的设计流程与常规水轮机设计流程完全相同。

为保证水泵水轮机在泵工况和透平运行工况均具有较高的效率和稳定性，需要考虑叶轮、导叶、涡壳、进出口管在正反转两种运行条件下的良好匹配，避免堵塞、汽蚀、振动等问题的发生，水泵水轮机的叶轮模型设计和试验都比较复杂。

水泵水轮机的工作条件具有特殊性，当抽水蓄能时，机组按泵工况运行，将低位水抽送到高位；当发电时，按透平工况工作，将高水位的水能量转变为机械能，因此决定了水泵水轮机模型需进行四象限全性能试验，图 2-12 为典型的水泵水轮机模型试验曲线，横坐标为单位转速，纵坐标为单位流量，Ⅰ象限为透平工况，Ⅲ象限为泵工况。图中 $M_{11}=0$ 为扭矩零曲线，说明此时输出功率为零。仅当运行点在该曲线上方时，透平才产生对外的输出功。

以水泵水轮机模型设计法进行工业装置液力透平设计，必须具备两个条件，一是有充分的模型，二是有完备的试验条件。目前可供参考的公开模型几乎没有，具有水泵水轮机模型的制造企业也较少，因此实际工业装置液力透平应用的案例较少。

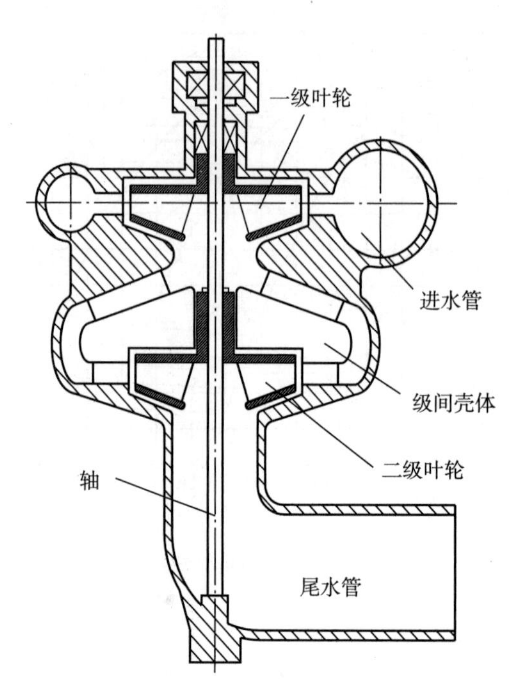

图 2-11　水泵水轮机过流部分结构示意图

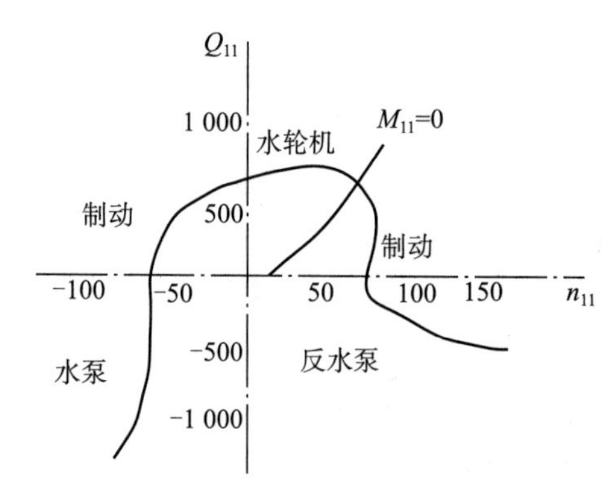

图 2-12　水泵水轮机模型试验结果

2.4.2　离心泵反转液力透平设计方法

液力透平是通过转轮将流体的压力能（势能）转变为机械能，离心泵是通过叶轮将机械能转变为流体的压力能（势能），尽管两者分别为原动机和被动机，但能量转换机理相同，因此工程设计中通常将液力透平的工作参数转换为离心泵的运行参数，以转换后的泵参数作为泵模型的选择依据，直接选取或设计一台离心泵，再将该泵反转运行作为透平使用，该方法称为离心泵反转液力透平设计法（简称泵反转设计法）。

（1）离心泵反转设计方法

离心泵反转设计法是目前应用最为广泛的工业装置液力透平设计方法，也是模型设计法，泵反转透平为向心式透平。

泵反转透平设计方法应用相当普遍的原因在于，已有的离心泵模型比较丰富，因此设计工作量相对较少；泵的制造企业较多，并具有较丰富的泵设计经验，将透平设计转为泵设计，降低了设计难度；液力透平作为能量回收设备，起步较晚，试验方法、试验验证标准、规范和手段均不够完善。

离心泵反转做透平的应用有一定的局限性。第一，需要有比较丰富的泵模型，以适应工业装置液体能量水平多样性对能量利用的需要。第二，透平与泵运行参数并不相同，如图 2-13 所示，当透平流量和水头与泵的流量和扬程相同时，叶轮大径位置的速度三角形并不重合；泵与透平的运行曲线形状也不同，随着流量的增加，泵的扬程呈下降趋势而透平的水头呈增加趋势，如图 2-14 所示。因此以泵为模型进行透平设计时，需要进行设计参数转换。第三，有关反转泵作透平的设计和应用方面的研究很多，但由于研究对象所涉及的泵模型不同，使得试验结果存在一定的差异，不同文献资料给出的转换系数有所差别，容易造成设计误差，影响透平的效率和运行操作范围。第四，泵反转透平与常规水轮机比，运行的流量范围和高效区较窄，图 2-15 为其效率与相对流量关系曲线。

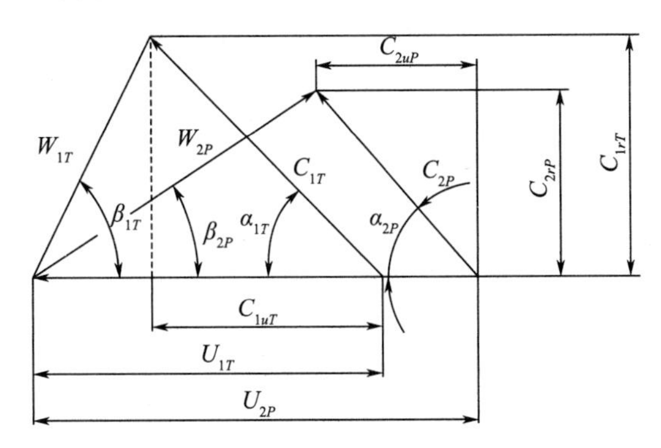

图 2-13　反转透平与泵进出口速度三角形

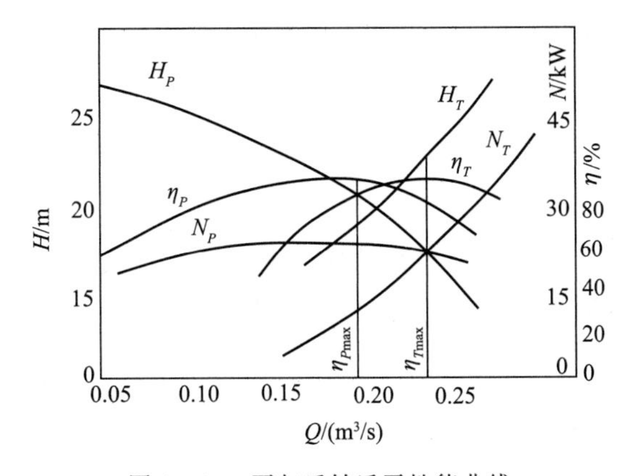

图 2-14　泵与反转透平性能曲线

一般情况下，泵反转透平的运行流量在额定流量的 40% 以下时，输出功率为负值。不同的泵模型，输出功率为零的流量点有所不同，建议运行流量不低于额定流量的 60%。

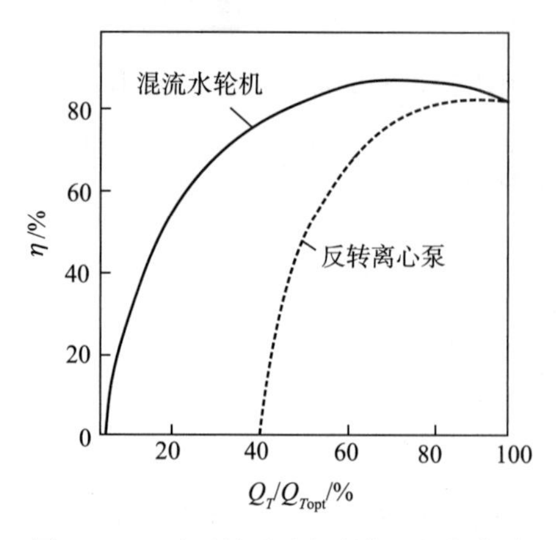

图 2－15　泵反转透平与水轮机性能曲线

(2) 离心泵反转系数转化计算

离心泵反转液力透平设计的参数转换，比较常用的有以下几种转换方法。

①以泵最佳效率点参数为基础进行转换

$$Q_T=\frac{Q_{P\,\mathrm{bep}}}{\eta_{P\max}}\;;\;H_T=\frac{H_{P\,\mathrm{bep}}}{\eta_{P\max}}\;;\;\eta_T=\eta_{P\max}$$

其中，$\eta_{P\max}$ 为泵的最佳效率，下标 bep 表示最佳效率点。

从上面的公式可以看出，透平与模型泵的流量和扬程（水头）比值相同，但大量试验结果证明，扬程的比值大于流量的比值，当透平与模型泵运行转速相同时，透平的流量和扬程可用下面的公式计算

$$Q_T=\frac{Q_{P\,\mathrm{bep}}}{\eta_{P\max}^{0.8}} \tag{2-28}$$

$$H_T=\frac{H_{P\,\mathrm{bep}}}{\eta_{P\max}^{1.2}} \tag{2-29}$$

当透平转速与模型泵转速不同时，流量和扬程计算公式如下

$$Q_T=\frac{n_T}{n_P}\frac{Q_{P\,\mathrm{bep}}}{\eta_{P\max}^{0.8}} \tag{2-28$'$}$$

$$H_T=\left(\frac{n_T}{n_P}\right)^2\frac{H_{P\,\mathrm{bep}}}{\eta_{P\max}^{1.2}} \tag{2-29$'$}$$

根据文献［6］所述，透平与模型泵的转速差应控制在较小的范围内；通常透平最佳效率点的流量和水头（扬程）与按上述模型泵最佳效率点计算的结果有±20％的误差。

②认为透平与模型泵运动相似

1）当透平与模型泵转速相同（$n_P=n_T$）时，在不考虑介质黏性和有限叶片数影响的理想状态下，泵和透平的速度三角形相同，因此有 $C_{2uP}U_{2P}-C_{1uP}U_{1P}=C_{1uT}U_{1T}-C_{2uT}U_{2T}$；根据式（2－6），并取实际运行条件下泵有限叶片数影响系数 μ，则泵与透平的扬程和流量关系为

$$H_P=\eta_{hP}\eta_{hT}\mu H_T \tag{2-30}$$

$$Q_P = \sqrt{\eta_{hP}\eta_{hT}\mu}Q_T \tag{2-31}$$

假设 $\eta_{hP} = \eta_{hT} = 0.95$，$\mu = 0.78$；或 $\eta_{hP} = \eta_{hT} = 0.8$，$\mu = 0.88$，则

$$\begin{cases} H_P = 0.70H_T \\ Q_P = 0.84Q_T \end{cases} \quad 或 \quad \begin{cases} H_P = 0.56H_T \\ Q_P = 0.75Q_T \end{cases}$$

上述参数关系说明，同一台泵作为泵和作为泵反转透平运行时，在相同转速下，实际泵运行状态的流量和扬程均低于透平运行状态的相应参数。

2）假设正反转时叶轮小径处流体的切向速度分量为零。

依据假设有 $C_{2uT} = C_{1uP} = 0$，则透平水头或泵扬程与叶轮出口速度关系为

$$\eta_{hT}H_T = k_T \frac{(\pi D n_T/60)^2}{2g}$$

$$H_P = k_P \eta_{hP}\mu \frac{(\pi D n_P/60)^2}{2g}$$

其中 k_T、k_P 是仅与液流角相关的常数，在速度三角相似假设下，$k_T = k_P$；如透平水头与泵扬程相同，即 $H_P = H_T$，则反转透平与其模型泵的转速关系为

$$\frac{n_P}{n_T} = \sqrt{\frac{1}{\mu\eta_{hP}\eta_{hT}}} \tag{2-32}$$

假设

$$\eta_{hP} = \eta_{hT} = 0.95,\ \mu = 0.78,则\ n_P = 1.19n_T$$

或假设

$$\eta_{hP} = \eta_{hT} = 0.8,\ \mu = 0.88,则\ n_P = 1.33n_T$$

泵反转作透平使用，当所选模型泵的扬程与透平水头相同时，应降低透平的运行转速。对于小型泵，水力效率较低，转速差取较大值；对于大型泵，水力效率较高，转速差取较小值。泵反转液力透平设计方法可参考文献［5］有关章节。

（3）泵叶轮出口与透平叶轮入口处速度三角形

根据前面的分析，当按泵的扬程设计透平的水头时，透平的运行转速低于泵的转速（$n_T < n_P$），由于叶轮相同，则透平叶轮的圆周速度低于泵的圆周速度，即 $U_{1T} < U_{2P}$；仍然假设 $C_{2uT} = C_{1uP} = 0$，不考虑有限叶片数的影响时，有 $H_T = C_{1uT}U_{1T}/\eta_{hT}$、$H_P = \eta_{hP}C_{2uP}U_{2P}$；实际运行条件下，由于有限叶片数的影响，存在额定点 $\eta_{hT} \geq \eta_{hP}$、$H_T = H_P$，则 $C_{1uT} > C_{2uP}$；如在最佳效率点处泵的水力输入功与透平的水力输出功相同，并按相同介质考虑，有 $\frac{N'_T}{N'_P} = \frac{\eta_T\eta_P Q_T H_T}{Q_P H_P} = 1$，则 $Q_T = \frac{Q_P}{\eta_P\eta_T} > Q_P$；因 $Q_T = W_{1rT}A_{1T}$，$Q_P = W_{2rP}A_{2P}$，$A_{1T} = A_{2P}$，所以 $W_{r1T} > W_{r2P}$，$\beta_{2P} < \beta_{1T}$。

因此，泵与其反转透平的速度三角形并不完全相同，也不一定相似，速度三角形关系如图 2-16 和图 2-13 所示。

（4）泵反转透平设计注意事项

①叶轮的切割

当透平与泵的运行转速相同时，由于透平运行条件下叶轮的能量转换能力高于泵工

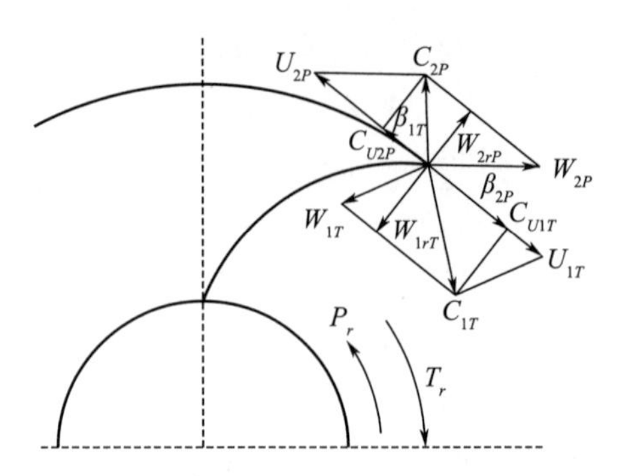

图 2-16　泵出口/透平入口速度三角形

况，当泵反转透平利用水头与模型泵扬程相同或接近，采取叶轮直径切割方法进行设计时，为保证液力透平运行效率，必须使 $D_{1T}/D_{2P} \geqslant 0.9$，即叶轮的切割量不得超出原值的 10%[6]。

②透平飞逸转速与最大运行转速

图 2-17 为可利用水头与泵反转透平在不同转速下的运行曲线。

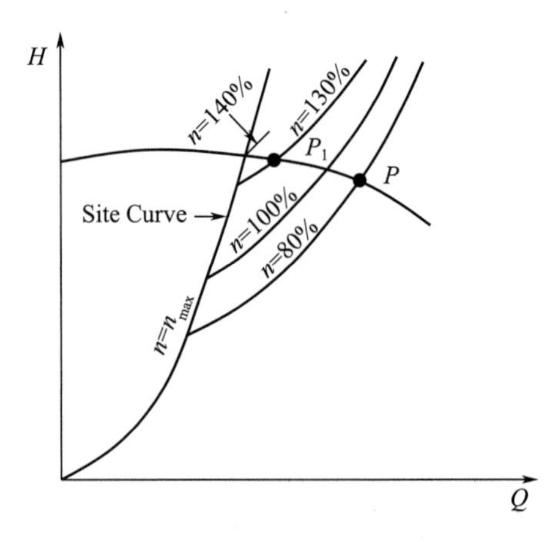

图 2-17　不同转速下透平性能曲线

在工业装置中，高压和低压容器间用管道连接，管线损失因管道流速增加而增加，因此装置可利用水头随流量增加略有下降，如图中的特征曲线（Site Curve）所示。透平稳定运行的工作点为各转速下透平特征曲线与装置特性曲线的交点，如图中 P 和 P_1 点。如果液力透平是处于额定负荷和额定转速下运行，当负载增加时，透平转速下降，而新的运行点流量将有所增加，即运行点沿 Site Curve 向右移动；反之，当负荷降低时，透平运行转速将会上升，此时流量有所下降，即运行点沿 Site Curve 向左移动。

图中 $n=n_{max}$ 为最大转速曲线，代表在特定的装置参数条件下，负荷为 0 时透平所能达到的最高转速，是透平运行特性的边界曲线，该曲线与装置可利用水头曲线的交点，代表透平所能达到的最高转速即飞逸转速，约为额定转速的 140%[6]。因此，一般认为泵反转透平的飞逸转速为额定转速的 1.4 倍。

2.4.3　液力透平直接正向设计方法

液力透平是水电行业之外，以液体压力能利用为目标的工业装置水轮机。由于工业装置中流体介质与水的物理性质有较大差别，介质流量和可利用水头等流动参数与水轮机的差别更大，导致液力透平与水轮机在结构上明显不同，使得直接利用水轮机模型进行液力透平设计的可能性非常有限。

直接正向设计方法是应用透平机械基本原理，借鉴公开的水轮机模型数据，针对工业装置流体条件进行个性化设计的液力透平设计方法。该设计方法几乎不受过流部件已有模型的限制，针对性强，适应工业装置对运行工况宽范围流量调节的实际需要，目前已有成功案例。详细的直接正向设计方法将在第 3 章中介绍。

2.5　液力透平的损失与效率

在工业装置液力透平设计中，降低损失、提高效率是结构和性能设计的重要内容；提高设计质量和设计水平，是提高透平能量利用经济性的重要措施。

液力透平理论输出能量（用功率 N_L 表示），由介质密度、流量、水头决定，即 $N_L = \rho gQH$ 。实际上流体从透平入口到透平出口，存在着容积损失、水力损失以及运行过程中的机械损失，因此液力透平的实际输出功率 N 应用式（2－33）表示

$$N = \eta \rho gQH \tag{2-33}$$

其中

$$\eta = \eta_h \cdot \eta_m \cdot \eta_v \tag{2-34}$$

式中　η ——能量转换总效率。

透平机械复杂的结构和内部流动状态，导致精确计算各项损失极为困难，到目前为止，各项损失仍沿用半经验公式进行计算。但随着数值计算能力和计算模型的发展，以及试验研究的深入，半经验公式逐步得到修正，计算结果的准确性不断提高。

2.5.1　机械损失与机械效率

机械损失是机械设备运行过程中由于转动件的存在所产生的各种损失的总称。透平的机械损失主要考虑叶轮轮盘的摩擦损失以及轴承和密封的摩擦损失，当有其他传动部件如齿轮箱、液力变矩器、超速离合器时，还应考虑传动损失。

（1）轴承和密封摩擦损失及效率

通常情况下轴承和密封摩擦损失较小，根据文献［5］，两项损失合计可表示为 $N_{mz} + N_{mm} = (0.01 \sim 0.03)N_L$（kW），其中 N_L 为流体可利用的理论能量，N_{mz} 为轴承消耗的能量，N_{mm} 为密封消耗的能量；相应地机械损失效率可表示为 $\eta'_m = \dfrac{N_{zm} + N_{mm}}{N_L}$ 。根据上面的分析，通常认为这部分机械损失效率约为 1%～3%，即 $\eta'_m \approx 1\% \sim 3\%$。当采用滑动轴承、BB1 型双轴伸两侧密封，或采用双端面机械密封时，损失取公式中的较大值。

（2）圆盘摩擦损失及效率

圆盘摩擦损失是叶轮在充满流体的空间内旋转时，流体黏性作用引起的摩擦损失。因此该项损失与流体物性、叶轮结构参数和运行状态有关，常用的经验公式有以下三种。

$$N_{my}=0.0809\times10^{-6}K\rho g(U_1^3D_1^2-U_2^3D_2^2/2)\ (\mathrm{kW})(K=1.1\sim1.2) \tag{2-35a}$$

$$'N_{my}=0.875\times10^{-6}K\rho U_1^3D_1^2\ (\mathrm{kW})(K=0.8\sim1.0) \tag{2-35b}$$

$$N_{my}=0.133\times10^{-6}\ Re^{0.134}U_1^3D_1^2\ (\mathrm{kW}) \tag{2-35c}$$

其中，K 为圆盘摩擦系数，与运行雷诺数 Re 相关，式（2－35c）中 $Re=10^6\rho\ (D_1/2)^2$。对于纯径向叶轮，式（2－35a）括号中的第二项可以忽略，对于混流式叶轮，当 D_2/D_1 较大时，需考虑出口的影响。

圆盘摩擦损失效率

$$\eta_{my}=\frac{N_{my}}{N_L}$$

将叶轮直径与扬程、比转速与流量和扬程、功率与流量和扬程关系代入上述公式，可以推导出用比转速近似计算的轮盘摩擦损失效率 η''_m[5]为

$$\eta''_m\approx0.07/\left(\frac{n_s}{100}\right)^{\frac{7}{6}} \tag{2-36}$$

（3）轮盘摩擦损失效率的修正

轮盘摩擦损失的计算公式来源于轮盘损失试验及泵的性能试验，由于诸如转速、叶轮结构、叶轮与壳体间隙等因素的影响，各种条件下取得的经验公式的计算准确程度有所不同。刘厚林团队在叶轮运行转速 1 450 r/min 和 2 900 r/min 情况下，采用间接试验和数值仿真分析方法得出，$n_s\geqslant65$ 时用式（2－35a）、$n_s<65$ 时用式（2－35c）更为准确，同时得出摩擦损失修正系数与比转速的关系，即 $\eta'_{my}=K'_m\dfrac{N_{my}}{N_L}$。圆盘摩擦修正系数 K'_m 的计算公式如下。

当 $n_s\geqslant65$，$n<2\ 000$ r/min 时

$$K'_m=\frac{0.00062+3.25\left(\frac{n_s}{100}\right)}{1-0.059\left(\frac{n_s}{100}\right)+3.24\left(\frac{n_s}{100}\right)^2} \tag{2-37a}$$

当 $n_s<65$，$n\geqslant2\ 000$ r/min 时

$$K'_m=0.00035-7.53\frac{n_s}{100}+76.47\left(\frac{n_s}{100}\right)^2-191.87\left(\frac{n_s}{100}\right)^3+146.6\left(\frac{n_s}{100}\right)^4 \tag{2-37b}$$

在初步设计计算中，首先根据流量和可利用水头及实际使用工况确定转速，计算比转速，用式（2－36）计算轮盘摩擦损失效率，得到几何参数后再根据实际情况进行适当修正。

当实际介质与水的黏度相差较大时，式（2－35）中的 K 应适当取较大值。

(4) 其他机械损失及效率

液力透平作为动力驱动设备，需要带有超速离合器，以实现对设备的保护。为获得较高的效率和理想的过流部件结构，透平的设计转速可能与被驱动设备转速不同，此时需通过齿轮箱或液力变矩器等传动。这些由传动机构带来的损失，在计算整体输出能量时也必须给予考虑，记为 η'''_m。因此透平总体机械效率为 1 减去各项机械损失效率。

总机械效率 η_m 为理论效率 1 与各种机械损失效率的差，即

$$\eta_m = 1 - \eta'_m - \eta''_m - \eta'''_m \tag{2-38}$$

2.5.2　容积效率计算

由于从透平入口到出口存在较大的压力差，同时结构上动、静件之间存在运行间隙，导叶与壳体静止件之间也存在间隙，使得部分流体 q 进入透平后未通过叶轮进行有效的能量转化对外做功，这部分流体泄漏损失即为容积损失。容积效率可用式 (2-39) 表示

$$\eta_v = \frac{Q - q}{Q} \tag{2-39}$$

$$q = q_m + q_d + q_j$$

式中　q_m ——叶轮密封环泄漏量；

q_d ——导叶处泄漏量；

q_j ——多级叶轮透平的级间泄漏量或平衡盘密封泄漏量。

一般情况下，导叶处泄漏量可不计；密封环间隙泄漏量可以根据间隙流公式进行精确计算；级间密封或平衡盘密封损失可根据间隙流损失单独计算。

对于单级叶轮结构，可利用泵的设计经验，按简化公式计算

$$\eta_v = \frac{1}{1 + 0.68 z_m / n_{sT}} \tag{2-40}$$

式中，z_m 为密封环数，叶轮只有上盖板或下盖板的单侧密封时取 1，带有上、下盖板的双侧密封时取 2。容积损失的精确计算可参考文献 [5]。

2.5.3　水力效率计算

水力损失是流体流经壳体、导叶、叶轮等过流部件时由于水力摩擦、撞击、涡流、二次流等产生的能量损失，用水头（扬程）表示。

水力效率

$$\eta_h = \frac{H_T}{H_{0T}} \tag{2-41}$$

$$H_T = H_{0T} - h_w - h_y - h_d$$

式中　H_T ——透平实际可利用水头；

H_{0T} ——透平理论可利用水头；

h_w ——壳体静止件水力摩擦损失；

h_y ——叶轮水力损失，是水力损失的主要因素；

h_d ——导叶内流体摩擦和收缩（扩散）损失。

由于透平叶轮与泵叶轮的损失模式相同（相似），因此透平的水力效率预估可按水泵的简化计算公式计算。根据参考文献［8］的对比分析，推荐利用式（2－42）进行计算。

水力效率近似计算公式为

$$\eta_h = 1 + 0.0835 \lg \sqrt[3]{\frac{Q}{n}} \tag{2-42a}$$

或

$$\eta_h = \frac{1}{1 + 2.25 / n_{sT}^{0.7}} \tag{2-42b}$$

一般情况下，透平叶轮入口速度较高，但流动条件较好；当透平与泵均带有静止导叶时，透平为增速降压流动，泵为降速扩压流动，透平的流动损失比泵的少，因此水力效率相对较高，按泵的水力效率公式计算获得的透平水力效率值偏保守。

2.5.4　轴流式液力透平的损失和效率

轴流式液力透平的结构形式，决定其损失与径向式（或混流式）液力透平有相同之处，但也有所区别。轴流式液力透平的损失包括静叶径向间隙（如有）造成的容积损失，动叶间隙造成的泄漏损失；与流动状态相关的叶片表面摩擦损失；叶片出口处涡流和尾迹损失等。尽管轴流式液力透平与径流式液力透平的损失表现形式有所区别，但仍可归类于容积损失、水力损失、轮盘摩擦损失；其外部机械损失与径向式液力透平完全相同，即轴承、密封、传动机构等造成的摩擦损失。

一般情况下，单级轴流式液力透平水力效率高于单级径流式；当采用多级轴流式液力透平时，透平的水力效率低于单级的水力效率。

轴流式液力透平的导叶容积损失可按间隙流动计算，动叶泄漏损失可按压力面与吸力面间隙流动计算；水力效率、叶轮摩擦损失、机械效率等可按混（径）流式计算公式进行设计计算。

参 考 文 献

［1］ 陈卓如．工程流体力学（2版）［M］．北京：高等教育出版社，2004．

［2］ 哈尔滨大电机研究所．水轮机设计手册［M］．北京：机械工业出版社，1976．

［3］ 王仲奇，秦仁．透平机械理论［M］．北京：机械工业出版社，1987．

［4］ 王仲奇．透平机械三元流动计算及其数学和气动力学基础［M］．北京：机械工业出版社，1998．

［5］ 关醒凡．现代泵理论与设计［M］．北京：中国宇航出版社，2011．

［6］ ARTHUR WILLIAMS. Pump as turbine（Second Edition）［M］. London ITDG Publishing，2007．

［7］ 刘厚林，谭明高，等．离心泵圆盘摩擦损失计算［J］．农业工程学报，2006，22（12）：107－109．

［8］ 何希杰，劳学书，等．离心泵水力效率各公式精度的评价［J］．水泵技术，2005（1）：12－14．

［9］ 何希杰，劳学书．低比转速离心泵圆盘摩擦损失功率若干计算公式的精度评价［J］．水泵技术，2010（5）：16－20．

［10］ 傅之跃，刘伟超，等．东方电机水泵水轮机水力开发的技术进步［J］．水电站机电技术，2011，34（2）：5－9．

［11］ 杨军虎，张雪宁，等．能量回收液力透平研究综述［J］．流体机械，2011，39（6）：29－33．

［12］ 苗森春．离心泵作液力透平的能量转换特性及叶轮优化研究［D］．兰州：兰州理工大学，2016．

［13］ 杨军虎，严俊，等．叶轮切割对回收液力透平性能的影响［J］．水泵技术，2016（6）：28－32．

第 3 章　液力透平过流部件水力设计

透平水力设计的第一步，也是最重要的一步，就是确定过流部件主要的一维结构参数，以及在此基础上确定的各部件结构参数匹配关系。过流部件结构设计是水力设计的基础，水力设计是结构优化设计的依据。

现代流体机械结构设计的基本流程如图 3-1[1]所示，本章重点介绍图 3-1 中的第 3 步和第 4 步的相关内容。三维造型和数值仿真是现代流体机械设计的重要手段，在过流部件主要参数设计完成后，可利用 ICEM、TurboGrid、FINE Turbo、CFX、Fluent、Auto Blade、UG、BladeGen、BladeModele、ANSYS Mechanical、nCodeDesignlife、ANSYS FSI 和 Ansys Design Xplorer、optiSLang 等网格生成、流体仿真、流固耦合、结构优化软件，进行流动状态分析、结构优化，并获得对应结构下的外特征参数。

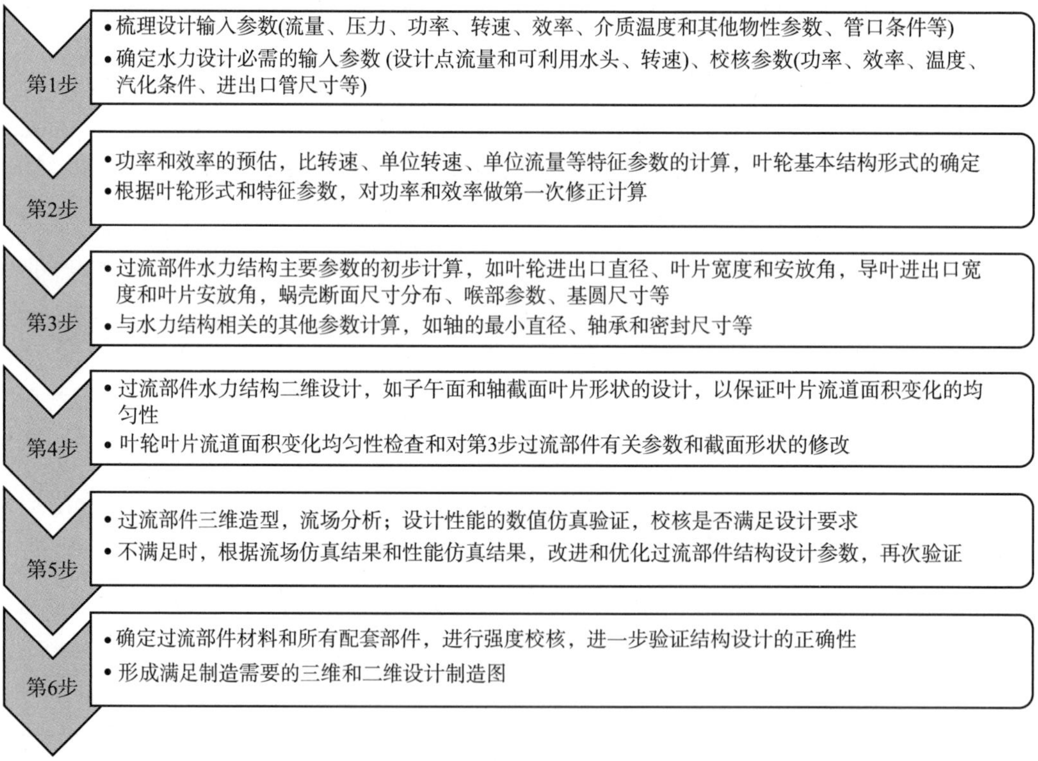

第1步
- 梳理设计输入参数(流量、压力、功率、转速、效率、介质温度和其他物性参数、管口条件等)
- 确定水力设计必需的输入参数 (设计点流量和可利用水头、转速)、校核参数(功率、效率、温度、汽化条件、进出口管尺寸等)

第2步
- 功率和效率的预估，比转速、单位转速、单位流量等特征参数的计算，叶轮基本结构形式的确定
- 根据叶轮形式和特征参数，对功率和效率做第一次修正计算

第3步
- 过流部件水力结构主要参数的初步计算，如叶轮进出口直径、叶片宽度和安放角，导叶进出口宽度和叶片安放角，蜗壳断面尺寸分布、喉部参数、基圆尺寸等
- 与水力结构相关的其他参数计算，如轴的最小直径、轴承和密封尺寸等

第4步
- 过流部件水力结构二维设计，如子午面和轴截面叶片形状的设计，以保证叶片流道面积变化的均匀性
- 叶轮叶片流道面积变化均匀性检查和对第3步过流部件有关参数和截面形状的修改

第5步
- 过流部件三维造型，流场分析；设计性能的数值仿真验证，校核是否满足设计要求
- 不满足时，根据流场仿真结果和性能仿真结果，改进和优化过流部件结构设计参数，再次验证

第6步
- 确定过流部件材料和所有配套部件，进行强度校核，进一步验证结构设计的正确性
- 形成满足制造需要的三维和二维设计制造图

图 3-1　液力透平设计流程图

目前涉及流体机械数值仿真和结构优化方面的软件较多，研究工作和文献资料比较充分，读者可以根据自己的喜好，采用或选择相应软件进行仿真分析和结构优化设计，本书不对各软件做进一步介绍。

3.1 液力透平过流部件基础参数

3.1.1 设计输入参数

液力透平设计中所涉及的主要设计输入参数包括：Q_T 额定点流量（m^3/s），额定流量下的可利用水头或扬程 H_T（m）或进出口压力差 P_d［转化成米（m）］，额定点输出功率 N_T（kW），介质密度 ρ（kg/m^3）等。

在设计中除重点考虑主要设计参数外，还应考虑运行特点所涉及的其他相关参数：流量变化范围 $Q_{min} \sim Q_{max}$，可利用水头范围 $H_{min} \sim H_{max}$，额定点效率 η（%），介质物理性质（如温度、腐蚀性、介质密度与温度或压力的关系等），负载特征（泵类转动机械或发电机）或转速 n（r/min）。

3.1.2 结构设计相关参数

（1）转速 n（r/min）的确定

转速决定透平结构尺寸，是结构设计过程中必须首先确定的重要参数。透平转速的确定有两种方式：一种是根据负载情况，作为设计输入参数给定；另一种是根据设计输入参数，在透平设计中确定。后一种方式需要统筹考虑设计输入条件、预计的效率水平、结构的复杂程度等。

液力透平作为辅助驱动设备与电动机或其他设备共同作为驱动设备使用时，其转速尽量与负载一致，这样可以降低液力透平机组的复杂程度。当液力透平独立驱动负载时，如果被驱动设备转速能够保证透平的效率水平，以负载转速为透平转速；当根据设计输入条件预估透平转速，而该计算转速与负载设备转速有较大差别时，为使透平结构更合理，在保证透平效率和设计可靠性的前提下，可按透平结构需要设计其转速，采用齿轮变速箱或液力变速（矩）器使透平的输出转速与负载转速相匹配。当透平与被驱动设备同时设计时，可兼顾透平与被驱动设备效率，在尽量简化机组复杂程度的情况下，确定合适的转速。

按电动机或发电机类设备的同步转速确定透平转速时，一般情况下转速按 3 000 r/min 或 1 500 r/min 考虑。

当参考水轮机进行液力透平设计时，按模型转轮的最高效率进行透平转速设计，计算公式如式（3-1）所示。

$$n = \frac{n_{1M}^{1} \sqrt{H_T}}{D_1} \ (\mathrm{r/min}) \tag{3-1}$$

式中 n_{1M}^{1} ——模型转轮的最优单位转速；

D_1、H_T ——所设计的透平叶轮直径和水头 。

（2）功率 N（kW）和效率 η（%）的初步预测

根据第 2 章的介绍，利用比转速、流量、可利用水头（扬程）、介质密度等，可初步计算透平的输出功率和效率值。

①根据可利用水头 H 预测功率和效率

以水轮机模型为基础，按式（2－19）或式（2－20）计算所要设计透平的比转速，再根据第 2 章的介绍预测各种损失，根据效率与比转速的关系、利用式（2－38）、式（2－40）、式（2－42）获得透平效率，并在此基础上预测透平输出功率。

即按式（3－2）预测透平效率；根据式（3－3）初步计算出功率。

$$\eta_T = \eta_h \cdot \eta_v \cdot \eta_m \tag{3-2}$$

$$N_T = \rho \cdot g \cdot Q_T \cdot H_T \cdot \eta_T \tag{3-3}$$

②根据转速 n、功率 N、可利用水头 H 计算效率、校核功率

根据设计输入参数中给出的透平转速和设计要求的输出功率以及可利用水头，利用式（2－18）计算透平比转速，再根据效率与比转速的关系，利用式（2－38）、式（2－40）、式（2－42）获得透平相应效率，根据式（3－2）计算总效率，根据式（3－3）校核功率。

③利用水轮机模型计算透平效率、校核输出功率

在给定的可利用水头和功率要求条件下，根据图 3－2[2]所示的水头、功率与转轮结构的关系，初步确定透平形式，按相应的模型计算单位参数，并按水轮机设计方法，获得透平效率、校核透平输出功率。

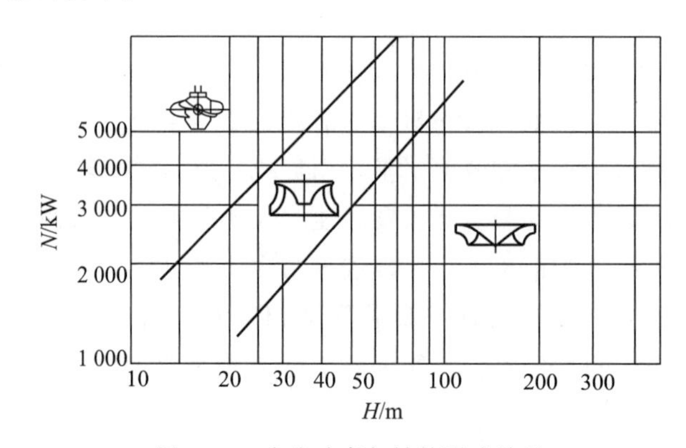

图 3－2 水头功率与转轮形式关系

当在给定参数条件下，无法在图 3－2 中确定可用的转轮模型时，需按前面的两种方法进行功率和效率计算。

应用上述三种方法之一计算透平功率和效率，其结果可用其他的两种方法进行校核。

（3）叶轮安装处最小轴径的确定

叶轮轮毂直径与透平的能量转换条件和叶轮内流动状态相关，同时与轴和叶轮轮毂强度有关，因此在设计的最初阶段，就要首先通过强度计算确定叶轮安装处轴的最小直径，在此基础上确定叶轮出口小径的取值下限。

轴的最小直径计算公式为

$$d=\sqrt[3]{\frac{M_n}{0.2[\tau]}} \tag{3-4}$$

$$M_n=9\ 550\frac{P_C}{n} \tag{3-5}$$

式中　M_n ——透平输出转矩，N·m；

P_C ——计算功率，考虑到实际运行可能出现的超额定流量或超额定水头运行的情况，取 $P_C=1.2N_T$；

$[\tau]$ ——轴材质许用剪切应力。

考虑到轴与叶轮的连接方式和加工工艺要求等因素，一般取叶轮安装处轴的实际直径大于强度计算结果。

$$d_B\geqslant d+h \tag{3-6}$$

其中 $h\geqslant 0$，当采用过盈连接时，h 的最小值取 0；当采用单键连接时，h 的最小值取键槽深度；采用多键连接时，h 的最小值为两个键槽深度。

3.2　径（混）流式液力透平叶轮的一维水力设计

液力透平叶轮又称工作轮，它利用上游高压液体的能量带动整个轴系旋转并对外输出机械能，是实现压力能转换的最重要过流部件。叶轮在一定程度上决定了能量转换水平。

在透平机械设计中，描述叶轮的主要参数包括：叶轮进口直径 $D_1(D_{11}/D_{12})$、进口叶片宽度 b_1，叶轮出口直径 $D_2(D_{21}/D_{22})$、出口叶片高度 b_2，叶片进口安放角 $\beta_{1A}(\beta_{11A}/\beta_{12A})$、叶片出口安放角 $\beta_{2A}(\beta_{21A}/\beta_{22A})$、叶片数 Z_y。其中下标 11/21 对应叶轮上盖板参数、下标 12/22 对应下盖板参数。在叶轮设计中，流量 $Q=Q_T\cdot\eta_v$，当不考虑容积损失时，可直接代入透平流量计算，即 $Q=Q_T$。

叶轮的这些参数对透平外特性有重要影响，也是二维设计和三维设计的基础参数，在透平设计中必须首先确定。图 3-3 为表征透平叶轮主要结构参数的示意图，分别为子午面图、前弯叶片和后弯叶片轴面图。

3.2.1　叶轮进口直径的设计计算

叶轮进口直径 D_1 的计算方法有三种：一种是用泵反转法进行叶轮设计，该方法可参照文献［3］和有关研究文献，本书不做介绍；第二种是按水轮机转轮模型进行设计计算，其条件是特征参数适应水轮机的结构设计，该方法将在后面介绍；第三种是根据预测的功率直接进行叶轮设计，是本书重点介绍的方法。

(1) 按水轮机转轮设计法设计叶轮进口直径 D_1

根据设计水头 H、估算的功率 N，由式（2-18）计算比转速，参考水轮机设计手册[2]给出的中小型混流式转轮型谱，根据水头（扬程）查表获得单位转速和单位流量；表 3-1给出了液力透平设计可参考的水轮机转轮模型参数，当单级水头超出表 3-1 的范围时，可直接查参考文献［2］的相应表格，确定单位转速 n_{11}、单位流量 Q_{11}。根据所查

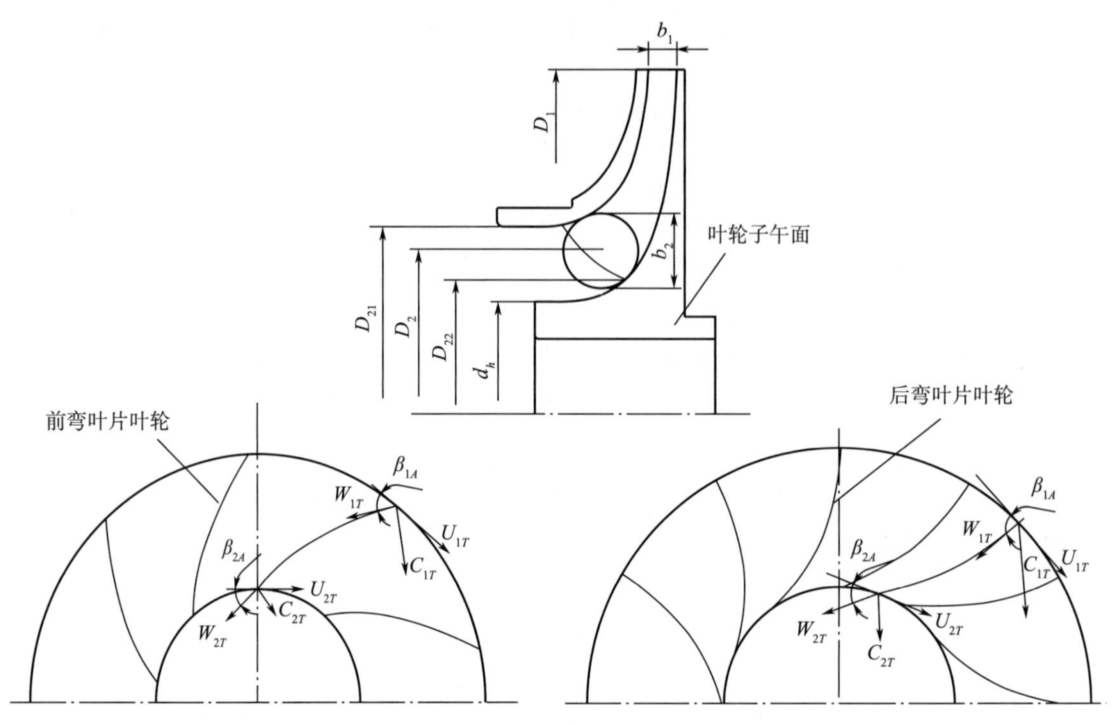

图 3－3　叶轮结构

得的这两个特征参数，可利用式（3－7）和式（3－8）分别计算模型机转速 n_M 和转轮直径 D_{1M}，再利用式（3－9）计算实际透平工作转速下叶轮的直径 D_1。

表 3－1　水头与转轮模型和单位转速与单位流量

单级水头 H /m	模型转轮型号	单位转速 n_{11} /（r/mim）	单位流量 Q_{11} /（L/s）
20～180	HL110	61.5	360
125～240	HL100	62	270

$$n_M = n_{11} \cdot H^{0.5}/D_{1M} \tag{3-7}$$

$$D_{1M} = \sqrt{\frac{Q}{Q_{11} \cdot H^{0.5}}} \tag{3-8}$$

$$D_1 = D_{1M} \cdot \sqrt[3]{\frac{Q \cdot n_M}{Q_M \cdot n}} \tag{3-9a}$$

式（3－9a）可以改写为

$$n = Q/Q_M \cdot (D_{1M}/D_1)^3 \cdot n_M \tag{3-9b}$$

由式（3－9b）可以看出，叶轮直径与流量和模型机的流量和转速有关，如果取透平转速与模型机转轮转速一致，则叶轮直径仅与流量有关。

当在设计输入中已给定真机转速，与按式（3－1）或式（3－9b）计算的转速差别较大时，可根据相似定律对模型机转轮直径进行修正，以便获得合理的转速。

当真机叶轮直径和转速确定后，可代入式（3-7）、式（3-8）的转化公式重新计算单位转速和单位流量，并与图 2-10 的水轮机模型谱进行对比，确定真机是否在模型轮高效工作区内，如在高效区内，转轮其他一维几何参数可按模型转轮的各尺寸比例进行设计，如偏离高效区则应对真机叶轮的各相关尺寸适当调整，同时对真机轮径按式（3-10）进行校核计算，确保其输出功率水平满足设计要求。

$$D_1=\sqrt{\frac{N}{g\eta Q_{11}H^{\frac{3}{2}}}} \tag{3-10}$$

（2）直接设计计算叶轮进口直径 D_1

根据能量转换关系直接设计，如叶轮出口切线分速度 $C_{2uT}=0$，$C_{1uT}=k_uU_{1T}$，则式（2-6）可表示为

$$g\eta_{hT}H_T=k_uU_{1T}^2$$
$$U_{1T}=\pi D_1 n/60 \tag{3-11}$$

则

$$D_1=\frac{60\sqrt{g\eta_{hT}/k_u}}{\pi n_T}\cdot\sqrt{H_T} \tag{3-12}$$

其中，k_u 为速度与水头（扬程）的转换系数，或称为能量转换系数，一般在 0.75～0.95 之间取值。

（3）混流式叶轮入口直径 D_{1m} 与 D_{11}/D_{12}

对于混流式叶轮，进口直径 D_{1m} 可按式（3-10）或式（3-12）计算，上/下盖板对应的叶轮叶片入口直径 D_{11}/D_{12}，则根据比转速和相关模型确定。

3.2.2　叶轮出口叶片平均直径、叶片大/小径和轮毂直径的设计计算

（1）叶轮出口叶片直径 D_{21} 的确定

①按水轮机转轮设计

透平出口直径可由真机单位转速和单位流量确定，如果真机单位转速与单位流量落于模型性能曲线高效区内，则可以按混流水轮机模型直接选取，一般取叶片出口的大径与入口直径的关系按 $D_{21}/D_1=0.75\sim0.78$。该比值范围适用于比转速较大，或流量较大而相应的水头较低的情况。

②直接设计

如真机单位流量偏离高效区，则可以参照径向流（离心泵）叶轮设计方法确定 D_{21} 相关尺寸。一般取 $D_{21}/D_1=0.45\sim0.55$，该值适用于比转速相对较小、纯径向叶轮的场合。叶轮出口直径还需根据叶轮子午面流道面积的变化情况进行校核。

（2）叶轮出口叶片小径/叶轮轮毂直径 D_{22}/d_h 的确定

叶轮轮毂直径与叶轮内的流动状态关系密切，同时与轴和叶轮轮毂强度直接相关，因此在设计的最初阶段，需根据叶轮安装处轴的最小直径，确定叶轮出口小径和轮毂的取值范围。

根据叶轮安装处轴的最小直径 d_B ，确定叶轮轮毂的最小直径 d_h 。

$$d_h = 1.2 \sim 1.4 d_B \tag{3-13}$$

叶轮出口叶片的最小直径

$$D_{22} \geqslant d_h \tag{3-14}$$

（3）叶轮出口平均直径 D'_2

叶轮出口平均直径在概念上与叶轮出口叶片平均直径不同，但一般在设计中并不进行严格区分。在设计初期用叶轮出口平均直径计算比较简单方便

$$D'_2 = \sqrt{D_{21}^2 - d_h^2} \tag{3-15a}$$

（4）叶轮出口叶片平均直径 D_2

初步计算可用式（3－15a），因为 d_h 是由强度决定的、需首先确定的参数，是已知数。如果已经确定了 D_{22} ，可用式（3－15c）或式（3－15b）计算，其核算可通过叶轮出口轴面平均速度与叶轮入口平均径向速度的关系即式（3－15d）计算，或利用式（3－15e）校核。

$$D_2 = \frac{D_{21} + D_{22}}{2} \tag{3-15b}$$

$$D_2 = \sqrt{D_{21}^2 - D_{22}^2} \tag{3-15c}$$

$$D_2 = \frac{Q}{\pi b_2 C_{2m}} \tag{3-15d}$$

$$D'_2 = \frac{D_{21}^2 - D_{22}^2}{4 b_2} \tag{3-15e}$$

3.2.3　叶轮进/出口叶片宽度与叶片安放角

（1）转轮叶片进口宽度 b_1 的确定

①按水轮机转轮设计

当透平特征参数与水轮机模型相适应，且真机单位流量和单位转速所确定的效率在模型高效区时，则可直接参照模型转轮各参数关系设计透平叶轮入口宽度 b_1。一般 $b_1 = 0.1 D_1$。

②直接设计

进行直接设计时，一般推荐取 $b_1/D_1 = 0.05 \sim 0.12$。也可以借鉴离心泵叶轮出口宽度设计方法利用式（3－16）计算

$$b_1 = k_{b1} \sqrt[3]{\frac{Q}{n}} \tag{3-16}$$

$$k_{b1} = 0.64 \times \left(\frac{n_s}{100}\right)^{\frac{5}{6}} \tag{3-17}$$

其中，计算 k_{b1} 时，n_s 按透平真机比转速 n_{sT} 代入，必要时需适当放大。

考虑到透平压力降低、密度变化以及气体析出等情况，有导叶时叶轮入口可以根据实际情况适当加宽，当计算结果偏离推荐范围时可适当调整；由于叶轮入口宽度与叶片入口

叶片安放角、导叶以及叶轮内流道面积变化等相关，最后还需在二维设计中进行修正。

（2）叶轮叶片入口安放角 β_{1A}

对于纯径向式叶轮，叶片入口一般不扭曲，圆周速度、径向速度按平均值计算；对于混流式叶轮，上/下盖板直径不同，按平均直径位置计算圆周速度，径向速度可按平均径向速度计算。

叶轮入口圆周速度

$$U_{1T}=n\cdot\pi\cdot D_1/60$$

叶轮入口径向速度

$$c_{1r}=Q/\pi\cdot D_1\cdot b_1\psi_1 \tag{3-18}$$

式中　ψ_1——叶轮入口阻塞系数，一般取0.8～0.9。

由公式

$$\eta_{hT}\cdot g\cdot H_T=C_{1uT}\cdot U_{1T}-C_{2uT}\cdot U_{2T}$$

假设叶轮出口环量为0，则可以推导出

$$C_{1uT}=\frac{\eta_{hT}.g.H_T}{U_{1T}} \tag{3-19}$$

根据图3-3，纯径流式入口液流角或混流式入口平均液流角

$$\tan\beta_1=\frac{C_{1r}}{U_1-C_{1u}} \tag{3-20}$$

推导出纯径流式入口液流角或混流式入口平均液流角

$$\beta_1=\tan\left(\frac{C_{1r}}{U_1-C_{1u}}\right) \tag{3-21}$$

叶轮叶片入口安放角或混流式平均直径入口叶片安放角

$$\beta_{1A}=\beta_1+(2^\circ\sim7^\circ) \tag{3-22}$$

（3）叶轮出口叶片宽度 b_2 的确定

根据流量关系，叶轮平均出口速度可用以下公式计算

$$C_{2m}=k_2C_{1r} \tag{3-23}$$

或

$$C_{2m}=\frac{4Q}{\psi_2\pi(D_{21}^2-d_h^2)} \tag{3-24}$$

式中　k_2——速度控制系数，取1～1.15；

ψ_2——叶轮出口阻塞系数，一般取0.7～0.85。

其中式（3-23）和式（3-24）可互为校核。注意，在式（3-24）中，初步计算阶段用 d_h 代替了 D_{22}，因 d_h 是在设计过程中首先确定的参数，此时 ψ_2 应取较大值；而 D_{22} 需要在二维设计时确定，详细计算可用 D_{22}，此时 ψ_2 可取较小值。

$$b_2=Q/\pi D_2C_{2m} \tag{3-25}$$

（4）叶轮叶片出口安放角 β_{2A}

叶轮上盖板侧出口圆周速度

$$U_{2p} = n \cdot \pi \cdot D_{21}/60$$

叶轮轮毂侧出口圆周速度

$$U_{2h} = n \cdot \pi \cdot D_{22}/60$$

叶轮叶片出口平均圆周速度

$$U_2 = n \cdot \pi \cdot D_2/60$$

叶轮出口液流角

$$\beta_2 = \tan^{-1} \frac{C_{2m}}{U_2} \tag{3-26}$$

同样获得叶轮上/下盖板的液流角分别为

$$\beta_{2p} = \tan^{-1} \frac{C_{2m}}{U_{2p}}$$

和

$$\beta_{2h} = \tan^{-1} \frac{C_{2m}}{U_{2h}}$$

叶轮出口叶片安放角

$$\beta_{2A} = \beta_2 + (2^\circ \sim 7^\circ) \tag{3-27}$$

叶轮上/下盖板处叶片安放角为

$$\beta_{2Ap} = \beta_{2p} + (2^\circ \sim 7^\circ)$$

和

$$\beta_{2Ah} = \beta_{2h} + (2^\circ \sim 7^\circ)$$

(5) 叶轮叶片数 Z_y

$$Z = 6.5 \frac{D_1 + D_2}{D_1 - D_2} \cdot \sin\left(\frac{\beta_{1A} + \beta_{2A}}{2}\right) \tag{3-28}$$

相同直径的液力透平叶轮叶片数比离心泵叶轮叶片数多，以适应其做功需要，同时比水轮机叶片数少，以降低叶片阻塞。建议按式（3-28）计算得到叶片数后向增加的方向调整，再增加 2～4 片。

实际叶轮叶片数

$$Z_y = Z + (2 \sim 4) \tag{3-29}$$

还应满足

$$Z_p < Z_Y < Z_s \tag{3-30}$$

式中　Z_p ——离心泵叶轮叶片数；

　　　Z_s ——水轮机转轮叶片数。

3.2.4　径（混）流式透平导叶参数计算与选取

液力透平导叶的主要作用是叶轮入口导流以及改变环量。导叶设置在涡壳到叶轮之间的径向流动段，一般不考虑导叶内的容积损失，流量按叶轮流量计算，即 $Q = Q_T \cdot \eta_v$ ；如果直接用透平流量导入，导叶设计中设计流量计算的公式中不需代入容积效率 η_v 。导叶的合理设计是保证性能实现及设备稳定运行的关键。

（1）导叶形式

导叶分为对称型和非对称型，如图3-4所示。对称型导叶是叶片形状以导叶中心线为对称线的叶型；非对称型导叶一般叶片中心线为曲线，中心线和导叶形状根据导叶的能量转换要求进行设计。一般情况下，导叶进出口边应在保证强度和加工工艺条件的情况下尽量薄，以减小导叶形状对流动的影响；叶片最大厚度位置应根据流道轴截面面积变化规律的要求确定。

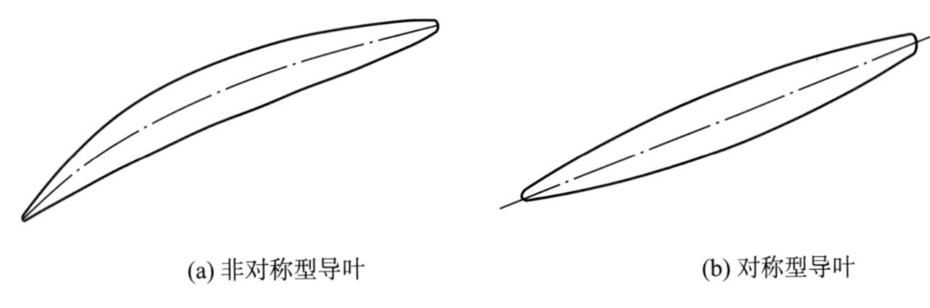

图3-4　导叶形式

（2）导叶出口直径 D_{d2}

$$D_{d2}=k_{dd}D_1 \tag{3-31}$$

其中，$k_{dd}=1.05\sim1.3$，如果按环量增加进行导叶设计，放大系数取较小值，如按等环量进行设计，放大系数取较大值。导叶与叶轮关系如图3-5所示。

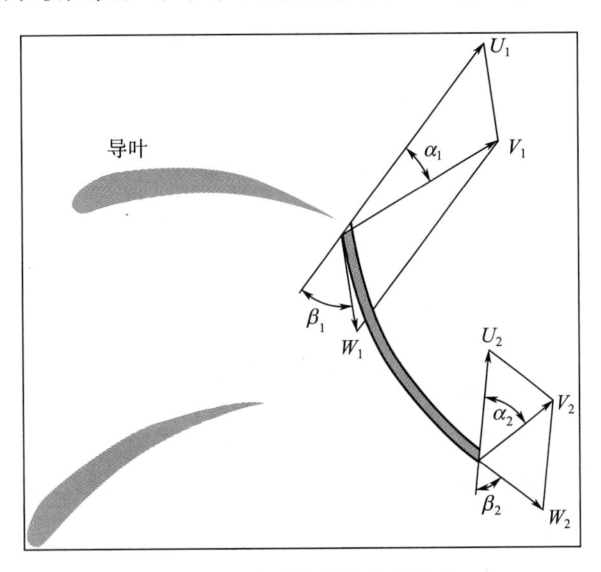

图3-5　导叶与叶轮叶片关系

（3）导叶出口宽度 b_{d2}

$$b_{d2}=(0.9\sim1.1)b_1 \tag{3-32a}$$

或

$$b_{d2}=b_1+(\pm2)\text{mm} \tag{3-32b}$$

对单级叶轮、导叶与叶轮能保证良好对中时，导叶出口宽度取叶轮入口宽度 $b_{d2}=b_1$；当流量或比转速较小时，可取导叶宽度略小于叶片宽度，以减少容积损失；否则可略增加导叶宽度。

(4) 导叶出口液流角 α_{d2}

$$\alpha_{d2}=\tan^{-1}\left(\frac{C_{d2r}}{C_{d2u}}\right) \tag{3-33}$$

其中

$$C_{d2u}=\frac{C_{1u}D_1}{D_{d2}}$$

$$C_{d2r}=\frac{Q}{\varphi_{d2}\cdot\eta_v\cdot\pi\cdot b_{d2}\cdot D_{d2}} \tag{3-34}$$

式中 C_{d2u} ——导叶出口周向速度分量，由无叶段等环量关系求出；

C_{d2r} ——导叶出口径向速度，由流量和几何参数确定；

φ_{d2} ——导叶出口排挤系数；

η_v ——仅考虑叶轮的容积损失时的容积效率。

导叶出口排挤系数 φ_{d2} 可先取 0.85～0.95，在所有几何参数确定后可根据式（3－35）进行迭代计算。

$$\varphi_{d2}=1-\frac{\delta_{d2}Z_d}{\pi D_{d2}\sin\alpha_{d2}} \tag{3-35}$$

式中，δ_{d2} 为导叶出口叶片厚度，一般在满足强度要求的情况下尽量薄，可按 2～6 mm 初步计算，待叶片二维造型完成并做强度分析后再进行校核计算；Z_d 为导叶叶片数。

(5) 导叶出口叶片角 α_{d2A}

$$\alpha_{d2A}=\alpha_{d2}+(3^\circ\sim5^\circ) \tag{3-36}$$

如果设计过程中所用流量为额定流量或最大流量，实际多运行在小流量范围时，安放角可直接选用液流角或取最小增加值。

(6) 导叶叶片数 Z_d 的初步选取

①直接选取法

液力透平的导叶数多于叶轮叶片数，导叶叶片数最好与叶轮叶片数互质，简单计算可按式（3－37）选取。当叶轮叶片数较多时导叶数取大数，叶轮叶片数较少时取小数；当叶轮为双排出结构（对应泵的双吸叶轮）时，导叶叶片数的基数按单边叶片数计算，增加值取大数。

$$Z'_d=Z_y+(2\sim5) \tag{3-37}$$

②近似计算法

导叶叶片数也可以用式（3－38）计算。

$$Z_d=\frac{\pi\sin2\alpha_{d2}}{\ln\left[(a_{d2}+\delta_{d2})\dfrac{2\cos\alpha_{d2}}{D_{d2}}+1\right]} \tag{3-38}$$

式中，a_{d2} 为导叶的轴截面内叶片流道喉部直径，如图 3-6 所示。计算结果按四舍五入原则取整数。可以认为这个计算结果是最终设计结果。

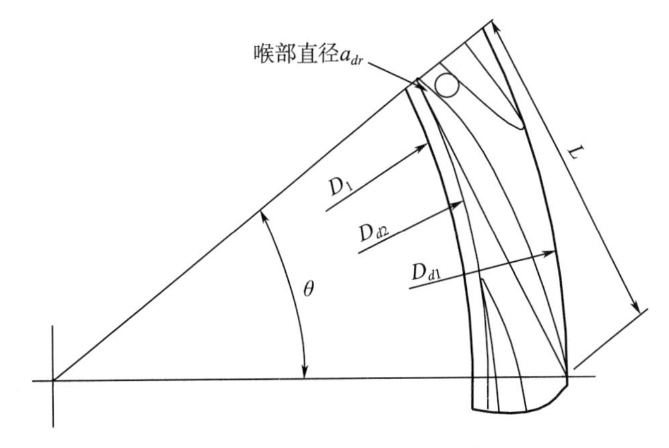

图 3-6　导叶各尺寸关系示意图

③叶片数确定原则

导叶叶片数应在二维造型完成后确定，原则是叶片数不能太少，以保证导叶形成完整的收敛通道；也不能太多，以保证叶片流道的有效通流能力，避免流道堵塞。

(7) 导叶长度 L 确定

导叶长度首先按式 (3-39) 初步计算

$$L=\tau\cdot\pi\cdot D_{d2}/Z'_d \tag{3-39}$$

其中，$\tau=1.1\sim1.2$，Z'_d 为式 (3-37) 计算选取的导叶叶片数，非最终叶片数；当通过二维造型确定最终叶片数 Z_d 后，一般不修改叶片长度。导叶长度与导叶进出口关系如图 3-6 所示，各参数关系可用式 (3-40) 表示。

$$L^2=\frac{1}{4}(D_{d1}^2+D_{d2}^2-2\cdot D_{d1}\cdot D_{d2}\cos\theta) \tag{3-40}$$

式中　D_{d1} ——导叶入口直径；

θ ——导叶包角，初步计算时可按 $\theta=\dfrac{360}{Z'_d}$ 选取。

式 (3-39) 和式 (3-40) 可互为校验公式，当两者计算结果存在较大差异时，应调整导叶叶片数和导叶进口直径或叶片包角。

(8) 导叶入口宽度 b_{d1}

导叶入口宽度应按导叶进出口速度关系设计确定，一般可简单取为导叶出口宽度，但同时应考虑导叶入口与涡壳基圆处流道宽度的衔接。

$$b_{d1}=b_{d2} \tag{3-41}$$

(9) 导叶入口直径 D_{d1} 的确定

由式 (3-40) 可推导出导叶入口直径计算公式

$$D_{d1}=D_{d2}\cos\theta+\sqrt{4L^2-D_{d2}^2(1-\cos^2\theta)} \tag{3-42}$$

(10) 导叶入口圆周速度 C_{d1u}

$$C_{d1u}=C_{0u}\cdot D_0/D_{d1} \tag{3-43}$$

其中 C_{0u} 为涡壳基圆处圆周速度，初步计算时可按进口管喉部速度 C_{cr} 或涡壳Ⅷ截面 $C_{Ⅷ}$ 平均速度计算具体参见 3. 2. 5 涡壳参数计算与选取；当考虑周向速度与半径的关系，即涡壳内沿不同半径周向速度的差异时，有 $C_{0u}>C_{Ⅷ}$，具体精确计算可在涡壳设计完成后进行。

根据导叶的设计目的，入口切向速度也可用式（3-44）计算

$$C_{d1u}=\frac{C_{d2u}\cdot D_{d2}}{k_{d\Gamma}\cdot D_{d1}} \tag{3-44}$$

式中，$k_{d\Gamma}$ 为导叶环量系数，$k_{d\Gamma}=1.5\sim3.0$；当导叶仅是改变流动方向而环量不变时，$k_{d\Gamma}=1.0$；当导叶将部分压力能转化为速度能时，$k_{d\Gamma}>1.0$。在设计过程中部分压力能在导叶中转变为速度能，对叶轮设计和提高水力效率有利。

实际上，式（3-44）和式（3-43）互为计算结果的验证式，同时式（3-44）也可作为导叶出口条件的设计公式。

(11) 导叶入口径向速度 C_{d1r}

$$C_{d1r}=\frac{k_{d1}\cdot Q}{\eta_v\cdot\pi\cdot D_{d1}\cdot b_{d1}} \tag{3-45}$$

其中 k_{d1} 为入口叶片阻塞系数，$k_{d1}=1.1\sim1.3$，可根据导叶入口条件进行校核计算。

(12) 导叶入口液流角 α_{d1}

$$\alpha_{d1}=\tan^{-1}\left(\frac{C_{d1r}}{C_{d1u}}\right) \tag{3-46}$$

(13) 导叶入口叶片角 α_{d1A}

$$\alpha_{d1A}=\alpha_{d1}+(2°\sim5°) \tag{3-47}$$

3.2.5 涡壳参数计算与选取

涡壳是液力透平的主要过流部件之一，也是承压件，涡壳的设计既要考虑流动问题，也要考虑强度问题。涡壳与其他零件关系如图 3-7 所示。

(1) 涡壳包角与隔舌角

一般液力透平的涡壳包角比离心泵的包角略大，有导叶时一般取包角 $\varphi_T=345°\sim360°$，无导叶时建议包角不小于 330°；相应地隔舌角 ϑ 根据是否带有导叶确定，一般不超过 30°，即 $\vartheta+\varphi_T=360°$。

(2) 基圆直径

有导叶时

$$D_0=(1.05\sim1.1)D_{d1} \tag{3-48a}$$

无导叶时

$$D_0=(1.1\sim1.3)D_1 \tag{3-48b}$$

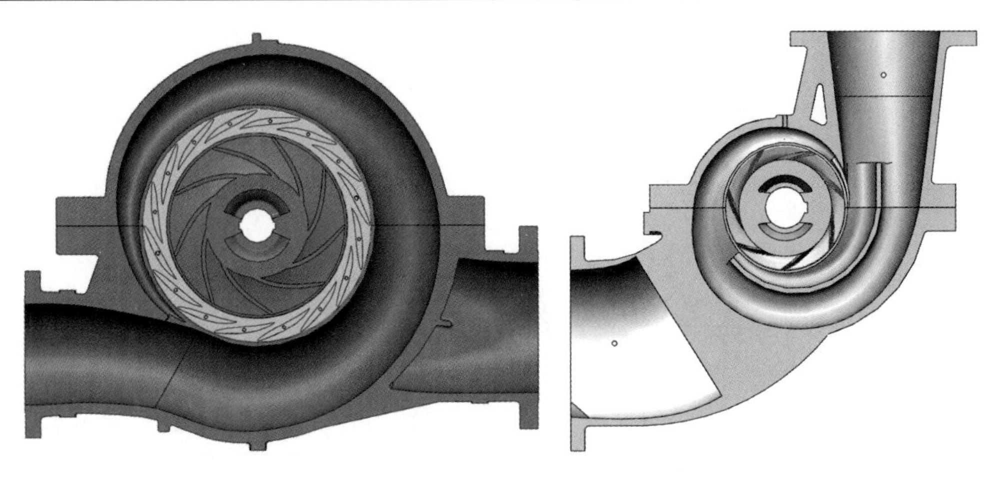
(a) 有导叶单涡壳与叶轮关系情况　　(b) 无导叶双涡壳与叶轮关系情况

图 3－7　叶轮与导叶及涡壳关系示意图

（3）涡壳Ⅷ截面流量

$$Q_{Ⅷ}=\frac{\varphi_T}{360}Q_T \tag{3-49}$$

当涡壳总包角为 360°时，Ⅷ截面流量与进口管喉部 F_{cr} 截面流量相同，即为透平进口流量 Q_T 。

（4）涡壳Ⅷ截面或喉部截面流速

$$C_{cr}=K_v\sqrt{H} \tag{3-50a}$$

当 ϑ 角较小时，可认为Ⅷ截面速度与喉部速度相同，即 $C_{Ⅷ}=C_{cr}$ ，或有式（3－50b）。

$$C_{Ⅷ}=K_v\sqrt{H} \tag{3-50b}$$

其中流速系数 K_v 可参照图 3－8 的曲线选取。

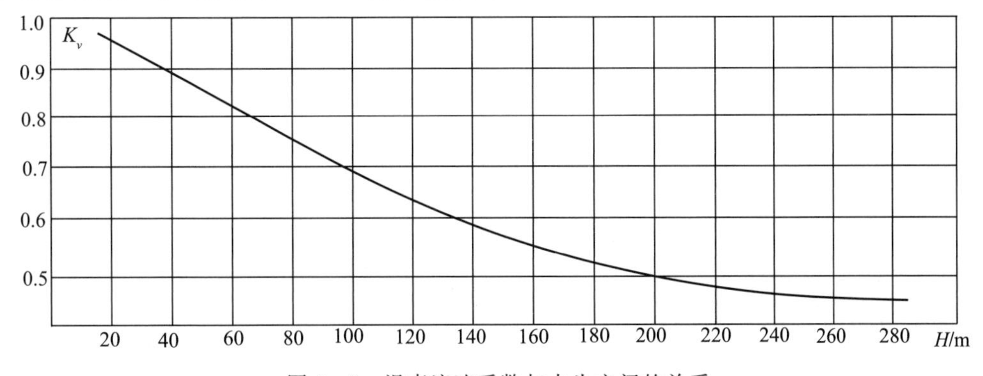

图 3－8　涡壳流速系数与水头之间的关系

式（3－50b）计算得到的是Ⅷ截面平均流速，可认为是切向流速。在自由流动区，该处的切向流速并不相同，如图 3－9 所示，在涡壳基圆处切向流速较大，外部切向流速较小，满足等环量条件，即 $C_{ur}\cdot R_r=C_{u0}\cdot D_0/2$，用下标 r 表示涡壳Ⅷ截面内任一点的切向速度和半径。

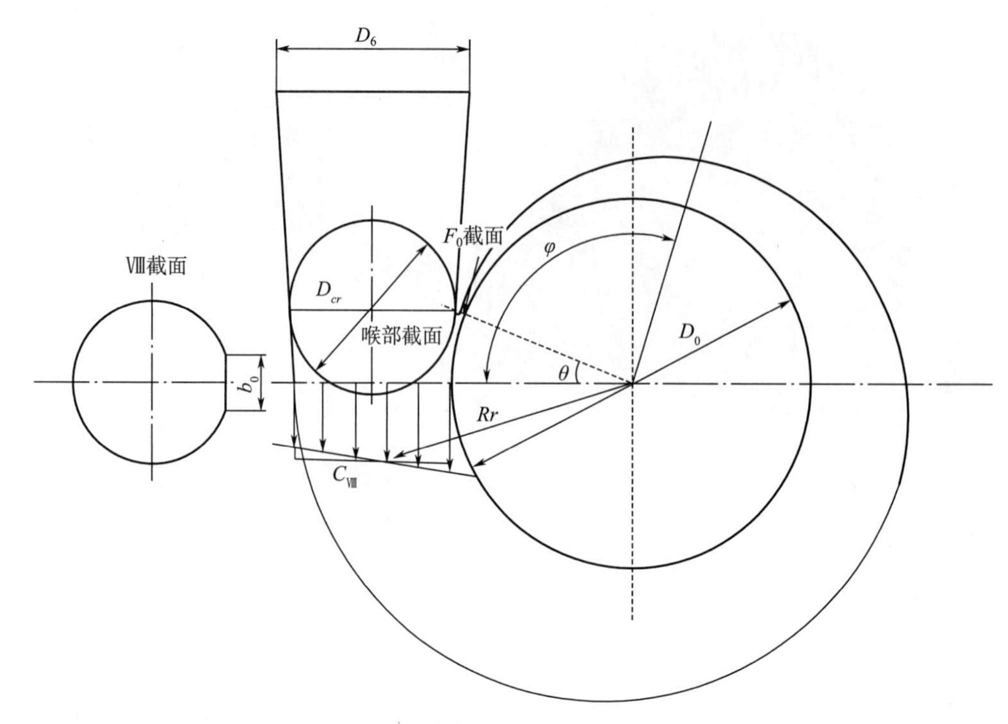

图 3-9　涡壳结构与关键尺寸的关系示意图

（5）涡壳Ⅷ截面或喉部面积

$$F_{cr}=Q_T/C_{cr} \tag{3-51a}$$

$$F_{Ⅷ}=Q_{Ⅷ}/C_{Ⅷ} \tag{3-51b}$$

（6）喉部直径

$$D_{cr}=\sqrt{\frac{4F_{cr}}{\pi}} \tag{3-52}$$

（7）涡壳各截面面积

$$F=\frac{\varphi}{360}\cdot F_{cr} \tag{3-53a}$$

或

$$F=\frac{\varphi}{360-\vartheta}\cdot F_{Ⅷ} \tag{3-53b}$$

式中，ϑ 为隔舌角，即 F_0 截面与 $F_{Ⅷ}$ 截面的夹角。

（8）涡壳Ⅷ截面当量直径

$$D_{Ⅷ}=\sqrt{\frac{4\cdot F_{Ⅷ}}{\pi}} \tag{3-54}$$

（9）涡壳基圆处宽度

$$b_0=b_{d1}+2\cdot\delta_0 \tag{3-55}$$

其中 $\delta_0=0\sim2$ mm，为涡壳基圆多出导叶入口叶片的单边宽度值，主要基于设备组装对中性的考虑。

（10）涡壳Ⅷ截面中心到叶轮中心距离

对圆形截面

$$R_{\rho}=(D_0+D_{Ⅷ})/2 \tag{3-56a}$$

对应液力透平隔舌角比较小的情况，假设第Ⅷ截面当量直径近似为喉部直径 D_c，则第Ⅷ截面中心到叶轮中心距离可以近似表示为

$$R_{\rho}\approx(D_0+D_{cr})/2 \tag{3-56b}$$

当隔舌角相对较大、同时收缩管段的收缩角的影响不可忽略时

$$R_{\rho}\approx(D_0\cdot\cos\vartheta+D_{cr})/2 \tag{3-56b}$$

（11）进口管收缩段起始直径 D_6 与透平进口管直径 D_{in}

液力透平的进口管直径 D_{in} 一般由工程用户给定，当核算该处速度基本符合透平入口条件时，取 $D_6=D_{in}$；当 $D_{in}<D_6$ 时，可增加变径稳定流动管段，保证透平进口管有一个收缩段，增加流动的稳定性。

（12）进口管段收缩角 A

$$A=2\cdot\tan^{-1}\frac{D_6-D_{cr}}{2L_g} \tag{3-57}$$

其中，L_g 为进口管收缩段长度，不同于进口管总长度，总长度一般可在叶轮和导叶直径确定后由安装条件确定。收缩角 A 一般为6°～10°。

（13）进口管喉部参数

喉部速度 C_{cr} 大于进口管入口速度 C_{in} 或进口管收敛段入口速度 C_6，即

$$C_{cr}=1.05\sim1.15C_{in}(C_6) \tag{3-58}$$

其中，C_{cr} 由式（3-50a）计算，当计算的结果不满足式（3-58）时应修正计算。

（14）出口管直径 D_{out}

出口管直径一般由工程用户给出，当存在透平出口速度过大或过小，与叶轮出口条件不匹配时，可在叶轮出口到透平出口之间采取稳定扩散或收缩段、增加导流板等设计，保持流道结构合理、面积变化均匀。

3.3　径（混）流式过流部件的二维造型

3.3.1　叶轮二维造型

叶轮二维造型是在一维计算的基础上，对过流部件子午面流道和叶片流道面积进行核算，在保证面积变化均匀的情况下，确定叶轮叶片形状的过程。

（1）叶轮进出口面积初步核实

叶轮进出口主要参数在水力计算中已经得出，首先不考虑叶片厚度的影响，初步校核进出口面积。

叶轮进口面积

$$S_1 = \pi \cdot D_1 \cdot b_1$$

叶轮出口面积

$$S_2 = \pi(D_{21}^2 - d_h^2)/4$$

或

$$S_2 = \pi \cdot D_2 \cdot b_2$$

根据叶轮进出口面积比 $S_1/S_2 = 1.0 \sim 1.3$ 的原则校核 D_{21} 取值是否合适，如面积比不在上述范围内，需重新对 D_{21}/D_1 取值做迭代计算。注意，S_2 初步计算时没有用 D_{22} 而是用 d_h，是因为 d_h 由强度计算决定，可作为已知量。在后续校核计算时，可用 D_{22}、b_2 等参数准确计算。

(2) 子午面设计

在进出口直径和叶片宽度确定后，第一步是确定子午面形状。对于纯径向式叶轮，进口端形状是唯一的，但出口端涉及叶片的放置位置及上下盖板形状，如图 3－10 所示。该图给出了典型的径向式叶轮的子午面形状，其上下盖板形线均为直线段加圆弧。为了取得理想的结果，可通过改变上下盖板形状的方式改变子午面流道形状和叶片宽度变化规律。

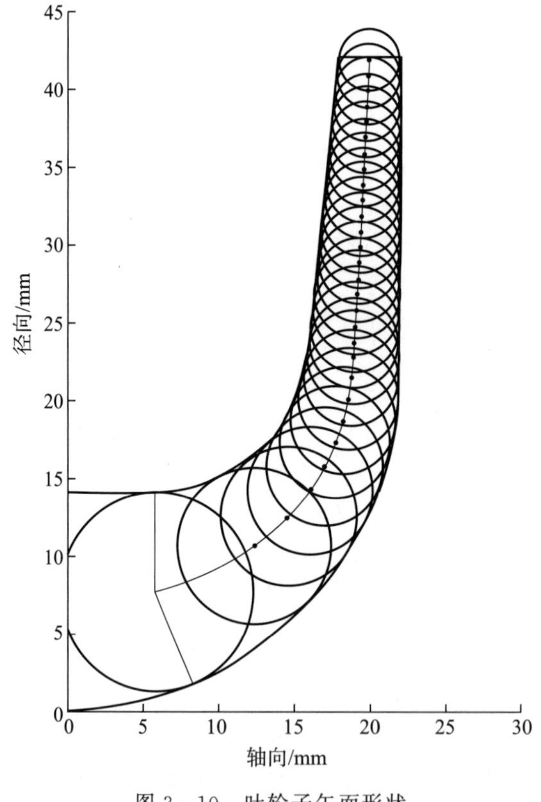

图 3－10 叶轮子午面形状

第二步是对子午面进出口直径范围内的流道面积变化情况进行校核，要求面积变化均匀。图 3－11 为沿子午中心流线的过水断面的面积分布，反映出流道面积变化规律连续均匀，没有突变现象。

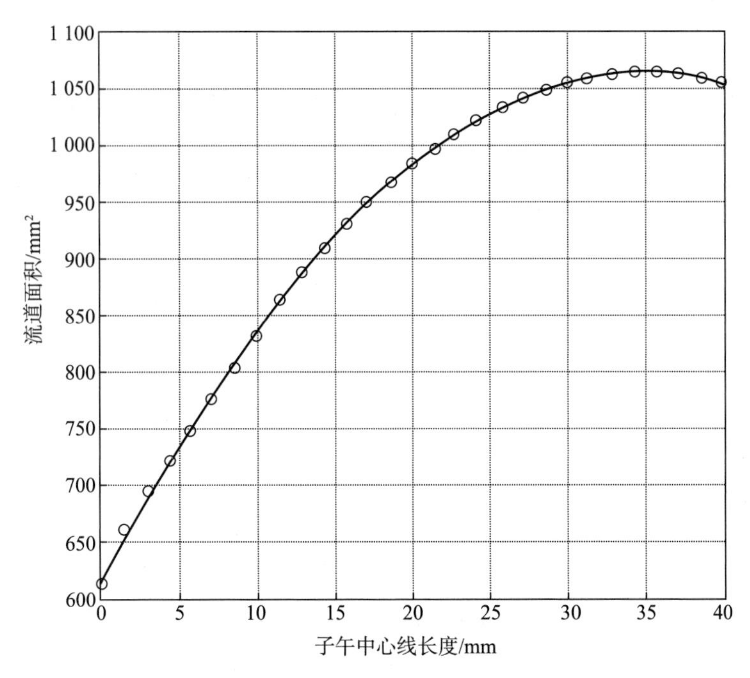

图 3－11　流道面积变化规律

实际上过水断面面积除了与子午面相关外，更与叶片形状密切相关，因此详细的验证应在叶片型线确定之后进一步分析。

（3）叶片叶型设计

在叶片叶型设计中，所有几何参数如叶片角、叶片包角、叶片长度等，均按叶片中心骨线设计，即认为叶片无厚度，确定了中心骨线后在两端加厚形成叶片的压力面和吸力面。图 3－12 为叶片在子午面中心流线（或平均流线）处的安放角与叶片包角及叶片厚度从叶轮出口（小径）到叶轮入口（大径）的变化规律，图 3－13 为叶片形状与几何参数关系。

根据叶片中心型线微分方程（3－59）可知，给定叶片安放角 β_A 沿中心线的变化规律后，即可得到叶片包角 θ_y 沿中心线的变化；同时给定叶片厚度变化规律，如令叶片从入口到出口线性变化、等厚等，即可确定叶片叶型。一般叶片出口边的厚度较薄，进口边厚度也比离心泵叶轮的出口边厚度薄。

$$d\theta_y = \frac{1}{r\tan\beta_A} ds_y \tag{3-59}$$

式中　r ——叶片中心骨线任一点半径；

s_y ——叶片中心线的曲线长度。

由于在上下盖板处的叶片角与中心流线处的叶片角不同，设计中可按中心流线、上盖板、下盖板三条叶片包角和叶片角与叶片长度的曲线关系设计验证。

叶型设计完成后，应代入中心流线对应的叶片角、叶片厚度重新校核从叶轮入口到叶轮出口的叶片通道过水断面面积，保证均匀变化，且进出口面积比满足设计要求。

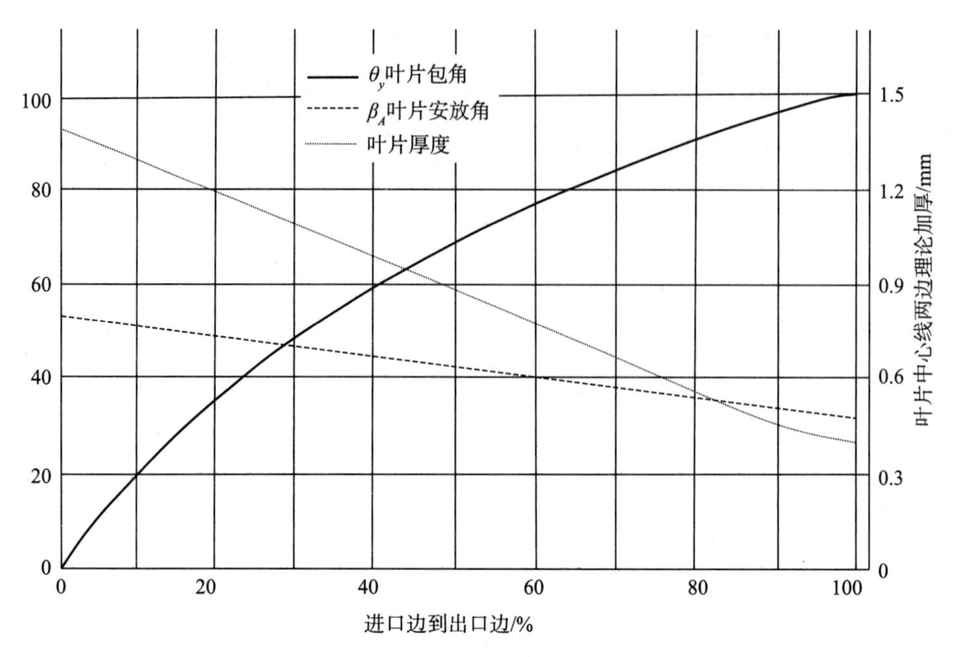

图 3-12　叶片包角与叶片安放角及叶片厚度沿叶片长度变化规律

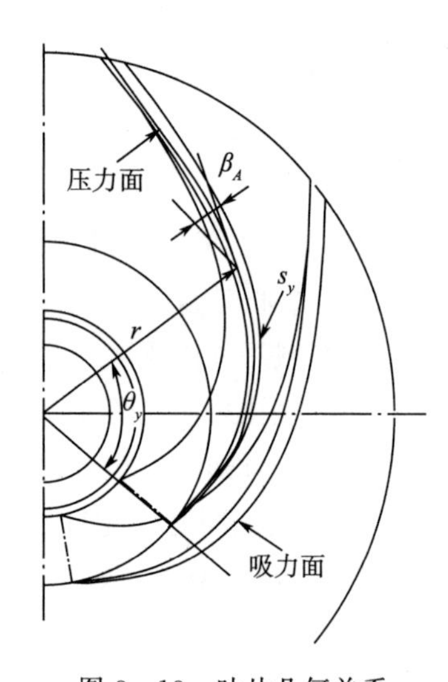

图 3-13　叶片几何关系

3.3.2　导叶叶片绘形与叶片数的最终确定

（1）导叶叶片绘形

当导叶翼型中心线大致按弧线设计时，计算翼型骨线的圆弧半径 R 与导叶叶片安放角和叶片长度之间的关系，即式（3-60）；当需要两段或两段以上的弧线时，分段计算圆弧半径，α_d 角也分段给出。

$$R = \frac{L}{2\sin\left(\frac{\alpha_{d2} - \alpha_{d1}}{2}\right)} \tag{3-60}$$

导叶翼型是通过在圆弧骨线上加厚成型的，具体有两种方法。一种是作图法，即以中心骨线为圆心，以叶片加厚为半径做一系列的圆，这些圆的包络线构成叶型，两叶型之间形成的区域为导叶流道，流道应满足设计要求，其中在出口附近形成喉部，喉部面积满足导叶喉部速度要求，即满足导叶出口速度环量要求，如图 3－14 所示。另一种是给出叶片厚度变化规律，如图 3－15 所示，图中纵坐标 1 对应导叶出口叶尖厚度半径 δ_{d2}，相对厚度为相对出口叶尖厚度半径的比值，按厚度变化规律在骨线上加厚即形成导叶叶型。

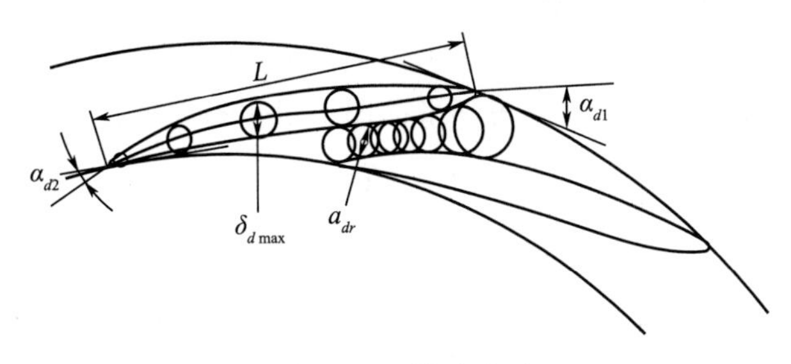

图 3－14　导叶叶型

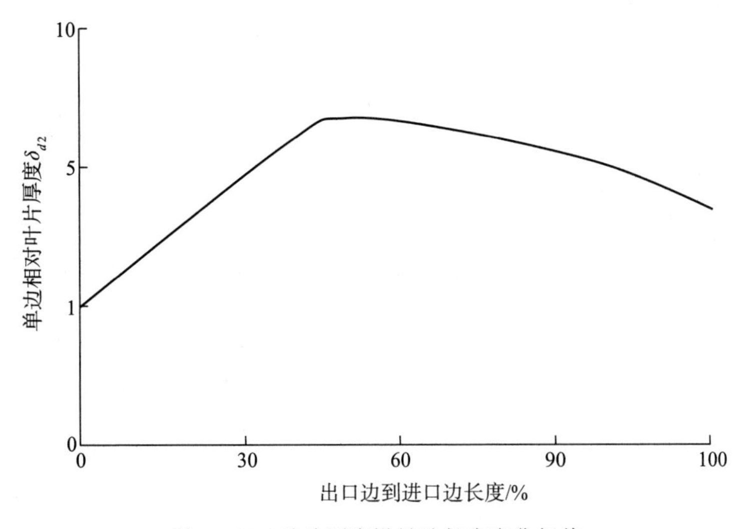

图 3－15　叶片厚度沿导叶长度变化规律

叶片厚度变化规律同样应满足导叶流道设计要求，即在两个相邻的叶片间形成的流道面积存在一个喉部，且喉部处于叶片出口附近。

叶片加厚时，需考虑加工工艺性：在强度和工艺许可的条件下，一般导叶头部（进口边）的厚度半径 δ_{d1} 稍大，尾部（出口边）尽量减薄（即厚度半径 δ_{d2} 较小），以利流体的绕流，最大厚度（即 $\delta_{d\max}$）位置出现的叶片长度位置为出口边长度的 30%～50%比较合适。

(2) 叶片数的最终确定

当导叶绘形完成，按初步确定的叶片数所构成的流道空间不能形成收敛通道时，增加叶片稠度，即适当增加叶片数；如果通过改变叶型，导叶流道喉部仍比较接近进口边时，降低叶片稠度，即适当减少叶片数。此时确定的叶片数为导叶最终叶片数。

3.3.3 涡壳及进出口管

液力透平涡壳的涡室断面通常采用对称型设计，断面形状可根据整体结构和制造工艺选择矩形、梯形、圆形、梨形、矩形与半圆形组合等，截面形状对液力透平的性能影响很小。根据式（3－53）得到涡壳各断面面积后，依据所选择的断面形状，可得到各断面轴面投影的高度，如图 3－16 中的 5－5 到 24－24 断面；根据基圆半径、各断面所对应的包角位置和各断面轴面投影高度，可以得到平面图上涡室各断面的顶点，光滑地连接各点，即可得到涡室平面图的螺旋线，如图 3－16 所示。

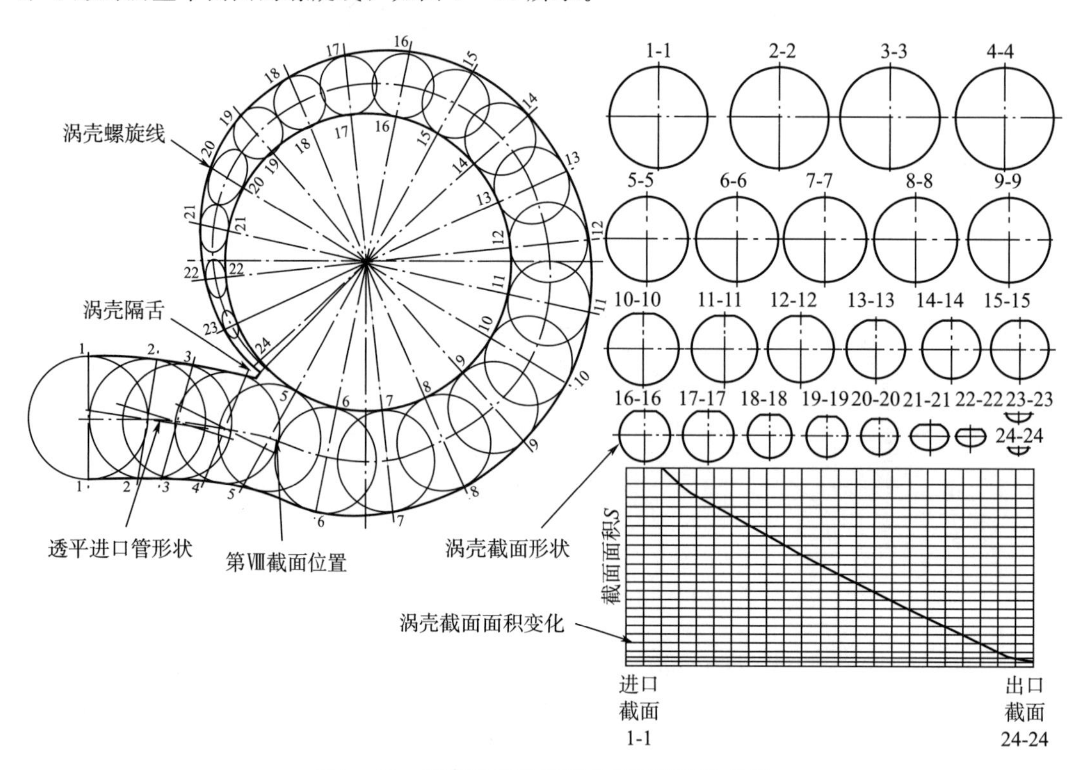

图 3－16 涡壳及进口管形状与面积变化规律

液力透平进口管管径通常由与之相连接的管路决定，进口断面 1－1 的形状也应与连接管路保持一致；进口断面到涡室第Ⅷ断面之间的断面面积变化应均匀，具体设计时，可以先分别计算出透平进口断面和涡室第Ⅷ断面的当量面积圆形半径；再计算出由进口收缩到喉部的管段长度，核对收缩角是否在 6°～10°范围内；然后根据进口管段长度和数个中间断面，绘制进口管的轴面投影边线，如图 3－16 中的 1－1 到 5－5 断面。

工业装置中出口管一般由工艺条件确定，当出口管的直径满足出口速度要求，即在不考虑液体密度从进口到出口变化的情况下，透平出口速度与进口速度大致相当，按叶轮出口条件，保证流道面积均匀变化即可。当存在转弯时，应适当设置导流板，如图 3-7（b）所示。

3.3.4　过流部件关键参数校核计算

液力透平经过一维结构参数设计、二维造型设计，叶轮、导叶、涡壳、进出水管道等各水力部件结构尺寸均已确定，且每个水力部件的过流面积均匀变化，满足了流动条件要求，但各水力部件之间的参数衔接情况需进一步校核，包括几个关键部位的速度、面积和速度环量，以保证液力透平的水力性能和运行可靠性。

（1）面积和速度

进口管喉部面积 F_{cr}（或涡壳Ⅷ截面面积 $F_{Ⅷ}$）与导叶喉部面积（$F_{dr}=Z_d \cdot a_{dr} \cdot b_d$）的关系或相应速度的关系

$$F_{Ⅷ}=\frac{\varphi_T}{360}F_{cr}\ ,\ C_{cr}\sim C_{Ⅷ}$$

$$F_{dr}\sim F_{cr}/k_{d\Gamma}\ ,\ C_{dr}\sim k_{d\Gamma}\cdot C_{cr}$$

叶轮进出口面积与速度

$$\psi_1\pi D_1 b_1=k_2\cdot\psi_2 D_2 b_2\ ,\ C_{2m}=k_2\cdot C_{1r}$$

k_2 可以与设计初选结果不同，但应在 1.0～1.1 附近，如果考虑到出口介质密度的降低，应保证 $k_2\geqslant\rho_{in}/\rho_{out}$，其中 ρ_{in}、ρ_{out} 为液力透平进出口介质密度。

ψ_1、ψ_2 也应重新计算，考虑实际叶片厚度、叶片角、叶片数对面积的影响。

（2）环量

静止段内流动为按等环量和环量增设计

$$C_{d2u}\cdot D_{d2}\sim C_{d1u}\cdot D_{d1}$$

$$C_{cr}\cdot R_\rho\sim C_{d1u}D_{d1}/2$$

$$C_{cr}\cdot R_\rho\sim C_{0u}D_0/2$$

3.3.5　液力透平一维直接正向设计案例

（1）设计输入参数（给定参数）

表 3-2 为设计输入参数表。

表 3-2　设计输入参数表

名称	符号或公式	单位	数值	备注
介质密度	ρ	kg/m³	1 095	
饱和蒸气压	P_v	MPa	0.14	
介质温度	T	℃	80	
设计点水头	H_T	m	230	

续表

名称	符号或公式	单位	数值	备注
设计点流量	Q_T	m^3/h	1 200	
入口压力	P_{in}	MPa	3.57	
出口压力	P_{out}	MPa	1.47	$P_{out}=P_{in}-\rho gH_T/1\ 000$ 计算得到
转速	n	r/min	1 485	按被驱动设备给定
设计点效率	η_T	%	≥75	要求值
设计点输出功率	N_T	kW	≥550	要求值
进口法兰	D_{in}	mm	300	给定值
出口法兰	D_{out}	mm	350	给定值

（2）功率效率评估计算

表 3-3 为功率效率评估计算表。

表 3-3　功率效率评估计算表

名称	符号和公式	单位	数值	备注
流量	Q_T	m^3/s	0.333	
比转速	$n_{sT}=n\sqrt{N_T}/H_T^{5/4}$	m/kW	38.9	叶轮应为纯径向流
比转速	$n_{sp}=3.65n\sqrt{Q_T}/H_T^{3/4}$	$(m/s^2)^{3/4}$	53.0	按透平参数计算，如果按反转泵参数计算，比转速将有所差别。叶轮形式为离心式
计算功率	$N'=g\rho Q_T H_T\eta_T$	kW	617.7	按给定效率参数计算输出功率，$N'>N_{T(min)}$，应可以满足设计要求
计算水力效率	$\eta'_h=1+0.083\ 5\cdot\lg(Q/n)^{1/3}$	%	0.898	取 0.9，透平水力效率高于泵
计算容积效率	$\eta'_v=1/(1+0.68\cdot n_{sp}^{-2/3})$	%	0.954	按泵的计算容积效率选取
计算机械效率	$\eta'_m=1-0.07/(n_{sp}/100)^{7/6}$	%	0.853	取 0.88，采取简单结构减少机械损失
计算总效率	$\eta'=\eta'_h\cdot\eta'_v\cdot\eta'_m$	%	0.772	
设计点总效率	η_T	%	0.77	选取（高于要求最小值），满足要求

（3）特征参数计算

表 3-4 为特征参数计算表。

表 3-4　特征参数计算表

名称	符号和公式	单位	数值	备注
强度计算功率	$P_c = 1.2N'$	kW	741	按计算功率代入
输出扭矩	$M_n = 9\ 550P_c/n$	N·m	4 765	
最小轴径	$d = \sqrt[3]{M_n/0.2[\tau]}$	mm	73.5	$[\tau] = 60$ MPa
叶轮处轴径	$d_B \geqslant d + h$	mm	100	选取
轮毂最小直径	$d_h = 1.2 \sim 1.4d_B$	mm	140	
叶轮直径初算	$D'_1 = \sqrt{g\eta_h} \cdot \sqrt{H_T}/(\pi n \cdot \sqrt{k_u})$	m	0.624	取 $k_u = 0.88$，$D_1 = 630$ mm
单位转速	$n_{11} = nD_1/\sqrt{H_T}$	r/min	61.68	对比图 2-10，该透平不在推荐的水轮机模型高效范围内，效率不会高于 78%，需特别设计
单位流量	$Q_{11} = Q_T/(D_1^2 \cdot \sqrt{H})$	L/s	55.3	

（4）叶轮一维结构设计

表 3-5 为叶轮一维结构设计表。

表 3-5　叶轮一维结构设计表

名称	符号和公式	单位	数值	备注
叶轮进口直径	D_1	m	0.63	
叶轮进口圆周速度	$U_1 = \pi nD_1/60$	m/s	49.0	
叶片宽度系数	$k_{b1} = 0.64 \cdot (n_{sT}/100)^{5/6}$		0.3787	
叶轮入口叶片宽度	$b_1 = k_{b1}\sqrt[3]{Q_T/n}$	m	0.023	选取 2 8mm
叶轮入口径向速度	$C_{1r} = Q_T \cdot \eta_v/(\pi D_1 \cdot b_1 \cdot \psi_1)$	m/s	7.05	取 $\psi_1 = 0.85$
叶轮入口周向速度	$C_{1u} = \eta_{hT}gH_T/U_1$	m/s	41.44	按出口切向速度为 0 计算
叶轮入口液流角	$\beta_1 = \tan^{-1}[C_{1r}/(U_1 - C_{1u})]$	(°)	43.0	
叶轮入口叶片角	$\beta_{1A} = \beta_1 + (2° \sim 7°)$	(°)	45	
叶轮出口直径	$D_{21} = 0.48D_1$	m	0.302	叶轮上盖板叶片位置
叶轮出口轴面速度	$C_{2m} = 4Q_T \cdot \eta_v/\psi_2\pi(D_{21}^2 - d_h^2)$	m/s	7.24	取 $\psi_2 = 0.78$
叶轮出口平均直径	$D'_2 = \sqrt{D_{21}^2 - d_h^2}$	m	0.267	按轮毂计算，该值偏大取 $D_2 = 265$
叶轮出口圆周速度	$U_2 = n\pi D_2/60$	m/s	20.6	
叶轮出口液流角	$\beta_2 = \tan^{-1}(C_{2m}/U_2)$	(°)	19.36	
叶轮出口叶片角	$\beta_{2A} = \beta_2 + (2° \sim 7°)$	(°)	26	
叶轮出口上盖板速度	$U_{21} = n\pi D_{21}/60$	m/s	23.48	

续表

名称	符号和公式	单位	数值	备注
上盖板出口液流角	$\beta_{2p} = \tan^{-1}(C_{2m}/U_{21})$	(°)	17.14	
上盖板出口叶片角	$\beta_{2Ap} = \beta_{2p} + (2° \sim 7°)$	(°)	24	
叶轮叶片数初算	$Z'_y = \dfrac{6.5(D_1 + D_2) \cdot \sin[(\beta_{1A} + \beta_{2A})/2]}{(D_1 - D_2)}$		9.26	圆整到 10
叶轮叶片数	$Z_y = Z'_y + (2 \sim 4)$		12	选取

(5) 导叶一维结构设计

表 3-6 为导叶一维结构设计表。

表 3-6 导叶一维结构设计表

名称	符号和公式	单位	数值	备注
导叶出口直径	$D_{d2} = k_{dd} D_1$	m	0.68	取 $k_{dd} = 1.08$
导叶出口叶片宽度	$b_{d2} = b_1$	m	0.028	
导叶出口径向速度	$C_{d2r} = Q_T/(\varphi_{d2} \cdot \pi b_{d2} D_{d2})$	m/s	6.55	选取排挤系数 $\varphi_{d2} = 0.85$
导叶出口圆周速度	$C_{d2u} = C_{1u} \cdot D_1/D_{d2}$	m/s	38.39	
导叶出口液流角	$\alpha_{d2} = \tan^{-1}(C_{d2r}/C_{d2u})$	(°)	9.68	
导叶出口叶片角	$\alpha_{d2A} = \alpha_{d2} + (2° \sim 7°)$	(°)	15	
导叶叶片数	$Z_d = Z_y + (2 \sim 5)$		15	
导叶入口叶片宽度	$b_{d1} = b_{d2}$	m	0.028	
导叶长度	$L' = \tau \pi D_{d2}/Z_d$	m	0.171	取 $\tau = 1.2$ 用另一公式核算 $L = 170.3$ mm，说明设计合理
导叶叶片包角	$\theta = 360/Z_d$	(°)	24	
导叶入口直径	$D_{d1} = D_{d2}\cos\theta + \sqrt{4L'^2 - D_{d2}^2(1 - \cos^2\theta)}$	m	0.822	取 820 mm
导叶入口径向速度	$C_{d1r} = K_{d1} \cdot Q_T/(\pi D_{d1} b_{d1})$	m/s	5.77	取阻塞系数 $k_{d1} = 1.25$
导叶入口圆周速度	$C_{d1u} = C_{d2u} \cdot D_{d2}/(k_{d\Gamma} \cdot D_{d1})$	m/s	15.9	取环量系数 $k_{d\Gamma} = 2$
导叶入口液流角	$\alpha_{1d} = \tan^{-1}(C_{d1r}/C_{d1u})$	(°)	19.9	
导叶入口叶片角	$\alpha_{d1A} = \alpha_{d1} + (2° \sim 5°)$	(°)	25	

(6) 涡壳及进出口管段设计

表 3-7 为涡壳及进出口管段设计表。

表 3-7　涡壳及进出口管段设计表

名称	符号和公式	单位	数值	备注
涡壳进口速度	$C_{in} = 4Q_T/\pi D_{in}^2$	m/s	4.7	
进口管收缩段直径	$D_6 = D_{in}$	m	0.3	选取
进口管喉部速度	$C_{cr} = K_v \cdot \sqrt{H_T}$	m/s	7.27	查图 3-6，$K_v = 0.48$
进口管喉部直径	$D_{cr} = \sqrt{4Q_T/\pi C_{cr}}$	m	0.241	取 240 mm
进口管喉部面积	$F_{cr} = Q_T/C_{cr}$	m²	45.24×10^{-3}	
收缩角	A	(°)	6	选取
进口管段长度	$L_g = (D_6 - D_{cr})/2\tan\dfrac{A}{2}$	m	0.572	最终进口管段长度根据结构和安装要求，在 L_g 基础上增加
涡壳基圆直径	$D_0 = 1.05 \sim 1.1D_{d1}$	m	0.861	取系数 1.05，D_0 取 860 mm
隔舌角	ϑ	(°)	15	选取
涡壳总包角	$\varphi_T = 360 - \vartheta$	(°)	345	
隔舌对应截面流量	$Q_0 = \vartheta \cdot Q_T/360$	m³/s	13.87×10^{-3}	或 $Q_0 = Q_T - Q_{Ⅷ}$
Ⅷ截面流量	$Q_{Ⅷ} = \varphi_T \cdot Q_T/360$	m³/s	0.319	
Ⅷ截面平均速度	$C_{Ⅷ} = C_{cr}$	m/s	7.27	
Ⅷ截面面积	$F_{Ⅷ} = Q_{Ⅷ}/C_{Ⅷ}$	m²	43.88×10^{-3}	
Ⅷ截面当量直径	$D_{Ⅷ} = 4F_{Ⅷ}/\pi$	m	0.236	与喉部半径相差 2 mm，可以用喉部直径代替进行初步计算
涡壳各截面面积	$F' = \varphi \cdot F_{Ⅷ}/\varphi_T$			或 $F' \approx \varphi \cdot F_{cr}/360$
涡壳 0 截面面积	$F_0 \approx \vartheta \cdot F_{cr}/360$	m²	1.885×10^{-3}	或称为隔舌处面积
涡壳Ⅱ截面面积	$F_{Ⅱ} = 90 \cdot F_{cr}/360$	m²	11.31×10^{-3}	
涡壳Ⅳ截面面积	$F_{Ⅳ} = 180 \cdot F_{cr}/360$	m²	22.62×10^{-3}	
涡壳Ⅵ截面面积	$F_{Ⅵ} = 270 \cdot F_{cr}/360$	m²	33.93×10^{-3}	
涡壳基圆处宽度	$b_0 = b_{d1} + 2\delta_0$	m	0.03	取 $\delta_0 = 1$
Ⅷ截面中心到叶轮中心距离	$R_\rho \approx (D_0 + D_{Ⅷ})/2$	m	0.548	该值为水力中心半径，当涡壳形式为矩形、梨形等情况时，会略有变化
出口管速度	$C_{out} = 4Q_T/\pi D_{out}^2$	m/s	3.46	

（7）面积与环量校核

表 3-8 为面积与环量校核表。

表 3-8　面积与环量校核表

名称	公式	单位	数量	说明
Ⅷ截面中心位置环量	$C_{cr}R_{\rho}$	m^2/s	3.984	满足环量增加设计原则
导叶入口环量	$C_{d1u}D_{d1}/2$	m^2/s	6.519	
导叶出口环量	$C_{d2u}D_{d2}/2$	m^2/s	15.74	
基圆处环量	$C_{0u}D_0/2$	m^2/s		可在二维造型结构参数全部确定后再核算
其他环量核算				
速度和面积核算				

3.4　径（混）流式液力透平三维数值模拟

透平完成结构一维设计和二维造型后，利用 CFD 数值计算方法可以对液力透平过流部分进行三维数值模拟，在模型设计阶段预测透平的外特性，避免生产出来的产品性能与设计要求偏差太大；同时，深入了解透平内部的流动特性，如流场内部是否存在涡流、二次流等不稳定流动，消除模型设计阶段可能存在的隐患，为水力部件的优化设计，获得良好的水力模型提供设计依据。CFD 数值模拟计算流程如图 3-17 所示。

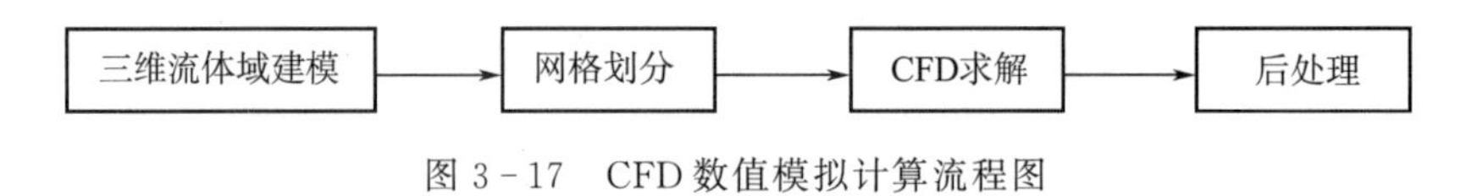

图 3-17　CFD 数值模拟计算流程图

三维数值模拟过程及算例情况简介如下。

第一步：三维建模。

为保证计算结果的准确性，需建立包括涡壳、导叶、叶轮和尾水管等的全流域三维模型，如图 3-18 所示。

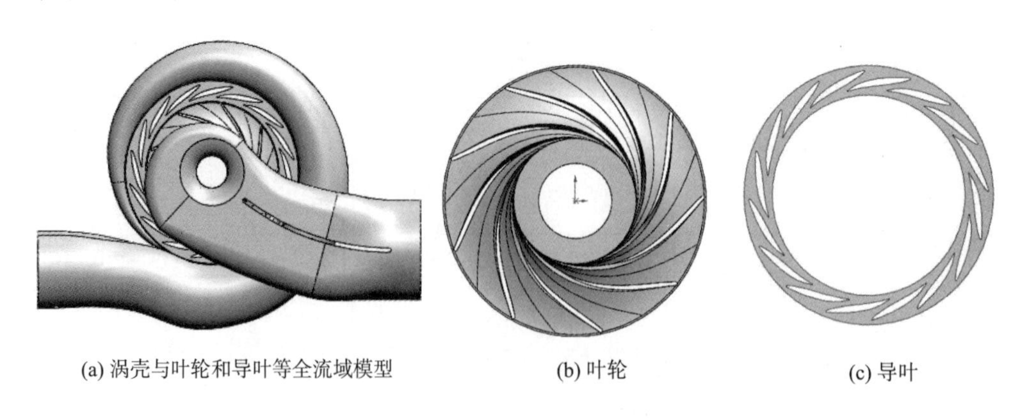

(a) 涡壳与叶轮和导叶等全流域模型　(b) 叶轮　(c) 导叶

图 3-18　透平三维计算域模型

第二步：网格划分。

可根据所采用的计算软件，选择相适应的网格划分方法。

这里采用ICEM完成网格划分，涡壳和导叶建立非结构化的四面体网格，进/出口管段和叶轮建立非结构化的六面体网格。为了能更好地捕捉近壁面的流动特征，使 y^+ 值尽量小；在叶片和导叶壁面边界层建立多层网格结构，同时进行局部网格加密；边界层采用非结构化的六面体网格；为保证网格质量，所有的网格单元应尽可能保证最小面角大于20°、最大面角小于160°。图3-19给出了叶轮网格分布情况。

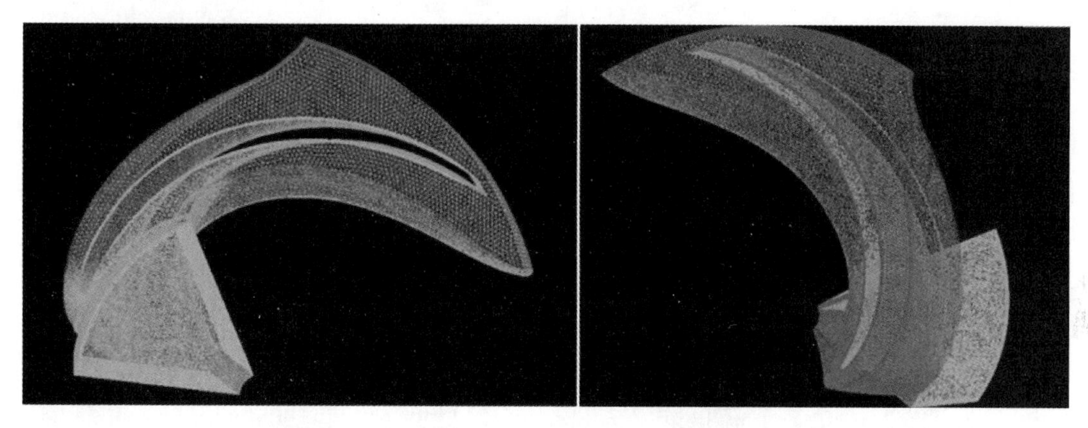

图3-19　叶轮网格分布

第三步：CFD求解。

考虑导叶叶片多而且内部近壁区流动复杂，为了能同时捕捉近壁面和远壁面区域的流动特征，采用SST k－ω湍流模型。

边界条件：叶轮的进/出口与导叶和出口管采用interface过渡计算，近壁处均用壁面函数进行处理；进/出口管给定压力入口和压力出口；叶轮的水力模型区域设置为Multiple Relative Frame模型。

压力和速度的耦合选用SIMPLEC算法。计算过程中湍动能项、湍动能耗散率和速度项采用二阶迎风格式，为了更准确地计算大压力梯度的流动特征，压力项采用Presto来重建表面压力。

第四步：后处理。

在合理的一维设计和良好的二维造型基础上，三维数值计算结果所展示的流场速度分布和压力分布一般会比较合理；如果存在不太理想的地方，可对相应部位的结构和参数进行适当修改，实现水力结构优化。在本案例中，从图3-20展示的流场情况可见，叶轮内流动规则连续，不存在回流涡结构，压力从入口到出口均匀过渡、没有突变；经进口管、涡壳、导叶、叶轮、出水管的全流域流线光滑连续，压力分布合理，证明导叶与涡壳的水力模型与叶轮模型配合良好，符合设计要求。

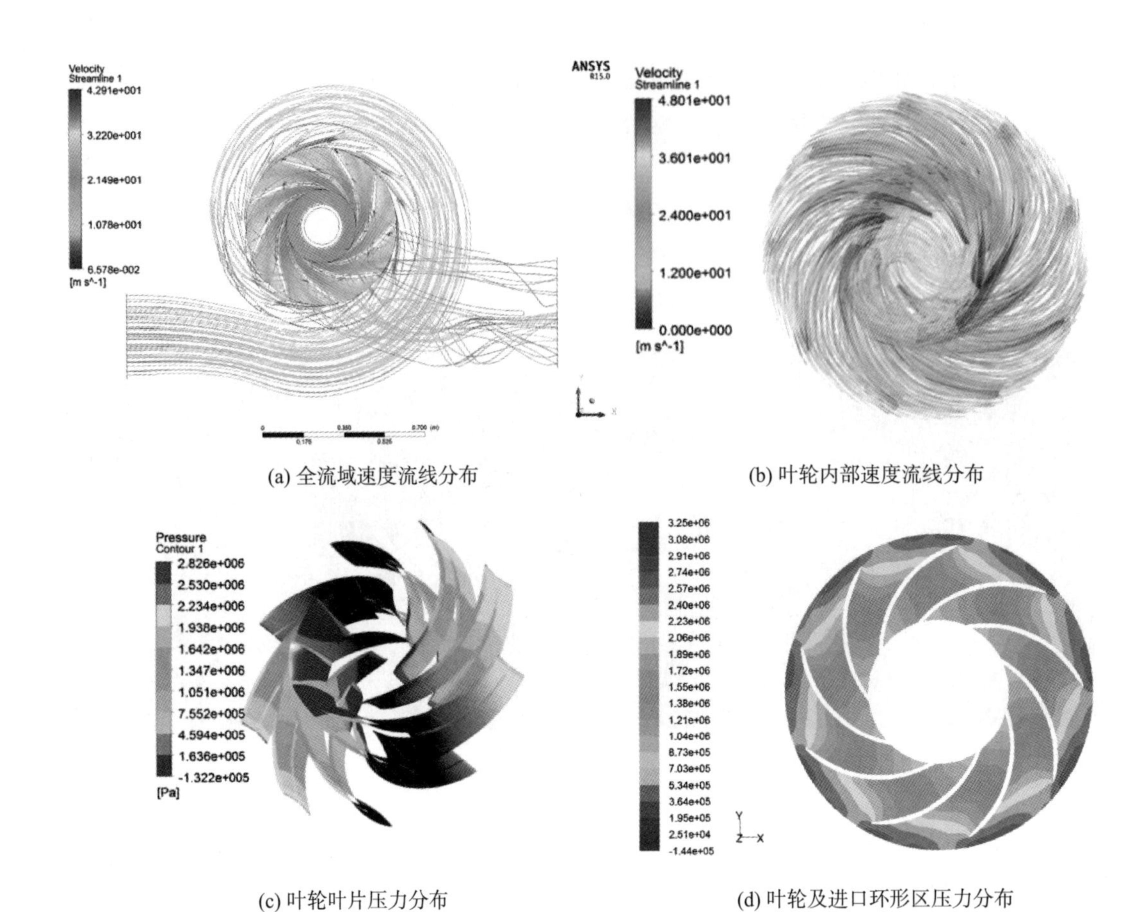

(a) 全流域速度流线分布　　(b) 叶轮内部速度流线分布

(c) 叶轮叶片压力分布　　(d) 叶轮及进口环形区压力分布

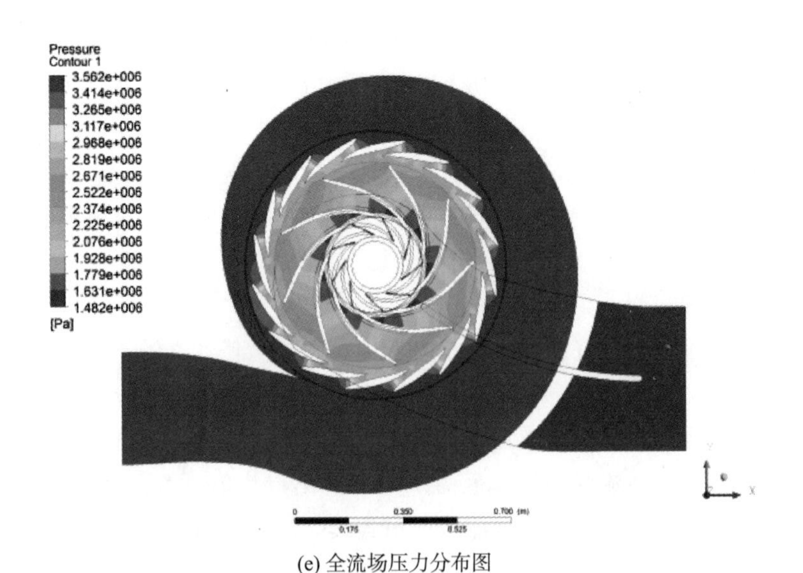

(e) 全流场压力分布图

图 3 - 20　三维数值计算结果-流场

图 3－21 为结构设计完成后数值模拟外特性曲线与实际样机试验曲线的对比。其中水头（扬程）-流量曲线吻合良好，仅在小流量处有微小误差；功率-流量曲线趋势保持一致，数值模拟结果略高于试验结果，误差不超过 5%。产生输出功率误差的原因，部分是由于数值模拟计算不考虑过流部件以外部分零件的机械损失，而试验结果是在克服了轴承、密封等摩擦损失后从轴上输出的净功率。可见三维数值模型可以很好地预测液力透平水力性能。

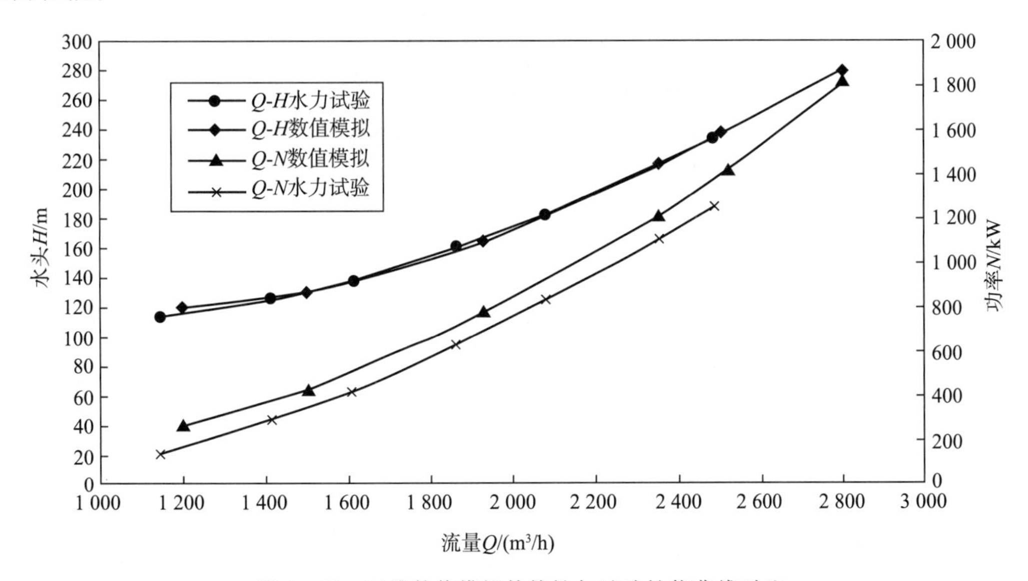

图 3－21　三维数值模拟外特性与试验性能曲线对比

如欲获得更准确的结果，可在上述数值仿真结果基础上，将轴承、密封、连接件的摩擦损失考虑在内，设总的摩擦损失效率为 η_{mw} 、数值仿真获得的效率为 η_{hj} ，利用式（2－38）的概念，用修正后的效率 $\eta'=\eta_{hj}(1-\eta_{mw})$ 对数值仿真结果进行修正。

上述四个步骤，给出了液力透平水力设计和性能设计的初步验证结果，为进一步结构优化和性能评估奠定了良好基础。

在设计阶段采取从一维水力设计、二维叶片造型到三维数值模拟的设计流程，有利于水力模型的优化设计，可实现经济、快速的新模型、新产品开发。

3.5　轴流式液力透平过流部件水力设计

3.5.1　轴流式液力透平参数的选择及理论计算

工业装置轴流式液力透平与常规轴流式水轮机的结构差别非常大，图 3－22 为驱动诱导轮（特殊轴流泵）的多级轴流式液力透平示意图，该结构从实际需要出发做了特别设计，其进出口管的布置形式、转速等均需与被驱动的诱导轮相匹配，但叶轮和导叶按轴流式透平机的设计原则进行设计。

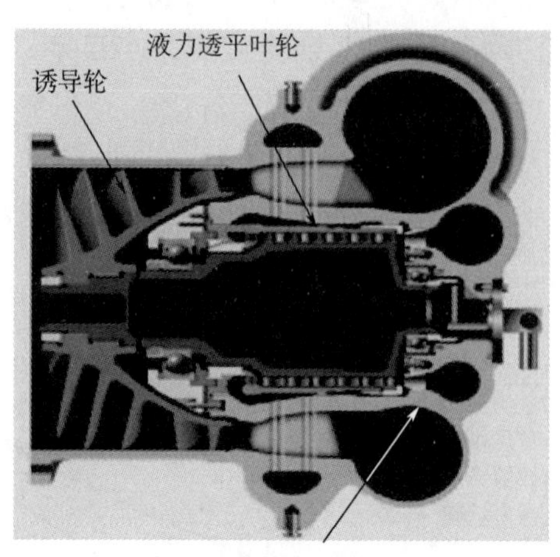

图 3-22　典型轴流式液力透平

液力透平形式按能量转换形式分为反力式透平和冲击式透平；按叶轮级数可分为单级透平和多级透平；按喷嘴（导叶）分布又可分为部分进液透平和全周进液透平。

（1）级数的选择

单级透平压降大，结构简单，质量轻，工作可靠，但余速损失较大。多级透平由各级分担压力降，喷嘴、动叶流速相对较低，同时前一级的余速可在下一级中得到利用，损失较少。因此，相同参数的多级透平效率比单级透平的效率更高；但多级透平结构复杂，制造成本增加，质量增大。

（2）各级压力降的分配

透平级的压力降初步计算时可以按级数平均分配，即 $P_i=\dfrac{P_T}{i}$，其中 P_T 为透平总压力降，P_i 为级压力降；或 $H_i=\dfrac{H_T}{i}$，H_T 为透平总水头，H_i 为级水头。当透平级数较多时，压力降分配常常是根据设计经验来选定的，一般情况下第一级设计区别于其他级，第一级压力降高于其他级的压力降，末级分配时，应尽可能考虑轴向排液，以减小余速损失。

（3）反力度 Ω 与级速比 $\dfrac{u}{c_s}$ 的选择

冲击式透平的叶轮叶片通常进出口边为对称结构、折转角相对较大，反力度接近于零，轮盘两侧压差小，动叶可不带围带，无须级间密封，结构简单，透平轴向力很小。

反力式透平折转角相对较小，反力度增大时流体在动叶通道中的分离现象减少，叶栅流动损失相对更小，但同时导致轴向间隙中的泄漏损失增加，且轮盘两侧存在压差，如果为了获得最高的效率而选取过大的反力度，则透平工作产生的轴向力会很大，总体结构设计比较困难。反力度 Ω 的选择在 0.15～0.5 范围内比较合适。

为获得较高的透平效率，级速比的选择通常在最佳速比点附近，最佳速比点为某一反力度下最高圆周效率点所对应的速比值。对于冲击式透平，最佳速比点 $\frac{u}{c_s}$ 一般在 0.45～0.5 左右；对于反力式透平，最佳速比点将随着反力度的增大而增大，如图 3－23 所示。

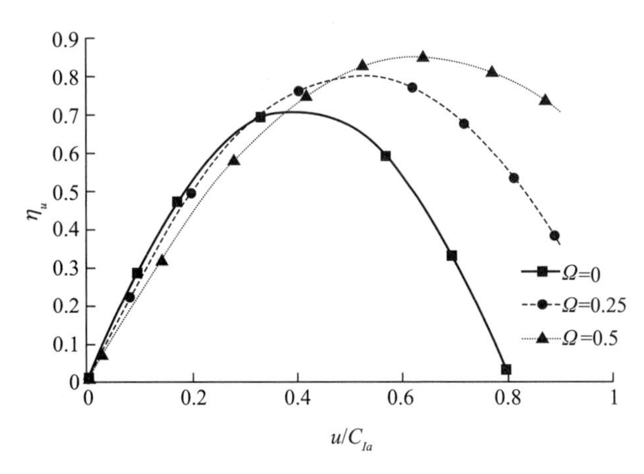

图 3－23　不同反力度下速比与轮周效率曲线

（4）平均直径的确定

根据选定的速比 $\frac{u}{c_s}$ 和值 c_s 可求出圆周速度 u

$$u=\frac{u}{c_s}\cdot c_s$$

其中

$$C_s=\sqrt{\frac{2P_i(1-\Omega)}{\rho}} \tag{3-61}$$

透平叶轮中径 $D_m^1=2R_m^1$ 可由 u 与给定的额定工作转速 n 确定

$$D_m^1=\frac{60u}{\pi n} \tag{3-62}$$

确定平均直径时，需要考虑圆周速度是否在透平转子所用材料的强度范围内，如圆周速度过高，可采用增加级数的办法降低单级叶轮负荷。

当透平同轴直接驱动负载（例如图 3－22）时，需考虑透平转子中径与负载的径向尺寸是否匹配，同时平均直径的选取需与叶片高度相匹配。

（5）透平级出口液流角 α_1 和 β_2 选择

轴流式透平的进出口绝对速度为轴向，即第一级喷嘴进口角 α_0 和末级出口角 β_2' 为 90°，在不计有限叶片数和滑移影响的情况下，平均直径位置的叶片角与液流角相同。

喷嘴（静叶叶栅）出口液流角 α_1 值的大小，直接与透平级通流部分的叶片高度、级做功、级效率和叶片强度等有关。在设计过程中建议选择 3～5 个 α_1 值进行计算，再根据上述因素进行权衡，一般建议在 14°～25°之间选取。

动叶叶栅出口液流角 β_2 通常要大于静叶出口液流角 α_1，β_2 值的大小取决于反力度，通常动叶片的液流角在25°～45°之间。

(6) 速度系数的选择

在轴流透平的水力方案设计中，可根据经验统计数据选择静叶栅速度系数 φ 和动叶栅速度系数 ψ，一般可取 $\varphi=0.90\sim0.96$，$\psi=0.81\sim0.92$，速度系数也可参考式（3-63）和式（3-64）进行选择、估算或修正。

$$\varphi^2=1-0.0335\left\{1+\left[\frac{180-(\alpha_0+\alpha_1)}{90}\right]^2\right\} \tag{3-63}$$

$$\psi^2=1-0.044\left\{1+\left[\frac{180-(\beta_1+\beta_2)}{90}\right]^2\right\} \tag{3-64}$$

1）修正叶栅速度系数，一般主要考虑的因素有叶片转折角、叶片高度、反力度、叶栅节距等因素：叶型的曲率或液流在叶片通道中的转折角为叶栅进、出口叶片液流角，折转角越大，损失越大，速度系数越小；

2）叶片高度越小，叶栅通道内的损失相对越大，速度系数越小；

3）反力度增大、流体在动叶通道中的分离现象减小、速度系数增大，但同时导致轴向间隙中的泄漏损失增加；

4）叶栅间距减小、摩擦损失增加，但间距过大将导致脱流，因此，叶栅间距要恰当；

5）动叶进口的液流相对速度增大时，摩擦损失增加，速度系数减小。

综上，影响叶栅速度系数的因素很多，在设计时应综合考虑并合理选取，准确选取需通过大量数值仿真和试验数据的统计分析。

速度系数选取后可由式（3-65）计算喷嘴出口实际速度 C_1

$$C_1=\varphi C_{1s} \tag{3-65}$$

动叶出口实际速度 $W_2=\psi W_{2s}$，其中 W_{2s} 可由式（3-66）得到

$$W_{2s}=\sqrt{\frac{2\Omega P_i}{\rho}+W_1^2} \tag{3-66}$$

(7) 动叶叶型进出口安放角的选择

动叶进口安装角 $\beta_{1A}=\beta_1+i_1$，一般攻角 $i_1=-2^\circ\sim-6^\circ$，β_1 可由式（3-67）计算得到

$$\beta_1=\tan^{-1}\left(\frac{\sin\alpha_1}{\cos\alpha_1-u/c_1}\right) \tag{3-67}$$

动叶出口叶片安放角 $\beta_{2A}=\beta_2+\delta$，落后角 δ 可在1°～6°之间选取；β_2 可根据进口叶片安放角、反力度以及前面的推荐值确定。

(8) 叶片高度的选择

喷嘴叶片高度 l_1 可根据式（3-68）计算得到

$$l_1=\frac{k_s^2\cdot Q}{\pi D_m^1 C_1\sin\alpha_1} \tag{3-68}$$

式中　k_s^2 ——喷嘴叶片排挤系数，取值范围1.04～1.25。

动叶叶片高度 l_2 可根据式（3-69）计算得到

$$l_2 = \frac{k_r^2 \cdot Q}{\pi D_m^1 W_2 \sin\beta_2} \tag{3-69}$$

式中　k_r^2——动片叶片排挤系数，数值约 1.04～1.25。当设计中选择 $l_1 = l_2$ 时，需要调整 β_2 的取值。

当叶片高度过小时，叶栅内的二次流损失将显著增大，为保证一定的叶片高度和水力性能，通常采用部分进液结构，部分进液虽然减小了二次流损失，但也将引入部分进液的相关损失，需要比较权衡。

3.5.2　轴流式液力透平动静叶片设计

(1) 叶栅子午通道设计

在不考虑流体密度随压力下降的变化情况下，多级透平沿流动方向基本按等通道设计，如图 3-24 所示。

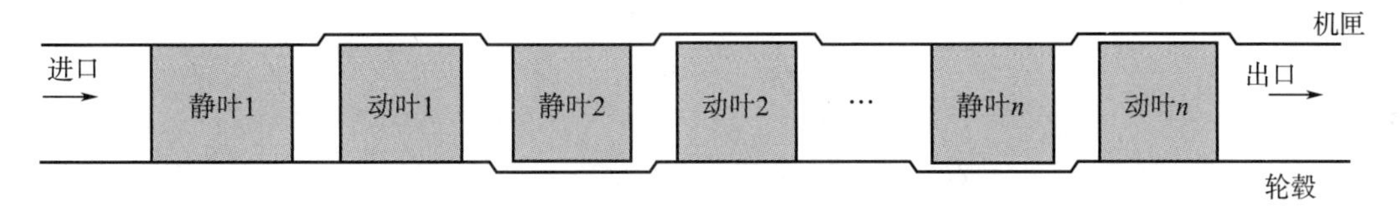

图 3-24　多级液力透平的子午通流示意图

为减小动叶的叶顶泄漏，可以使动静叶在叶高方向有一定的交错，即动叶高相比主流通道高度略高，如图 3-25 所示。

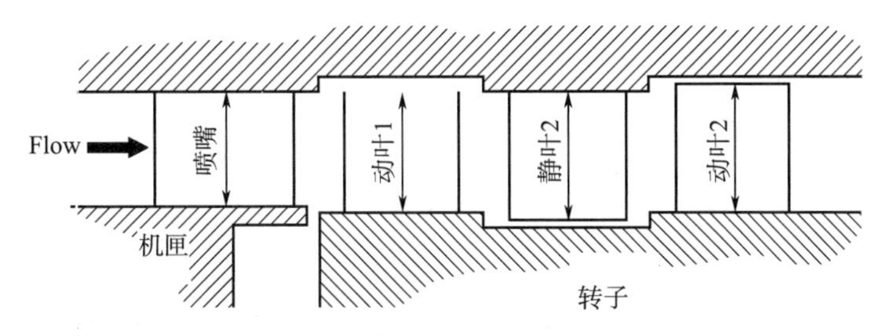

图 3-25　动静叶交错子午通流示意图

在对效率有较高要求，且叶片高度和整体结构允许的情况下，叶顶带冠结构可进一步减小泄漏损失，防止流体从压力面流入吸力面，如图 3-26 所示。

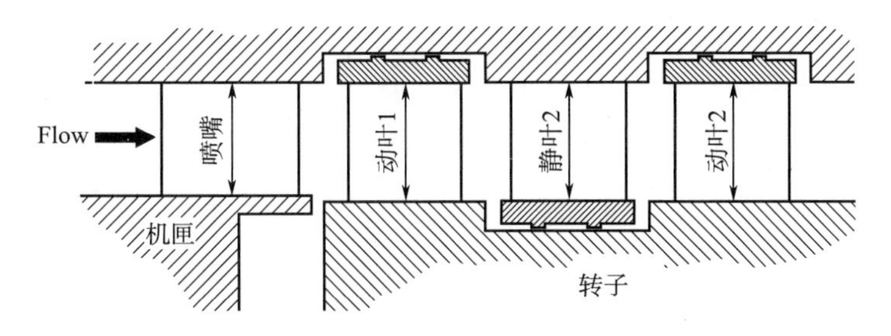

图 3-26　动静叶带冠子午通流示意图

(2) 叶型主要几何结构参数的选择

图 3 - 27 给出了平面叶栅各参数关系，图中叶片中弧线也称为骨线，一般叶片造型时在骨线两端均匀增厚，其包络线即为叶片的压力面和吸力面型线。

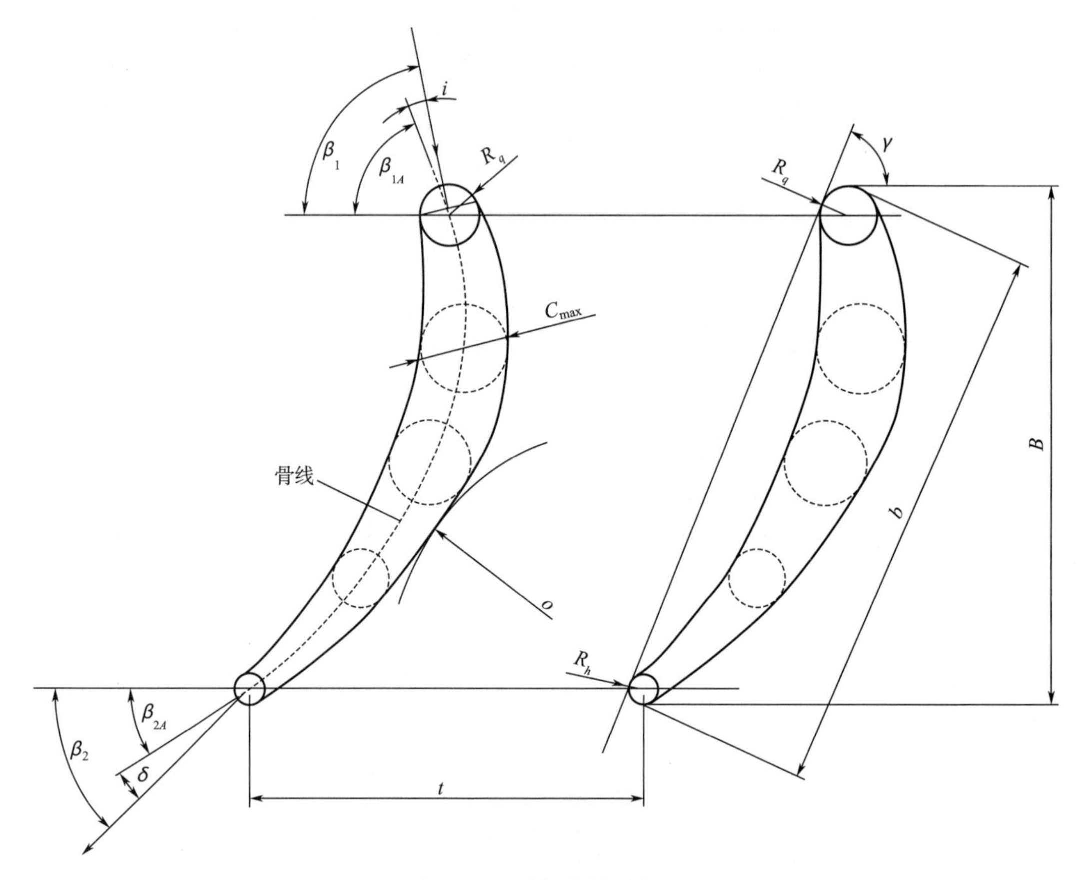

图 3 - 27 叶栅参数示意图

①叶片宽度的选择

叶片宽度 B 应根据叶片高度、叶片折转角、反力度等参数合理选择。对于短叶片，B 一般取值为 8～15 mm；对于较长叶片，B 一般取值为 15～25 mm；对于更长的叶片取值可超过上述推荐范围。

②叶栅节距的选择

叶栅节距可根据式 (3 - 70) 来近似估算

$$t = \bar{t}_{\mathrm{opt}} \cdot B \tag{3-70}$$

其中，$\bar{t}_{\mathrm{opt}}$ 为叶栅最佳相对节距，一般取值为 0.45～0.7。

③叶片数确定

叶片数的计算公式为

$$Z = \frac{\pi D_m^1}{t} \tag{3-71}$$

对式（3－71）计算得到的叶片数需进行圆整，然后再按式（3－70）重新核算 B 和 $\bar{t}_{opt}$。

叶片数应从结构、性能、强度等多方面综合考虑确定。叶片数和节距在造型时常发生矛盾，即若取定合适的节距，其换算出叶型弦长不一定合适，若取定合适的弦长，其栅距不一定合适。为此常需反复调整叶片数。

为避免产生共振，尽量使动叶叶片数与静叶叶片数无公约数，同时还需要考虑加工的工艺性。

④叶片进出口边厚度的确定

叶片进出口厚度对液流流动和效率有较大影响，因此叶片进出口边应在保证强度和加工工艺性的前提下尽量薄。通常叶片进出口边可用前、后小圆半径确定，在无特殊要求时，通常后缘 $R_h=0.2\sim0.8$ mm，前缘 $R_q=0.5\sim0.8$ mm。

⑤叶型最大厚度

叶型最大厚度 C_{max} 是叶型内切圆中的最大值，通常在距前缘 20%～30%比弦长处，该值与弦长的比值 $\bar{c}=\dfrac{C_{max}}{b}$ 对性能有一定影响，在满足结构、强度和制造要求下应尽可能地小，即整个叶片厚度不宜过厚。

冲击式对称叶型的最大厚度 C_{max}，通常位于 50%弦长处。

（3）轴流叶片造型方法

轴流叶片造型方法有两种，即图解法和参数化法。

利用图解法（例如图 3－27 所示的叶片）进行造型设计时，一般需要根据栅距、弦长、构造角（叶片加厚时形成，区别于叶片安放角）、安放角、叶片进出口边厚度和叶型最大厚度等关键参数调整，因此受到试验数据库和设计者经验的影响和限制。一般采用图解法造型后，可以应用三维数值仿真技术对设计结果进行验证，如果流场优良、水力性能满足设计要求，说明造型合理，否则可根据流场特性对结构进行优化。

参数化法造型设计，是计算机技术发展的成果，可以方便地利用叶片造型软件（如 MUMECA/AutoBlade、NREC/AxCent、Ansys/BladeGen 等）进行参数化造型，即将叶型表示为通过若干特征几何参数控制的解析曲线，通过参数的调整实现叶型几何结构的优化。

（4）参数化法造型设计实例

叶片型线沿叶片高度构成流道壁面，因此为减小二次流，型线应光滑无拐点，一阶、二阶导数应连续。符合此条件的曲线很多，如二次曲线（圆、椭圆、抛物线等）、双扭线等。这些曲线的方程大都较为简单，变量较少，容易确定，但在造型过程中也存在一定的缺陷，比如局部的改变将引起其他部位的变化。而样条曲线具有灵活、可局部修改等良好的特征，借助于计算机可以快速方便地设计出良好叶型。

以 Pritchard 11 参数法为例说明具体叶片参数化造型设计过程，该方法将叶型分为前缘、压力面和吸力面三条曲线，并以叶片数、叶型截面半径、前缘小圆直径、尾缘小圆直径、弦长、安放角、前楔角、尾楔角、后弯角、进口几何角、出口几何角等 11 个参数作为叶型的基本参数，以方便地控制水力设计过程中重要的物理量，如图 3-28 所示。

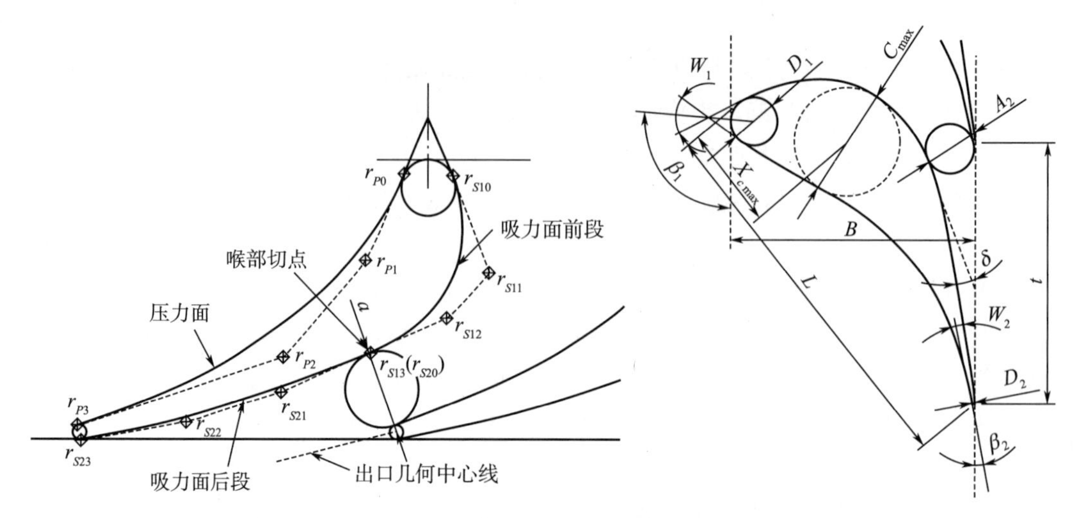

图 3-28 Pritchard 11 参数化造型几何参数及控制点示意图

在设计中叶型被分为前缘圆弧、尾缘圆弧、压力面型线、吸力面前段型线和吸力面后段型线 5 个部分，其中叶型的压力面和吸力面采用三阶多项式曲线构成，前尾缘部分采用圆弧，5 个叶型点分别选为压力面的两个端点，吸力面的两个点和一个内点，采用了多点 Bezier 曲线代替有理 Bezier 曲线。该造型方法的优点是参数意义明确，不足之处则是除了 11 个基本参数外再无其他修改曲线的自由度，多曲线也难以避免拐点的存在。

参数化造型的具体设计过程如下：

1）输入几何参数：入（出）口几何角、前（后）楔角、前（尾）缘小圆直径、后弯角距（或半径和叶片数）、轴向（或弦向）弦长等。

2）固定前缘小圆的位置作为基准点，根据弦长和安装角，可确定尾缘小圆的位置，由于前尾缘小圆直径已知，即可画出前尾缘的小圆。

3）在前缘，根据入口几何角和前楔角，可以确定压力面型线和吸力面前段型线与前缘小圆的两个切点 r_{P0} 和 r_{S10}；在尾缘，同样可得到压力面型线和吸力面后段型线与尾缘小圆的两个切点 r_{P3} 和 r_{S23}。

4）根据栅距，可得相邻叶片的尾缘小圆，根据出口几何角，可得到喉部内切圆直径，由相邻叶片的尾缘小圆圆心，在垂直于出口几何中心线的方向上，由喉部的直径可得到喉部内切圆与吸力面型线的切点 r_{S13}（r_{S20}），该点将吸力面型线分为前、后两段。

5）对于压力面型线、吸力面前段型线和吸力面后段型线，可得到两个端部的后两段控制点和型线在该控制点处的切线方向，在每一段曲线前后两个切线方向上取适当的两个中间控制点，每段有 4 个控制点，将 4 个控制点的坐标代入叶型曲线生成函数，对各段分别进行曲线造型，即得到叶型的全部型线；进行相邻叶型压力面与吸力面间流道面积计算，检查叶型是否满足要求，若不满足则调整参数重新造型。

6）对各个基准半径（如根部、中间半径和顶部）分别重复上述 1）～5）的过程，生成各个基准截面的叶型。

7）根据基准截面叶型，沿叶高插值得到用于计算和加工的多个其他半径截面。

针对某一特定应用情景开展的液力透平的最优设计过程涉及许多同等重要的参数，如尺寸、重量、应力、效率、可靠性和成本等，最终设计结果需要兼顾每个参数，并不追求效率最高或某一参数最优。

采用高压液体工质的液力透平，在可以认为工质密度不随压力降低而变化的情况下，其设计计算按本章介绍的内容即可。如果高压液体内含有不凝气，或工质中有易汽化成分，随着压力下降有大量气体析出时，结构设计时必须考虑气体体积增加对流动、输出功率的影响，例如出口尺寸适当放大或适当改变出口液流角以增加通流面积，避免堵塞现象的发生，其结构和透平外特性可通过多相流三维仿真分析进行改进和优化。

参 考 文 献

[1] 吴玉珍，王铭．液力透平直接正向设计方法［J］．化工设备与管道，2019（3）：42-46．

[2] 哈尔滨大电机研究所．水轮机设计手册［M］．北京：机械工业出版社，1976．

[3] 关醒凡．现代泵理论与设计［M］．北京：中国宇航出版社，2011．

[4] 史广泰，等．液力透平理论、设计与优化［M］．北京：机械工业出版社，2017．

[5] 刘锦涛，等．水泵水轮机反水泵工况的特性研究［J］．水电能源科学，2011（8）：131-133，136．

[6] 王仲奇．透平机械设计理论［M］．北京：机械工业出版社，1987．

[7] 王仲奇．透平机械三元流动计算及其数学和气动力学基础［M］．北京：机械工业出版社，1998．

[8] 廖董华．预压涡轮泵多级轴流式液力涡轮特性研究［D］．北京：中国航天科技集团公司第一研究院，2018．

第4章 液力透平轴向力、径向力及平衡

轴向力和径向力与液力透平叶轮结构、转子系统密切相关，是确定转子系统构成和轴承结构形式的重要参数。

4.1 轴向力计算及平衡

4.1.1 径（混）流式透平轴向力计算

4.1.1.1 轴向力的产生

产生轴向力的因素包括叶轮、轴和轴上零件结构、流体流动、转子自重等。

叶轮前（上）下盖板非对称性结构，导致前下盖板的压力不平衡，由此产生的轴向力是轴向力的重要组成部分；由于叶轮盖板的形状多为非线性，因此其轴向力计算比较复杂；盖板轴向力指向压力小的盖板侧，用 F_1 或 F_1'（相反方向时）表示。

液体流经叶轮时，由于流动方向的改变产生冲力，也称为动反力，此力指向叶轮背面，用 F_2 表示。

轴上各台阶部位以及轴端位置流体压力不同产生的轴向力，其方向视各部位流体压力以及台阶尺寸等因素而定，用 F_3 表示。

转子质量产生的轴向力，其方向与转子的布置方式有关，当转子垂直布置时，轴向力为转子重力且垂直向下；当转子水平布置时，重力作用并不直接表现为轴向力，该力用 F_4 表示。

流体流动改变叶轮盖板处的压力分布，从而影响轴向力。当叶轮下盖板有回流孔时，前下盖板与透平壳体构成的流体腔内均存在径向流动，流动对轴向力的影响取决于有无回流孔和回流孔位值；当无回流孔时，叶轮上盖板腔存在向内的径向流动，下盖板腔存在向外的径向流动，因而轮毂直径处下盖板压力大于上盖板压力；采用多级叶轮时，向外的径向流动导致前一级叶轮出口压力大于后一级下盖板轮毂处压力，轴向力方向指向出口侧。

叶轮密封环结构对轴向力有较大影响。叶轮前后密封环直径不同，密封环长度、间隙或结构不同，以及运行过程中造成磨损程度不同，都将导致轴向力的改变。

制造精度、装配精度、转子及叶轮机械性能等因素对轴向力同样存在较大影响。

4.1.1.2 轴向力的计算

(1) 叶轮盖板处轴向力 F_1

①闭式叶轮轴向力 F_1 计算

由图 4－1 可知，叶轮前（上）下盖板不对称，上盖板在排出口部分没有盖板，另一方面，叶轮前（上）下盖板像轮盘一样带动前后腔内的液体旋转，盖板侧腔内的液体压力

按抛物线规律分布。不考虑盖板两侧径向流动，作用在盖板上的压力，口环以上部分相互抵消。其余部分轴向力计算公式为

$$F_1=\pi\rho g(R_m^2-R_h^2)\left[H_T^1-\frac{\omega^2}{8g}\left(R_1^2-\frac{R_m^2+R_h^2}{2}\right)\right] \tag{4-1}$$

式中 F_1——轴向力，N；

ρ——液体密度，kg/m³；

g——重力加速度，m/s²；

R_1——叶轮半径，m；

R_m——叶轮密封环处半径，m；

R_h——叶轮后轴颈或级间套处半径，m；

H_T^1——叶轮大径处势扬程，m；

ω——叶轮旋转角速度，rad/s。

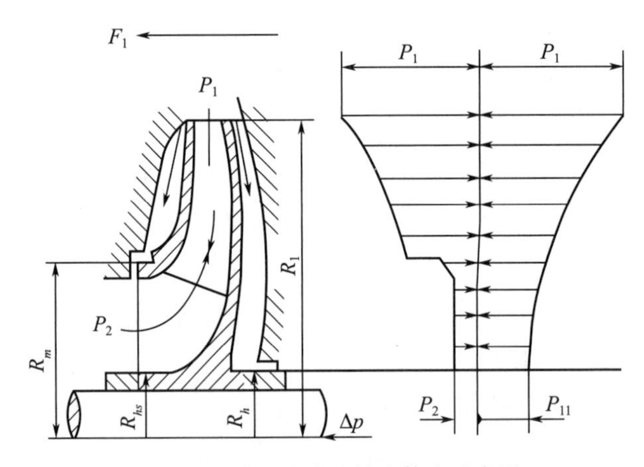

图 4-1 纯径流式叶轮流体力示意图

图 4-1 中的 R_{hs} 为叶轮前轴颈处半径，式（4-1）按 $R_{hs}=R_h$ 考虑给出

$$H_T^1=H_T\left(1-\frac{gH_T}{2U_1^2}\right) \tag{4-2}$$

式中 H_T——透平水头或叶轮级水头，m；

U_1——叶轮大径处圆周速度，m/s。

②半开式径向叶轮轴向力 F_1 的计算

半开式叶轮在泵中比较常见，但在透平中应用相对较少，仅在介质条件比较特殊且流量较小的情况下采用。其结构如图 4-2 所示，轴向力计算如式（4-3）所示。

$$F_1=\pi\rho g(R^2-R_h^2)\left[H_T^1-\frac{\omega^2}{16g}(R^2-R_h^2)\right]-\pi\rho gH_T^1\left[R_m^2+\frac{2}{3}(R^2-R_m^2)\right] \tag{4-3}$$

③混流式叶轮轴向力 F_1 的计算

如图 4-3 所示，混流式叶轮进口叶片在上、下盖板处半径分别为 R_{10} 和 R_{1h}，有较大差别，因此在进行作用在盖板上的流体力计算时需考虑结构的特点，轴向力计算用式（4-4）

$$F_1=\pi\rho g(R_{1h}^2-R_h^2)\left[H_T^1-\frac{\omega^2}{16g}(R_{1h}^2-R_h^2)\right]-\pi\rho gH_T^1(R_{10}^2-R_{1h}^2)-\pi\rho g(R_{10}^2-R_m^2)\left[H_T^1+\frac{\omega^2}{16g}(R_{10}^2-R_m^2)\right] \tag{4-4}$$

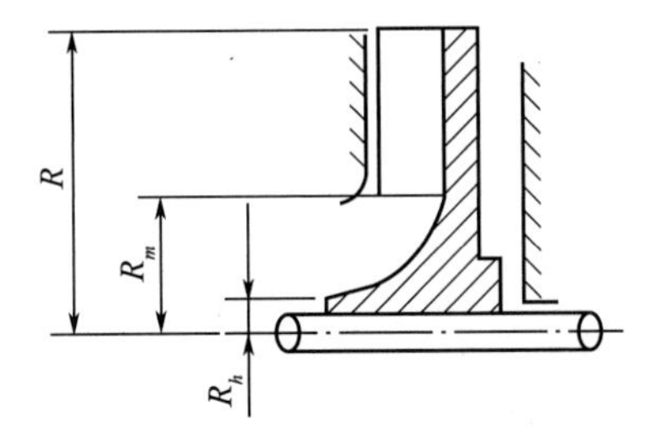

图 4-2　无上盖板叶轮计算示意图

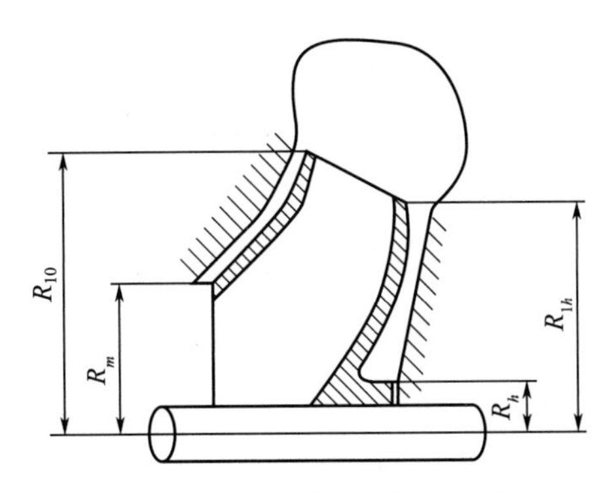

图 4-3　混流透平结构示意图

④混流半开式叶轮轴向力 F_1 的计算

图 4-4 为无上盖板混流式叶轮，其轴向力的计算如下

$$F_1=\pi\rho g(R_{1h}^2-R_h^2)\left[H_T^1-\frac{\omega^2}{16g}(R_{1h}^2-R_h^2)\right]+\pi\rho gH'_T(R_{10}^2-R_{1h}^2)-\pi\rho gH_T^1(R_{1h}-R_{2h})\left[R_{2h}^2+\frac{2}{3}(R_{1h}^2-R_{2h}^2)\right] \tag{4-5}$$

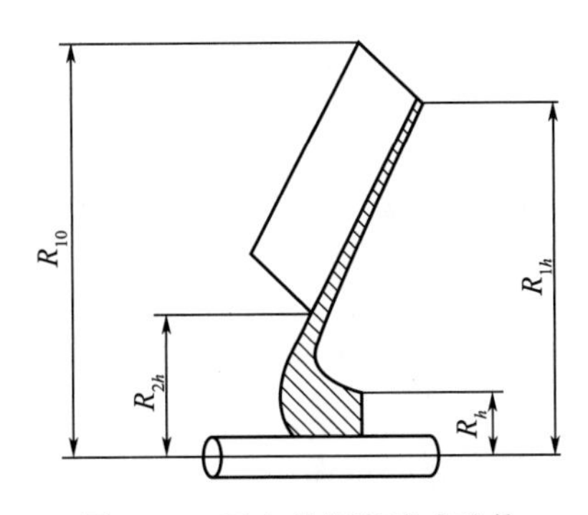

图 4-4　无上盖板混流式叶轮

⑤多级常规径向叶轮总轴向力 F_1 简化计算

设计工况点的轴向力可按下式计算获得

$$F = ik_F \pi \rho g H_1 (R_m^2 - R_h^2) \tag{4-6}$$

式中 F ——总的轴向力，N；

H_1——单级扬程（水头），m；

R_m ——一级叶轮密封环半径，m；

R_h ——一级叶轮轮毂半径，m；

i ——叶轮级数；

k_F ——轴向力系数，当比转数 $n_s=30 \sim 100$ 时，$k=0.6$；当 $n_s=100 \sim 220$ 时，$k=0.7$；当 $n_s=240 \sim 280$ 时，$k=0.8$。该系数根据泵的设计经验给出，实际透平计算时，可参考选取。

当存在多个运行工况点时，在非工况点轴向力应利用式（4－7）进行校核计算；当存在超转运行时，还需要对超速或超负荷工况下轴向力的数值进行复核计算。需要注意的是，当流量增加时，如果可利用水头充分，存在非设计点扬程大于设计点扬程的情况，这与泵的情况恰好相反。

$$F' = \frac{i}{2} k'_F \pi \rho g H \left(1 + \frac{H}{H_d}\right)(R_m^2 - R_h^2) \tag{4-7}$$

式中 F' ——总的轴向力，N；

H ——任意工况点的扬程，m；

H_d ——设计点的扬程（水头），m；

R_m ——叶轮密封环半径，m；

R_h ——叶轮轮毂半径，m；

i ——泵级数；

k'_F ——轴向力系数，当 $n_s=60 \sim 100$ 时，$k'_F=1.1$；当 $n_s=120 \sim 200$ 时，$k'_F=0.83$。该系数同样根据泵的设计经验给出，透平设计可参考使用，如需获得更为准确的结果，可根据本书第 2 章介绍的泵与透平比转速计算公式将透平比转速转变为泵比转速再计算。

（2）动反力 F_2

对径流式或混流式液力透平，液体通常沿轴向流出叶轮，沿径向或斜向进入叶轮。液流通过叶轮时流动方向发生变化，这种变化是液体受到叶轮作用力的结果。与之相应，液体给叶轮一个大小相等、方向相反的反作用力，即为动反力，方向指向叶轮背后。图 4－5 为动反力与流动关系。

$$F_2 = \rho Q_T (C_{m1} \cos\varepsilon - C_{m2}) \tag{4-8}$$

式中 ρ ——液体密度，kg/m^3；

Q_T ——透平流量，在此不考虑容积损失，m^3/s；

C_{m1}、C_{m2} ——叶片进口稍前、出口稍后的轴面速度，m/s；

ε ——叶轮出口轴面速度与轴线方向的夹角。

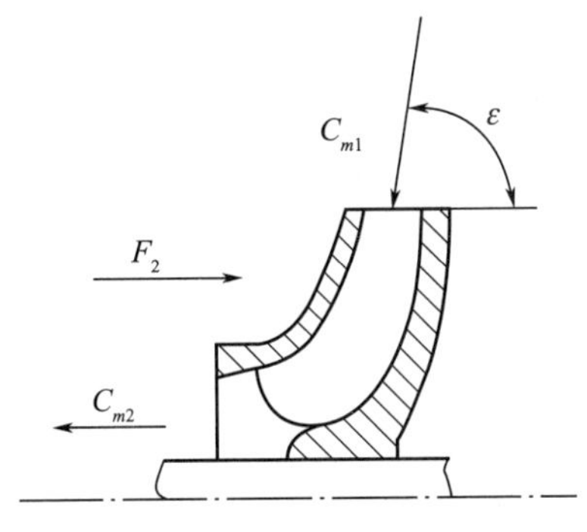

图 4-5　动反力与流动关系

（3）轴台产生的轴向力 F_3

①单级叶轮轴台、轴端等结构因素引起的轴向力 F_3

图 4-6 所示为悬臂式叶轮当排出口压力和大气环境压力不同时产生的轴向力。在工业装置中，由于介质往往循环利用，排除口压力比较高，此时作用在轴头上的轴向力数值不可忽视。其简化计算公式如下

$$F_3 = \frac{\pi}{4} d_h'^2 (P_2 - P_a) \tag{4-9}$$

式中　P_2——叶轮出口压力（绝对压力）；

P_a——大气压力；

d'_h——密封处的轴径。

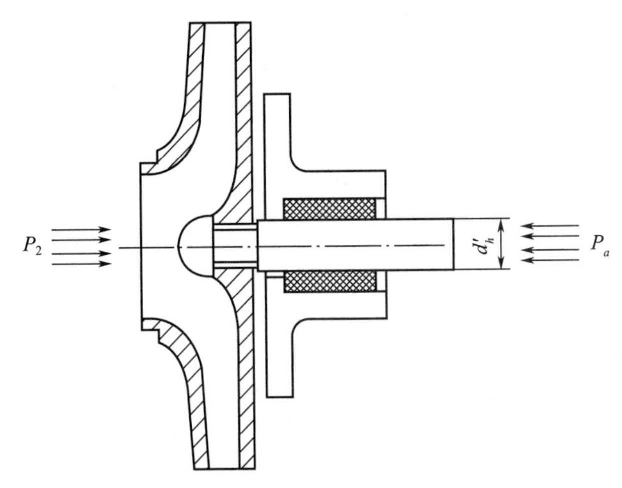

图 4-6　轴台、轴端轴向力示意图

②两级对称布置叶轮的轴向力 F_3

如图 4-1 的两叶轮背靠背对称布置时，叶轮密封和轮毂局部结构以及两级叶轮出口压力不同，轴向力计算既应考虑压力的差别，也要考虑结构尺寸的差异。第二级叶轮出口压力为 P_0，第一级叶轮出口压力与第二级出口压力差可用 $P = \rho g H_j$ 表示，其中 H_j 为第 j 级扬程（水头）。

第一级叶轮下盖板的轴向力：$(A_{m1}-A_h)(P_0+2P)$；

第一级叶轮上盖板的轴向力：$(A_{m1}-A_{s1})(P_0+P)$；

第二级叶轮下盖板的轴向力：$(A_{m2}-A_h)(P_0+P)$；

第二级叶轮上盖板的轴向力：$(A_{m2}-A_{s2})P_0$。

则

$$F_3=(A_{m1}-A_h)(P_0+2p)-(A_{m1}-A_{s1})(P_0+P)+(A_{m2}-A_{s2})P_0-(A_{m2}-A_h)(P_0+P) \tag{4-10}$$

式中 A_{m1}、A_{m2} ——一级和二级叶轮密封台对应面积；

A_{s1}、A_{s2} ——一级和二级叶轮出口轮毂处面积；

A_h ——叶轮下盖板轮毂处面积。

通常 $A_{m1}=A_{m2}$，$A_{s1}=A_{s2}$，那么

$$F_3=-P(A_h-A_s) \tag{4-11}$$

负号表示 F_3 方向指向第二级叶轮出口，多级叶轮可以用类似方法进行计算。

③多级叶轮轴台等结构引起的轴向力 F_3

多级叶轮轴向力可参照单级和两级叶轮计算方法进行计算。

（4）质量力引起的轴向力 F_{MF}

卧式安装的液力透平，转子重量和转子内的液体重量并不直接产生轴向力，对垂直安装的透平转子，转子重量与转子内的液体重量产生的合力 F_{MF} 直接作用在轴承上，当叶轮尺寸较大时，该质量力需在轴向力计算时考虑在内。

当按水轮机模型进行透平设计，且采取立式安装时，可按参考文献［1］《水轮机设计手册》提供的方法计算简化轴向力，如式（4-12）所示。

$$F_{MF}=k\frac{\pi D_1^2}{4}H_{T\max} \tag{4-12}$$

式中 k ——系数，取值范围在0.08～0.45之间，根据转轮模型不同而变化；

D_1 ——透平转轮大径，m；

$H_{T\max}$ ——透平最大可利用水头，m；

F_{MF} 的单位为力（t），实际计算总的轴向力时，应将 F_{MF} 力的单位统一为N。

（5）总轴向力计算

总轴向力应为上述各部分轴向力的合力，即

$$F=F_1+F_2+F_3+F_{MF} \tag{4-13}$$

4.1.2 轴流式透平轴向力计算

（1）轴向力的产生

轴流式液力透平级和轮盘结构如图4-7所示，其轴向力由两部分组成，一是轮盘进/出口端压力与相应的进/出口受压面积的差别导致的轴向不平衡力，二是动叶片液流流动产生的轴向力，如图4-8所示。

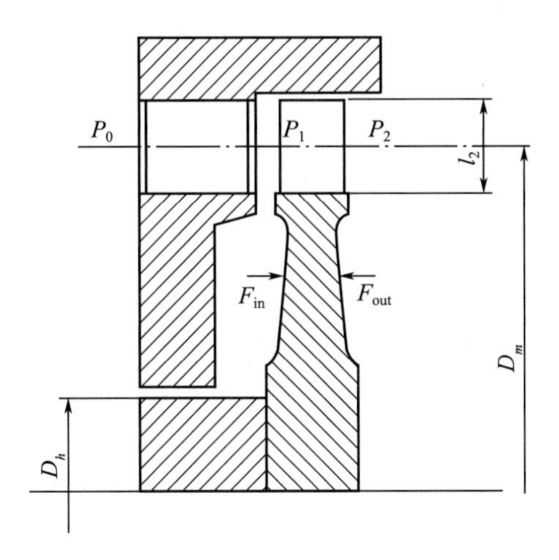

图 4-7　透平级与轮盘结构受力图

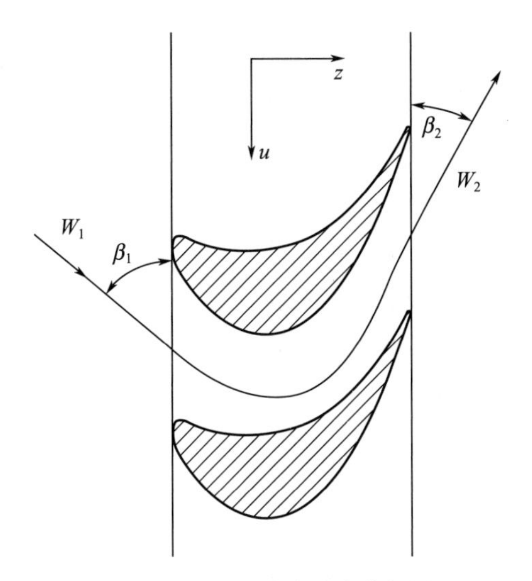

图 4-8　透平叶片受力分析图

(2) 轴向力的计算

动叶片流体流动速度大小和方向的变化是产生叶轮叶片轴向力 F_z、周向力 F_u 以及径向力 F_r 的根源。

①动叶片轴向力 F_{z1} 计算

图 4-9 为叶轮平均叶片高度处速度三角形，当叶片高度较小时，进出口平均叶片高度位置的直径相同，则圆周速度相同。

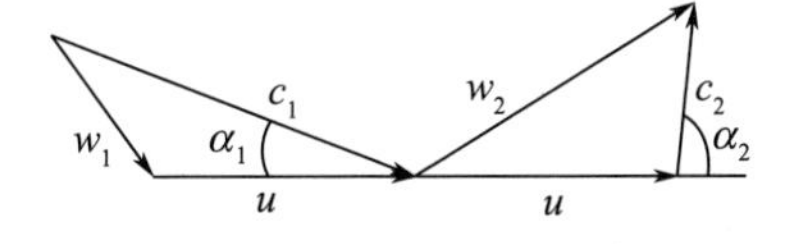

图 4-9　叶片平均高度处速度三角形

流体通过叶轮时轴向动量变化引启动叶片的轴向力，单位质量流体通过叶片时轴向力仅与轴向速度变化有关，即 $F'_{z1}=W_{1Z}-W_{2Z}$，其中 W_{1Z}、W_{2Z} 为轴向速度分量，符号为正说明与坐标方向相同，为负说明与坐标方向相反。

透平轴向力还与流体通过叶轮叶片的流体质量有关，因此动叶片产生的轴向力应是通过叶轮的总的动量变化，同时还应考虑动叶片进出口端压力差产生的轴向力，计算方法如式（4-14）所示。当叶轮为纯冲击式时，叶轮叶片进出口端不存在静压力差，流体产生的轴向力仅仅是由流体流动方向变化产生，可按式（4-15）计算。

$$F_{z1}=\rho Q_T(W_1\sin\beta_1-W_2\sin\beta_2)+\pi t_m l_2 Z(P_1-P_2) \tag{4-14}$$

式中　t_m——平均叶片高度处的节径；

l_2——动叶片高度；

Z——叶片数；

P_1、P_2——叶片进、出口压力。

$$F_{z1}=\rho Q_T(W_1\sin\beta_1-W_2\sin\beta_2) \tag{4-15}$$

（2）轮盘轴向力 F_{z2} 计算

轮盘轴向力大小与轮盘两侧进出口压力及受力面积有关，用 F_{in} 表示进口侧，F_{out} 表示出口侧，则轮盘轴向力为两侧力的差，即 $F_{z2}=F_{\text{in}}-F_{\text{out}}$，$F=P\cdot A$，其中 P 为轮盘端压力，A 为轮盘受力面积。轮盘轴向力计算公式如式（4-16）所示。

$$F_{z2}=P_1A_1-P_2A_2 \tag{4-16}$$

（3）轴台、轴端等结构因素引起的轴向力 F_{z3}

轴台和轴端结构产生的轴向力计算方法同式（4-9）。

（4）总轴向力

$$F_z=F_{z1}+F_{z2}+F_{z3}$$

即

$$F_z=\rho Q_T(W_1\sin\beta_1-W_2\sin\beta_2)+(P_1A_1-P_2A_2)+\frac{\pi d_h^2}{4}(P_1-P_a) \tag{4-17}$$

（5）多级轴流式叶轮轴向力计算

当轴流式液力透平有多级叶轮时，其叶轮产生的轴向力为各级叶轮轴向力的合力；当轮毂直径不变时，可用式（4-16）计算获得，如从一级到末级轮毂直径有所变化，则应考虑由轮毂变化引起的轴向负荷变化。

$$F_z=\frac{\pi d_h^2}{4}(P_1-P_a)+\sum_{i=1}^{n}[\rho Q_{Ti}(W_{1i}\sin\beta_{1i}-W_{2i}\sin\beta_{2i})+(P_{1i}A_{1i}-P_{2i}A_{2i})] \tag{4-18}$$

其中 n 为级数，当不考虑级间流量损失时，$Q_{Ti}=Q_T$。

4.1.3　轴向力平衡

轴向力的平衡措施包括三个层面：一是通过合理的叶轮结构设计或改变叶轮布置方式从而改变轴向力大小，使轴向力处于对转子运行有利的范围内；二是当仅靠叶轮结构或布置方式无法达到满意效果时，通过设置如平衡盘或平衡鼓等水力平衡装置，使转子和轴承处于合理的轴向载荷范围内；三是选取合适的轴承承受轴向载荷。其中前一种属主动轴向力平衡措施，后两种属被动轴向力平衡措施。在工程设计中，需综合考虑结构复杂性、轴向力大小等多方面因素来确定应采取的对策。

（1）主动轴向力平衡方式

主动轴向力平衡方式是指通过改变产生轴向力的结构件尺寸、形状，或改变多级叶轮的布置方式，改变轴向力大小和方向的措施。

①调整密封环和回流孔位置平衡轴向力

通过调整密封环和回流孔位置平衡轴向力，是径向式叶轮最常采用的简单易行的方法。图 4－10 为带平衡孔的叶轮结构，根据图 4－1 的流体力分布可知，当前（上）下盖板密封环直径相等时，密封环直径以上部分的轴向力自动平衡，叶轮轴向力仅存在于密封环以下部分；通常回流孔设置在叶轮排出口平均直径附近，如果不考虑回流孔产生的压力降，平衡孔中心直径以下部分压力与排出口压力 P_2 相同，产生轴向力的区域在密封环和回流孔中心直径位置。因此，当入口压力 P_1 较大时，可通过适当调整下盖板密封环或回流孔位置，调整叶轮轴向力。

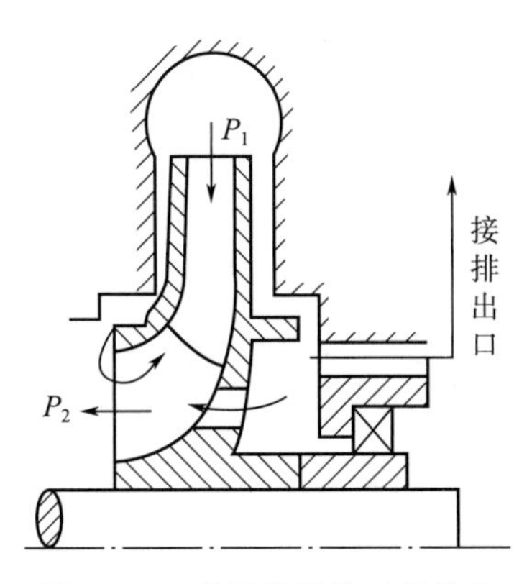

图 4－10　带回流孔的叶轮结构

对轴流式液力透平，采取轮盘上开回流孔平衡轴向力，对单级叶轮结构是非常有效的方法。

②背叶片平衡轴向力

在叶轮下盖板增设背叶片，是平衡轴向力的另一种主动措施，如图 4－11 所示。

当叶轮在壳体内旋转时，如果不考虑密封环的减压效果，设叶轮前后轮毂直径相同，且叶轮轮毂处压力与轴封冲洗压力一致，则叶轮前（上）下盖板的压力分布相同，如图 4－11 的 $ABEF$ ，轴向力自动平衡。

由于叶轮上盖板密封环具有减压效果，当流体通过密封环后达到叶轮排出口压力。一般简化计算时可认为叶轮排出口压力均匀分布，由此产生由下盖板到上盖板的轴向力，如图 $DFEC$ 所示。当透平压力降较大、流量较大、叶轮直径较大时，或为多级串联布置时，密封环减压和出口压力分布不均匀产生的轴向力不可忽视，为此在叶轮下盖板增设背叶

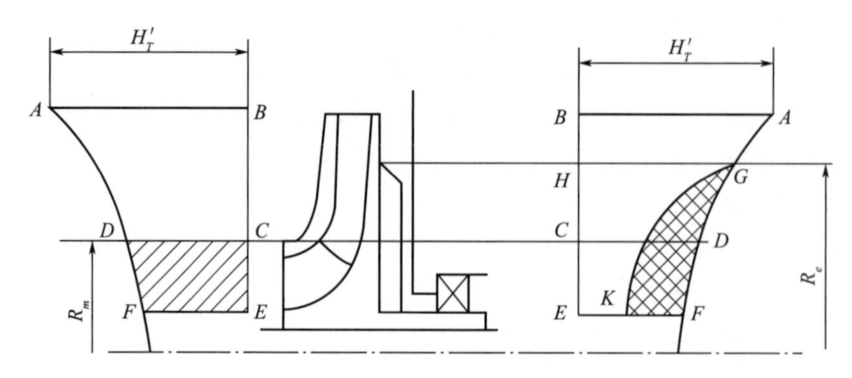

图 4－11　背叶片平衡轴向力

片，增加旋转抽吸能力，降低轮毂处的压力，从而降低下盖板压力，降低量如图 4－11 中 KFG 阴影部分所示。当设置背叶片时，由于背叶片对流体增压做功，对效率有影响；同时增加背叶片结构相对复杂，对制造和装配要求更高，因此背叶片的设置需谨慎。

③采用双侧排出（双吸）叶轮平衡轴向力

当透平流量较大，适合于采取双侧排出叶轮（见图 4－12）结构时，理论上叶轮产生的轴向力为零，实际上，当采取普通铸造工艺加工叶轮时，制造误差将导致部分残余轴向力，但其大小和方向不可控制，对转子稳定运行不利。

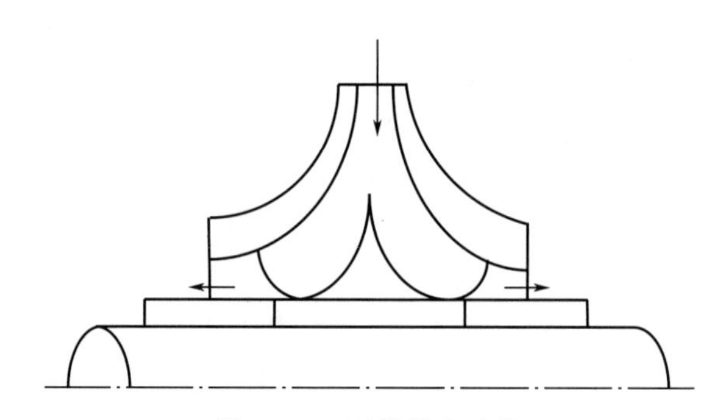
图 4－12　双侧排出叶轮

从转子运行稳定性出发，可通过适当调整叶轮密封环位置，设计所需要的轴向力大小和方向，以保证转子的稳定运行。

④多级叶轮背靠背布置平衡轴向力

布置原则：

1）级间过渡流道尽量简单，以利于铸造和减小阻力损失；

2）两端轴封侧应布置低压级，以减小轴封腔压力；

3）两相邻叶轮参数尽量一致，以减小级间压力差，从而减少泄漏。

（2）主动平衡措施轴向力计算

设叶轮外径处压力为 H'_T，对单级液力透平，其值由透平总水头 H_T 与导叶和涡壳等静止流道压力转换及损失的差值决定。

①下盖板无密封环轴向力

如图 4－1 所示，叶轮轴向力指向排出口，其值为

$$F_1=\pi\rho g(R_m^2-R_h^2)\left[H'_T-\frac{\omega^2}{8g}\left(\frac{D_1^2}{4}-\frac{R_m^2+R_h^2}{2}\right)\right] \tag{4-19}$$

②下盖板带密封环和回流孔轴向力平衡措施

如图 4－10 所示，当前（上）下盖板密封环位置相同时，叶轮轴向力仍指向排出口，其轴向力值计算仅需将式（4－19）中的轮毂半径换为回流孔中心位置半径，如式（4－20）所示。由式（4－20）和前面的分析可知，可以通过调整前（上）下盖板密封环位置和回流孔位置，调整叶轮轴向力大小和方向。

$$F_1=\pi\rho g(R_m^2-R_{h1}^2)\left[H'_T-\frac{\omega^2}{8g}\left(\frac{D_1^2}{4}-\frac{R_m^2+R_{h1}^2}{2}\right)\right] \tag{4-20}$$

式中　R_{h1}——回流孔中心位置半径。

③带背叶片的叶轮轴向力平衡措施

设所加背叶片外径为 R_e，此处压力分布图上记为 G，此时叶轮下盖板压力分布曲线为图 4－11 中的 AGK，较未加背叶片的 AGF 相差的曲线，形成的 GKF 区域即为背叶片平衡的轴向力。

在 R_h 到 R_e 的任意位置 R，无背叶片情况下其压力可以表示为

$$H_R=H'_T-\frac{\omega^2}{8g}\left(\frac{D_1^2}{4}-R^2\right) \tag{4-21}$$

背叶片外缘处压力表示为

$$R_{R_e}=H'_T-\frac{\omega^2}{8g}\left(\frac{D_1^2}{4}-R_e^2\right) \tag{4-22}$$

背叶片作用下，R 处压力表示为

$$H'_R=H_{R_e}-\frac{\omega^2}{8g}(R_e^2-R^2) \tag{4-23}$$

则总的轴向力减少值为

$$F'_1=2\pi\rho g\int_{R_h}^{R_e}R(H_R-H'_R)\mathrm{d}R \tag{4-24a}$$

分别将式（4－21）、式（4－22）、式（4－23）代入式（4－24a），得出背叶片减少轴向力为

$$F'_1=\frac{\pi\rho\omega^2}{8}\int_{R_h}^{R_e}R(R_e^2-R^2)\mathrm{d}R \tag{4-24b}$$

或

$$F'_1=\frac{3\pi\rho\omega^2}{16}(R_e^2-R_h^2)^2 \tag{4-24c}$$

当考虑背叶片与壳体之间存在间隙，且背叶片高度相对较低的情况时，取背叶片角速度为

$$\omega'=\frac{\omega}{2}\left(1+\frac{t}{s}\right)$$

式中 s ——背叶片和壳体之间的间隙；

t ——背叶片宽度。

增加背叶片除了可以平衡轴向力之外，还有其他辅助效果：

1）减小轴封前液体的压力；

2）防止杂质进入轴封；

3）使叶轮入口静压力有所增加，但效率会下降，其影响程度的定量值暂时不能用泵的情况衡量，有待进一步研究。

（3）被动轴向力平衡方式

被动轴向力平衡方式是指通过止推轴承、增设平衡活塞或平衡盘（平衡鼓）等水力平衡装置，实现增加设备承受轴向力能力的措施。

①轴承承载方式

图 4－13 为常用轴承示意图。根据计算轴向力载荷、透平转速、转子整体结构及检维修要求，选择滚动轴承、滑动轴承或滚动轴承与滑动轴承组合结构。滚动轴承选择过程中不仅要考虑静载荷，还需考虑转子运动过程中的动载荷；同样滑动轴承设计过程中也应综合动静载荷效应。

关于轴承的设计和选型将在后面的章节中介绍。

图 4－13　常用轴承示意图

②水力平衡装置承载方式

水力平衡装置包括平衡盘和平衡鼓，是当叶轮和转子附加轴向力仅靠轴承承受载荷过大时，所采取的一种被动承受轴向力的设计方案。平衡盘可用于单级或多级结构，平衡鼓一般用于多级叶轮结构。当采用平衡盘或平衡鼓不足以满足承载需要时，可采用两者组合的平衡结构。

采用水力平衡装置时，轴承承载按总轴向力的 5％～30％考虑；平衡鼓的承载能力较强，通常按总轴向力的 90％～95％设计，图 4－14 为平衡鼓与轴承的承载关系。

（4）平衡盘的设计

图 4－15 为典型的平衡盘结构。独立的平衡盘安装在轴上，平衡座安装在壳体上，平

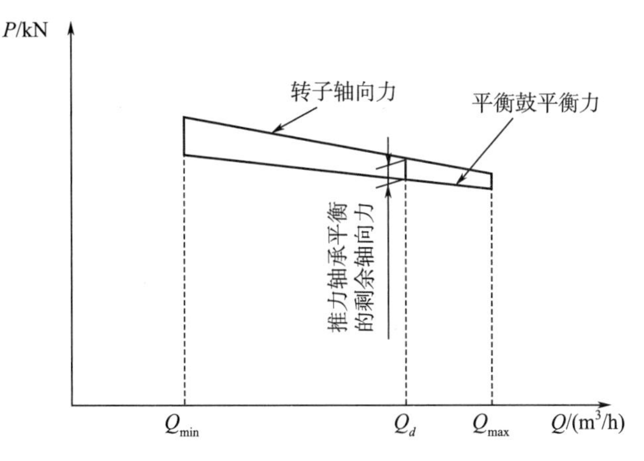

图 4 - 14　水力装置与轴承承载分配

衡盘和平衡座共同构成轴向间隙和径向间隙，并由此形成两个压力区。轴向间隙的另一个作用是，当轴在不平衡轴向力作用下发生微小的轴向窜动时，轴向间隙发生与窜动量相同的改变，导致通过间隙的流量和平衡盘前后压差的变化，这种变化促使轴向力达到新的平衡。因而在一定的轴向负荷条件下，平衡盘具有自动平衡轴向力的作用。

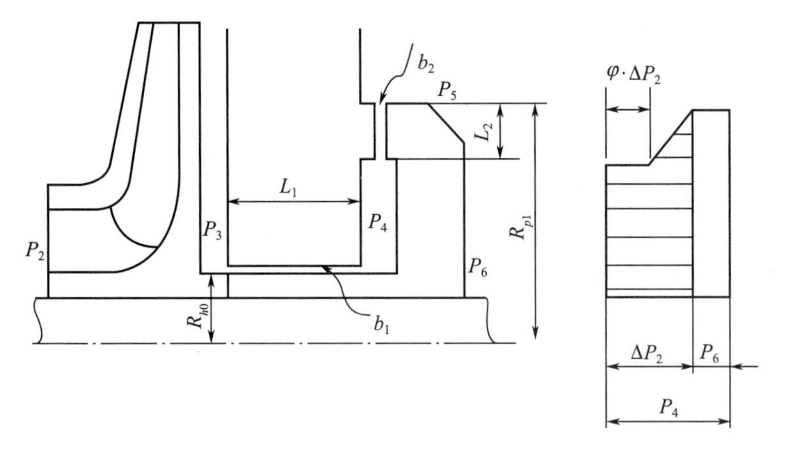

图 4 - 15　平衡盘轴向载荷分布示意图

平衡腔通常与透平排出口端连通，为保证平衡盘良好的平衡效果，平衡腔的压力需高于排出口压力，以确保泄漏流的正常流动。

①平衡盘工作原理

如图 4 - 15 所示，叶轮轴向力向左，平衡盘的轴向力向右。平衡盘的平衡能力由平衡盘的压力差 ΔP_2 和面积确定；平衡盘两端压力差越大、平衡面积越大，平衡力越大，平衡能力越强。

平衡装置的总压差 $\Delta P = P_3 - P_6$，总压差由两部分组成，其一为间隙流动压力差，包括径向间隙引起的压力差 $\Delta P_1 = P_3 - P_4$，轴向间隙引起的压力差 $\Delta P_2' = P_4 - P_5$；其二为平衡腔内的实际压力 P_6 与间隙流出口压力 P_5 的差，由于间隙体积相对平衡腔体积小得多，间隙流出口压力 P_5 与平衡腔的压力 P_6 的差别微小，因此不予考虑，按 $\Delta P_2 = P_4 - P_6$ 计算轴向间隙的压力差。

$P_3 = P_1' - \frac{\rho\omega^2}{8}\left(\frac{D_1^2}{4} - \frac{D_{h0}^2}{4}\right)$，其中 P_1' 为第一级叶轮入口压力，当不考虑入口流动损失和涡壳及导流效应时，该 P_1' 值可用透平入口压力 P_1 计算。

②平衡盘灵敏度

平衡盘的自动平衡能力，反映了平衡盘的敏感度，用公式表示为

$$k = \frac{\Delta P_2}{\Delta P} = \frac{\Delta P_2}{\Delta P_1 + \Delta P_2} \tag{4-25}$$

式中　k ——敏感系数。

当 $k \approx 0$ 时，说明 ΔP_2 很小，轴向间隙几乎不起作用，平衡盘的平衡能力非常有限；当 $k \approx 1$ 时，说明 ΔP_1 很小，径向间隙的作用很小，不起节流作用。

当设计的平衡盘结构确定后，平衡盘有效面积为 A_p 、平衡盘的两端压力差为 ΔP_2 ，设计的平衡力为 $F_p = \Delta P_2 \Delta A_P$ 。

当转子发生轴向窜动，轴向间隙变化、压差 ΔP_2 改变后，敏感系数为 k' 、压差为 $\Delta P_2'$ 、平衡力为 F_P' ，则间隙变化后平衡轴向力与敏感系数关系为

$$\frac{F_p'}{F_p} \approx \frac{\Delta P_2'}{\Delta P_2} = \frac{k'\Delta P}{k\Delta P} = \frac{k'}{k} \tag{4-26}$$

假设轴向窜动量与平衡盘设计轴向间隙相等时，轴向间隙闭合、间隙流动消失，此时有 $P_4 = P_3$ ，$\Delta P_2' = \Delta P$ ，$k' = 1.0$。

如设计的平衡盘敏感系数为 0.1 时，即当轴向窜动达到平衡盘与平衡座接近贴合时，轴向平衡力放大 10 倍；当敏感系数为 0.3 时，放大系数接近 3.4 倍；敏感系数为 0.5 时，放大系数为 2 倍；敏感系数为 0.7 时，放大系数为 1.43 倍。说明平衡盘敏感系数越小，自动平衡能力越强。

设计的敏感系数大，平衡盘压差大，在相同的平衡力要求条件下，平衡盘直径小，对转子系统影响较小；当敏感系数较小时，平衡盘压差较小，在相同的平衡力要求条件下，平衡盘直径大，对转子系统影响较大。因此需根据转子具体情况和透平运行特点，如是否存在工况调节等，适当选择平衡盘的敏感系数。建议平衡盘的敏感系数在 0.3～0.7 之间取值，通常取敏感系数 $k = 0.3 \sim 0.5$。

如图 4－15 所示，平衡盘的径向间隙 b_1 和间隙长度 L_1，决定了流体流经该间隙时的压力降，即决定 P_4 值的大小，从而影响 ΔP_1 和 ΔP_2。由敏感系数的定义和表 4－1 可知，轴向间隙的变化对平衡力影响很大。

表 4－1　敏感系数与平衡力关系

k'	1.0	1.0	1.0	1.0	1.0	1.0	1.0
k	0.1	0.3	0.4	0.5	0.7	0.9	1.0
F_P'/F_P	10	3.33	2.5	2.0	1.43	1.11	1.0

由于流体通过轴向和径向间隙的流量相等，因此

$$\mu_1 \pi D_{h0} b_1 \sqrt{\frac{2(\Delta P - \Delta P_2)}{\rho}} = \mu_2 \pi D_{P1} b_2 \sqrt{\frac{2\Delta P_2}{\rho}} \tag{4-27}$$

则

$$\Delta P_2 = \frac{\Delta P}{1 + \left(\frac{\mu_2 D_{P1} b_2}{\mu_1 D_{h0} b_1}\right)^2}$$

即

$$k = \frac{1}{1 + \left(\frac{\mu_2 D_{p1} b_2}{\mu_1 D_{h0} b_1}\right)^2} \tag{4-28}$$

式中压力差单位用 N/m^2 表示。

从式（4－28）可以看出，平衡盘敏感系数是几何参数的函数，提高平衡盘灵敏度的措施是降低径向间隙相关值，即 $\mu_1 \pi D_{h0} b_1$，或提高轴向间隙相关值，即 $\mu_2 \pi D_{p1} b_2$。

③平衡盘平衡力计算

平衡盘的平衡力计算中，不考虑盘在旋转过程中从轮毂到外缘产生的压力变化，因为该效果在平衡盘两端均存在且自动平衡，因此除轴向间隙区域外，其他部位按均匀压力计算。

当流体从平衡盘通过轴向间隙进入平衡腔时，由于部分压力能转化为速度能，以及入口流动损失的存在，使得轴向间隙入口的实际压力 P_4' 小于 P_4，表示为 $P_4' = P_4 - \varphi \Delta P_2$，其中 φ 为间隙入口压降系数，是平衡盘几何参数的函数。

平衡盘的平衡力由两部分组成，一是 R_{p1} 到 R_{h0} 之间的平衡力 F_{p1}；二是在轴向间隙范围内的平衡力 F_{p2}。

$$F_p = F_{p1} + F_{p2} \tag{4-29a}$$

$$F_{p1} = \pi (R_{p1}^2 - R_{h0}^2) \Delta P_2$$

当假定轴向间隙区域内的压力按线性分布时，第二部分的平衡力表示为

$$F_{p2} = \pi (1 - \varphi) \Delta P_2 (R_{p2} - R_{p1}) \left(\frac{1}{3} R_{p2} + \frac{2}{3} R_{p1}\right) \tag{4-29b}$$

平衡盘的平衡力计算公式如下

$$F_p = \frac{\pi}{3} [(1 + 2\varphi) R_{p1}^2 + (1 - \varphi)(R_{p2}^2 + R_{p1} R_{p2}) - 3R_{h0}^2] \Delta P_2 \tag{4-30}$$

④平衡盘的泄漏量计算及间隙结构参数

通过平衡盘间隙的流量计算是平衡盘设计的重要一步，既关系到平衡能力，也关系到透平效率，因此给出计算公式。

通过径向间隙的泄漏量

$$q = \frac{\pi d_h b_1}{\sqrt{0.5\eta + \frac{\lambda_1 L_1}{2b_1} + 1}} \sqrt{\frac{2\Delta P_1}{\rho}} \tag{4-31a}$$

通过轴向间隙的泄漏量

$$q=\frac{2\pi R_{p1}b_2}{\sqrt{0.5\eta+\dfrac{\lambda_2L_2R_{p1}}{2b_2R_{p2}}+\dfrac{R_{p1}^2}{R_{p2}^2}}}\sqrt{\frac{2\Delta P_2}{\rho}} \tag{4-31b}$$

式中　λ ——摩擦阻力系数，通常取 $\lambda=0.04\sim0.06$；

η ——结构圆角系数；

b ——间隙值；

L ——间隙对应长度。

$\xi_1=0.5\eta+\dfrac{\lambda_1L_1}{2b_1}+1$，$\xi_2=0.5\eta+\dfrac{\lambda_2L_2R_{p1}}{2b_2R_{p2}}+\dfrac{R_{p1}^2}{R_{p2}^2}$，分别表示径向和轴向间隙阻力系数，其中 0.5η 为间隙入口阻力系数 ξ_1' 或 ξ_2'，可通过试验获得，一般可认为轴向间隙和径向间隙的进口阻力系数相同，取 $\xi_1'=\xi_2'=0.15\sim0.25$。

式（4－31a）和式（4－31b）也可用流量系数 μ_1、μ_2 表示几何结构参数对泄漏量的影响。其中

$$\mu_1=\frac{1}{\sqrt{0.5\eta+\dfrac{\lambda_1L_1}{2b_1}+1}}$$

$$\mu_2=\frac{1}{\sqrt{0.5\eta+\dfrac{\lambda_2L_2R_{p1}}{2b_2R_{p2}}+\dfrac{R_{p1}^2}{R_{p2}^2}}}$$

用几何特征表示的平衡盘敏感系数和压力降系数如下。

将 μ_1、μ_2 代入式（4－28），得到

$$k=\frac{1}{1+\dfrac{1+\xi_1'+\dfrac{\lambda_1L_1}{2b_1}}{\xi_2'+\dfrac{\lambda_2L_2R_{p1}}{2b_2R_{p2}}+\dfrac{R_{p1}^2}{R_{p2}^2}}\cdot\dfrac{(d_hb_1)^2}{(2R_{p1}b_2)^2}} \tag{4-32}$$

式（4－29）和图4－15中的进口压力降系数 φ 可用几何特征表示为

$$\varphi=\frac{1+\xi_2'}{\xi_2'+\dfrac{\lambda_2L_2R_{p1}}{2b_2R_{p2}}+\dfrac{R_{p1}^2}{R_{p2}^2}} \tag{4-33}$$

在给定透平的容积效率的情况下，可知通过平衡盘的泄漏量，并在初步确定基本结构尺寸后，根据式（4－28）～式（4－33），计算敏感系数、压降系数，核算平衡盘的平衡力，校核或准确设计平衡盘的基本结构尺寸。

公式中各系数的详细推导和平衡盘算例可参见参考文献［2］。

需要说明的是，液力透平与泵不同，高压端为入口，因此轴向力和泄漏量计算应按透平入口压力考虑，当存在导叶时需考虑导叶对叶轮入口压力的影响。

⑤平衡盘的自动平衡原理

根据前面的分析可知，平衡盘具有自动平衡作用的原因在于，平衡腔压力 P_6 确定后，当透平入口压力和运行转速不变，且不考虑运行过程中流量变化对透平级压力转换能力变化的影响时，ΔP 为常数；如轴系在不平衡力作用下向左运动时，如图 4－15 所示平衡盘的轴向间隙减小，流体通过间隙的流量减少，因此流体通过径向间隙 b_1 的流阻损失降低、P_4 提高，ΔP_1 减少、ΔP_2 增加，平衡盘向右的轴向力增加，促使转子向右移动，从而使转子达到新的平衡。

透平作为流体机械能量转换设备，在运行过程中流体的冲刷、流体中固体或气泡等非均相介质冲蚀以及可能存在的零件间磨损，可破坏过流部件的对称性，导致零件与设计状态的非一致性，因此造成转子轴向力的变化；同时工业装置运行工况的调整，使得液力透平的运行条件发生改变，如流量、可利用水头等，这些也可能导致转子轴向力的变化。因此，在液力透平设计中选择具有一定自平衡能力的平衡盘结构，可有效避免轴承过多地偏离设计载荷。

（5）平衡鼓的设计

图 4－16 给出了典型的平衡鼓设置方式和平衡鼓有关参数。平衡鼓安装在轴上，一端为叶轮高压端，另一端为平衡腔，平衡腔通常与透平排出口附件的低压端相连通。平衡鼓的平衡原理是流体通过平衡鼓外缘与壳体间隙时压力降低，从而在平衡鼓两端形成高压端和低压端，作用在平衡鼓两端面上的力方向与叶轮轴向力方向相反，起到平衡轴向载荷的作用。通过平衡鼓间隙后压力降低程度与平衡腔设定压力、间隙大小以及允许的泄漏量有关；平衡鼓的轴向力平衡能力与两端压力差和有效面积有关。

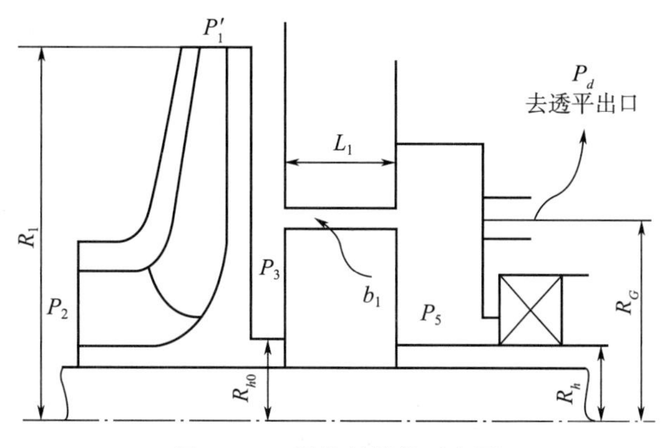

图 4－16　平衡鼓结构示意图

与平衡盘不同，平衡鼓只有 1 个径向间隙，结构确定后，其平衡力即确定。运行过程中当叶轮轴向力变化时，平衡毂并不具有自动平衡能力。

图 4－16 中 P_1' 为叶轮入口位置压力，P_3 为叶轮轮毂处压力，P_5 为平衡腔排出口压力。由于平衡鼓只有一个径向间隙起节流作用，泄漏量比平衡盘结构大，一般平衡鼓泄漏流量相对透平流量不可忽略；当平衡腔至所连接的低压端较远时，P_5 至少应比低压端的压力高出沿程损失与高度差的和，以保证平衡鼓的正常工作。

$$P_3 = P_1' - \frac{\rho\omega^2}{8}\left(\frac{D_1^2}{4} - \frac{D_{h0}^2}{4}\right) \tag{4-34}$$

$$P_5 = P_d + \rho g h \tag{4-35}$$

$$h = h_f + \Delta h \tag{4-36}$$

其中，h_f 为沿程阻力损失，Δh 高度差，忽略平衡鼓前后轮毂尺寸差 $R_h = R_{h0}$ 。

平衡鼓前后腔压力差

$$\Delta P = P_3 - P_5 \tag{4-37}$$

平衡鼓的平衡力

$$F = \Delta P \pi (R_{G1}^2 - R_{h0}^2) \tag{4-38}$$

在平衡力的设计中，平衡力一般取叶轮总轴向力的 0.9～0.95，其余部分的轴向力由轴承承担；平衡鼓间隙 b_1 通常取 0.15～0.3 mm。为减少平衡鼓的泄漏量，在结构允许的情况下取较小值，或在间隙处采取迷宫式结构。

平衡鼓泄漏量

$$q = \mu \cdot 2\pi R_{G1} b_1 \sqrt{\frac{2\Delta P}{\rho}} \tag{4-39}$$

$$\mu = \frac{1}{\sqrt{0.5\eta + \frac{\lambda_1 L_1}{2b_1} + 1}}$$

式中流量系数与平衡盘流量系数概念相同。

(6) 其他平衡结构

为适应透平等旋转设备应用环境条件的变化，相应的平衡装置结构呈现出多样性特征。平衡盘与平衡鼓组合结构，适应于要求平衡力较大且具有自动平衡功能、泄漏量适中的场合；三间隙平衡盘结构，适应于对平衡盘尺寸有严格要求的场合；迷宫式平衡鼓结构，可减小间隙泄漏量；为保持平衡盘轴向间隙，可采用浮动平衡盘结构；为了减少零件数量，可将平衡盘直接设计在高压叶轮外径处或与密封环加工在一起。

常见的其他类型平衡结构如图 4 - 17 所示。

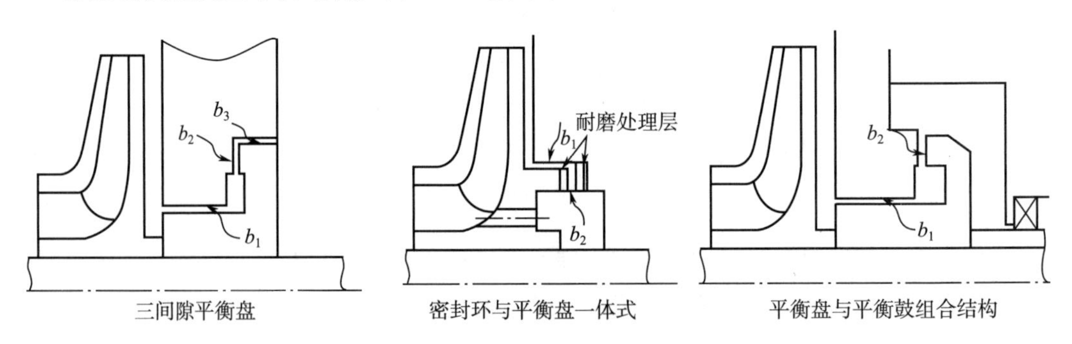

图 4 - 17　其他常见类型平衡结构示意图

4.2 径向力计算及平衡

4.2.1 径（混）流式透平径向力计算与平衡

(1) 径向力的产生

径（混）流式透平径向力由作用于叶轮上的两部分径向力的合力组成，一部分是涡壳内部流动不均匀产生的作用于叶轮的力，另一部分是叶轮入口流动不均匀产生的作用于叶轮的力，两力的合力为透平叶轮通过转子施加给轴承的径向力。

与离心泵恰恰相反，流体从液力透平入口经涡壳进入叶轮。在不考虑隔舌影响和有限叶片数影响情况下，当流量等于设计流量时，涡壳内的流体速度、压力均为轴对称分布，理论上作用在叶轮上的径向力为 0。当流量低于设计流量时，流体从涡壳喉部到隔舌位置速度越来越小，相应地，静压力越来越大；同时，在静压力相对较大的位置，流体以较高的流速进入叶轮，而在静压力相对较小的位置，流体速度较小，叶轮入口速度非轴对称导致的动反力产生径向力；涡壳压力非轴对称引起的径向力大致为垂直于隔舌并背离隔舌方向，动反力引起的径向力方向约为压力引起的径向力沿透平转动相反方向旋转 90°，如图 4-18所示。当流量大于设计流量时，由于涡壳形成了收缩效果，流体从喉部到隔舌位置呈加速流动，静压力逐渐降低，与小流量时的方向发生偏离；进入叶轮的流体速度随静压力降低而降低，由此动反力引起的径向力方向仍为涡壳压力不均匀引起径向力方向沿叶轮旋转反方向转 90°。

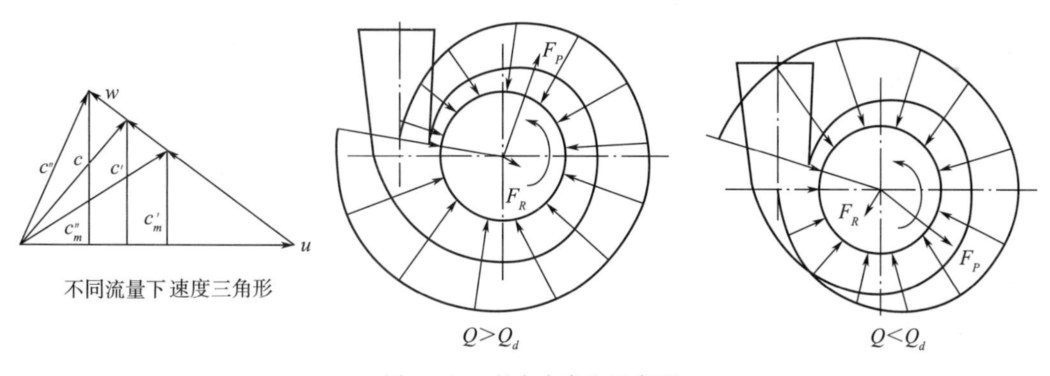

图 4-18　径向力产生示意图

上述所述径向力为平均径向力。在叶轮旋转过程中，叶轮和涡壳内部静压力的脉动同样引起径向力波动，正如参考文献［7-8］所介绍的，径向力存在脉动，且径向力随流量增加而增加。

根据上述文献的研究，在额定工况下，也同样存在径向力和径向力波动；导叶在一定条件下可以很好地平衡径向力、减小径向力波动，但存在最佳导叶数，即并非任何的导叶数量均能起到减小径向力的作用。叶轮质量中心与旋转中心的偏离也将产生与叶轮转速相同的周期变化的径向力，该力与径向力脉动均为转子作用于轴承的动载荷。

(2) 径向力的简化计算

径向力的工程性精确计算尚不具备条件，在试验研究基础上的简化计算公式（4－40），可用于设计阶段轴承选取、轴系强度分析。更准确的径向力计算可在过流部件结构确定后，通过三维流场分析，结合试验研究获得。

$$F_r = \rho g k_r H_T D_1 B_1 \tag{4-40}$$

式中 k_r ——径向力系数；

B_1——叶轮入口宽度，是叶片宽度与前（上）下盖板厚度的和，即 $B_1 = b_1 + \delta_{1q} + \delta_{1h}$，$b_1$、$\delta_{1q}$、$\delta_{1h}$ 分别为叶轮入口叶片宽度和前（上）下盖板厚度。

k_r 可通过实验获得，或按斯捷潘诺夫公式计算获得：

对应螺线式涡壳

$$k_r = 0.36[1 - (Q/Q_N)^2]$$

或对应环形涡壳

$$k_r = 0.36\frac{Q}{Q_N}$$

(3) 径向力的平衡

单级叶轮液力透平径向力平衡方法：采取双涡壳结构或“导叶＋涡壳”结构。参考文献[8]的研究结果表明，带有导叶的液力透平径向力和径向力压力脉动可明显降低。

多级叶轮液力透平径向力平衡方法：设计为带导叶的结构或将相邻叶轮的涡壳进口断面位置成180°对称布置，这种布置方式可使径向力得到平衡，但存在力偶；当叶轮级数足够多时，可通过叶轮布置平衡力偶，否则需依赖轴承平衡。

4.2.2 轴流式透平径向力计算与平衡

(1) 径向力的产生

对于全周进液透平，作用于转子的径向力主要由动静叶片间流体的相互作用、叶片通道内存在的流动差异、转子残余不平衡力引起，一般为数值较小的周期变化力，对转子稳定性有较大的影响，可视为轴承动载荷。

当采用部分进液结构时，在进液喷嘴对应位置产生径向力。如图4－19所示，液体从喷嘴流出后，沿着对应喷嘴供液弧段内的那一部分动叶片流动，产生作用在这些叶片上的周向力和径向力。

(2) 径向力的计算

对部分进液透平应进行径向力计算。设部分进液的等效动叶叶片数为 i_{1d}，则

$$i_{1d} = i_1 \cdot \varepsilon_1 \tag{4-41}$$

式中 ε_1——喷嘴部分来流系数；

i_1——动叶片数。

等效叶片所受的总周向力

$$F_{1u} = \rho Q_T (C_{p1u} - C_{p2u}) = \rho Q_T (C_{p1}\cos\alpha_1 + C_{p2}\cos\alpha_2) \tag{4-42}$$

式中 C_p ——当量动叶片入口绝对速度，下标1、2分别代表入口和出口。

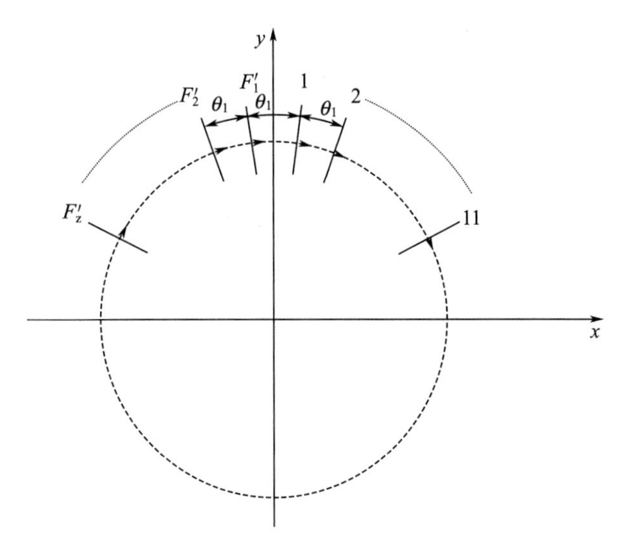

图 4－19　部分来流喷嘴位置和径向力示意图

设每个叶片所受周向力相同

$$F' = F_{1u}/i_{1d}$$

每两个叶片夹角为

$$\theta = \frac{360}{i_1}$$

由于叶片周向力均匀分布在等效叶片上，则如图 4－19 所示的周向力在 x 方向投影的和为零，在 y 方向投影为

第一个叶片

$$F'_{1y} = F' \sin \frac{\theta_1}{2}$$

第二个叶片

$$F'_{2y} = F' \sin\left(\theta_1 + \frac{\theta_1}{2}\right)$$

第三个叶片

$$F'_{3y} = F' \sin\left(2\theta_1 + \frac{\theta_1}{2}\right)$$

第 n 个叶片

$$F'_{iy} = F' \sin\left[(k-1)\theta_1 + \frac{\theta_1}{2}\right] \tag{4-43}$$

叶片对轴承产生的径向力为

$$F_r = 2\sum_{i=1}^{k} F'_{iy} \tag{4-44}$$

当 i_{d1} 为偶数时，$k = i_{d1}/2$，当 i_{d1} 为奇数时，$k = (i_{d1} - 1)/2$。

（3）径向力的平衡

在不改变部分喷嘴通流能力的情况下，将单一部分来流弧段平分成两个对称的弧段，可有效降低径向载荷，但在流量相对较小的情况下会导致透平效率的下降，也会增加结构的复杂性，因此应综合考虑结构的合理性，在轴承可承受的范围内通过选取合适的径向轴承承受径向力。

参考文献

［1］ 哈尔滨大电机研究所．水轮机设计手册［M］．北京：机械工业出版社，1976.

［2］ 关醒凡．现代泵理论与设计［M］．北京：中国宇航出版社，2011.

［3］ 化工部化工设备设计技术中心站机泵技术委员会．工业泵选用手册［M］．北京：化学工业出版社，1998.

［4］ 王胜坤，罗乐．多级离心泵常见的轴向力平衡装置［J］．科技创新与应用，2013（20）：25.

［5］ 刘在伦，杨建霞，等．离心泵新型轴向力平衡装置动态轴向力计算及设计方法［J］．兰州理工大学学报，2018，44（2）：54－58.

［6］ 江伟，李国军，等．离心泵涡壳进口边对叶轮径向力影响的数值模拟［J］．水利学报，2014，45（2）：248－252.

［7］ 史凤霞．离心泵做液力透平的水力学特性及其压力脉动研究［D］．兰州：兰州理工大学，2017.

［8］ 毕智高，等．导叶数对液力透平径向力影响的数值分析［J］．化工科技，2020，28（1）：12－16.

第 5 章　液力透平主要零件强度计算与材料选择

液力透平主要零件包括过流部件、支撑部件、密封部件等，本章主要介绍过流部件、轴的强度计算和材料选择。

5.1　叶轮强度计算

叶轮的结构设计必须在保证水力结构设计的基础上，考虑制造工艺性的前提下，保证叶轮具有足够的强度。图 5-1 所示为径向式液力透平闭式叶轮的子午面结构示意图，当液力透平流量较大或叶轮直径较大时，叶轮的叶片形状通常为空间扭曲结构，因此，在强度计算时通常采用一维简化结构做初步计算，再根据三维造型结果应用数值分析手段进行精确计算分析。

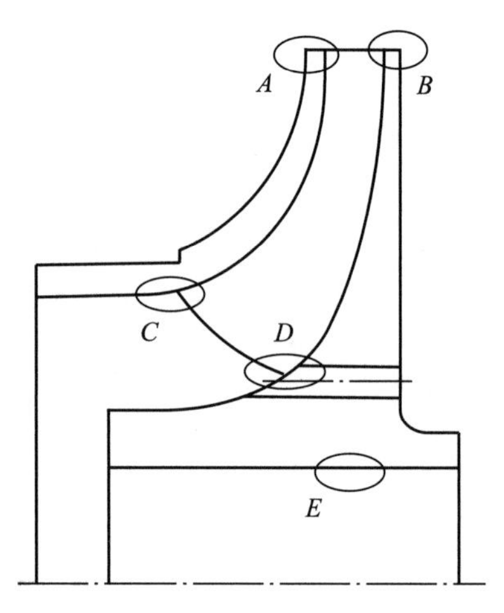

图 5-1　液力透平叶轮结构示意图

5.1.1　叶轮强度的一维简化计算

从工程应用情况看，径向式叶轮容易发生破坏的位置包括叶片根部，如图 5-1 的 C、D 位置；具有最大切线速度的叶轮外缘，如图 5-1 的 A、B 位置；还有叶轮轮毂，如图 5-1 的 E 位置。对线速度较高的叶轮，强度原因引起失效的部位可能是图中的各个位置；一般情况下，风险比较高的部位是 C、D 位置。

在液力透平运行过程中，叶轮的前（上）下盖板及叶片受到离心力、介质流体力以及盖板和叶片之间的相互作用力，为简化一维计算，分别对盖板和叶片进行受力分析。

(1) 径向叶轮强度计算

①盖板强度计算

盖板的内表面和外表面受到流体作用力，其合力为轴向；在相同的直径位置，可以大致认为内外表面流体力相同，因此合力极小，可以忽略不计；离心力为径向，且沿径向累加，因此盖板上任一位置的径向力应为

$$F_r = \int_{r_0}^{r_1} 2\pi\rho(2\pi n/60)^2 r\,\mathrm{d}r \tag{5-1}$$

式中　r_0 ——计算起点，一般可以认为是计算关注点；

r_1 ——计算范围终点，$r_1 = D_1/2$，即为叶轮大径的一半；

ρ ——叶轮材料密度；

n ——叶轮转速。

局部应力可用式 (5-2) 式进行计算。

$$\sigma = \frac{F_r}{A_s} \tag{5-2}$$

式中　A_s ——计算位置的有效承载面积。

当采用等强度设计时，可以根据参考文献 [1] 第 633 页推荐的方法，近似计算 C、D 处离心力引起的拉伸应力，其公式如式 (5-3) 所示。

$$\sigma = 0.825 \cdot 10^{-6} \rho U_1^2 \tag{5-3}$$

式中　ρ ——叶轮材料密度；

U_1 ——叶轮的最大线速度或叶轮入口线速度。

当计算结果 $\sigma \leqslant [\sigma]$ (单位 MPa) 时，结构设计满足强度要求。当材料为钢材时，按材料屈服极限和安全系数计算，即 $[\sigma] = \dfrac{\sigma_s}{3 \sim 4}$ ；当材料为铸铁时，按材料抗拉强度极限和安全系数计算，即 $[\sigma] = \dfrac{\sigma_s}{5 \sim 6}$ 。

从前 (上) 下盖板受力情况看，上盖板的作用力主要为自身离心力，下盖板除受到自身离心力作用外，还受到通过叶片施加的径向力，因此，从 C、D 处所承受的径向力来看，有 $F_{rD} > F_{rC}$ ，这也是下盖板厚度，特别是根部厚度大于上盖板相同直径位置厚度的原因。

实际下盖板连接叶片并提供支撑，因此叶片的离心力，以及叶片工作面和非工作面间的流体力，均须通过下盖板传递到叶轮轮毂和透平轴。

上盖板 C 处厚度可通过式 (5-2) 反推计算或初选后再经式 (5-2) 核算后确定，即

$$\delta_c = \frac{A_s}{\pi D_c}$$

或

$$\delta_c = \frac{F_{rc}}{[\sigma]} \cdot \frac{1}{\pi D_c} \tag{5-4}$$

为安全起见，D 处盖板厚度可通过将离心力 F_{rD} 乘以放大系数 $k_{\delta d} = 1.2 \sim 1.5$ ，通过式 (5-4) 计算得到，也可在 C 处厚度确定后通过参考文献 [1] 推荐的公式计算确

定，即

$$\delta_D = \delta_c \cdot e^{\left[\frac{\rho(2\pi n/60)^2}{2[\sigma]} \cdot \frac{U_1^2 - U_D^2}{4}\right]} \tag{5-5}$$

②叶片弯曲强度计算

叶片受到的力包括离心力和流体力。离心力产生径向拉伸力，当叶片质心与轴心不重合时，也产生一定的叶片弯曲应力；对径向式叶片，当不考虑离心力产生的弯曲应力时，叶片工作面与非工作面之间的流体压力差是产生叶片弯曲应力的唯一来源。

图 5-2 为闭式叶轮叶片受到均布力作用情况下，叶片截面所受力对盖板产生的弯矩，可以按均布载荷的固定梁处理。因此，叶轮的任意半径位置的压力（单位为 MPa）可以表示为

$$P_r = 10^{-6} k_p (R_1^2 - R_r^2) \tag{5-6}$$

式中 k_p ——与转速相关的常数；

R_1 ——叶轮入口半径，$R_1 = D_1/2$；

R_r ——计算位置的半径。

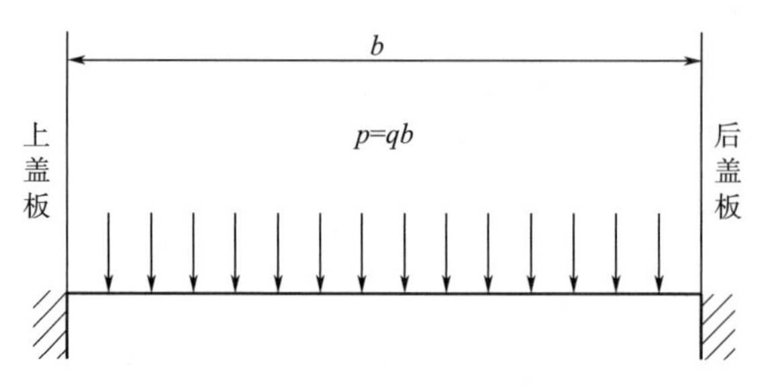

图 5-2 均布载荷的固定梁

叶片宽度 b 通常随半径减小增加，可以表示为

$$b_r = b_1 + k_r (R_1 - R_r)^x \tag{5-7}$$

式中 k_r、x ——与流道面积相关的常数；

b_1——叶轮入口（叶轮大径）处叶片宽度；

b_r ——计算位置的叶片宽度，m。

叶片前（上）下（后）盖板对应叶片的最大弯矩位置可以表示为

$$M_{\max} = \frac{P_r \cdot b_r}{2} \tag{5-8}$$

取 R_r 位置叶片厚度为 δ_y 、该处微面积为 $\delta_y d_r$ ，此时叶片的抗弯截面模量 w_r

$$w_r = \frac{d_r \cdot \delta_y^2}{6} \tag{5-9}$$

最大弯曲应力为 $\sigma_r = \dfrac{M_{\max}}{w_r}$ ，即任意半径位置盖板处对应最大弯曲应力为

$$\sigma_r = \frac{10^{-6} k_p (R_1^2 - R_r^2) \cdot [b_1 + k_r (R_1 - R_r)^x]}{\delta_y^2 \cdot d_r / 6} \tag{5-10}$$

式（5-10）应满足任意位置的弯曲应力小于材料许用弯曲应力，即 $\sigma_r \leqslant [\sigma]_w$ 。将

材料许用弯曲应力代入式（5－10），可计算得到叶片最小厚度 δ_y ，如式（5－11）所示。

$$\delta_y = \sqrt{6 \cdot 10^{-6} k_p \cdot (R_1^2 - R_r^2) \cdot (b_1 + k_r (R_1 - R_r)^x)/\sigma_r \cdot d_r} \tag{5-11}$$

根据上述公式的物理意义和参考文献［1］有关离心力叶片厚度计算方法，利用液力透平的水头或压力差可获得满足弯曲条件的叶片厚度近似计算公式，见式（5－12）。式中的材料系数 f_b 的推荐值见表5－1。

表5－1　常用材料系数

材料	比转速 n_s							
	40	60	70	80	90	130	190	280
铸铁、铜	3.2	3.5	3.8	4.0	4.5	6	7	10
钢	3	3.2	3.3	3.4	3.5	5	6	8

应用式（5－12），既可以反向验证叶片厚度的选取，又可以在设计阶段初步选取叶片厚度。

$$\delta_y = f_b \cdot D_1 \cdot \sqrt{H/z} \tag{5-12}$$

式中　f_b ——与材料和透平比转速相关系数；

H ——透平水头，对多级叶轮为级水头；

z ——叶片数。

对弯曲叶片，离心力作用在叶片上仍按均布载荷的固定梁处理，并设单位长度叶片上的载荷为 q ，梁的长度为 b ，作用于前（上）下盖板处的最大弯矩 $M_{\max}$ 可以表示为

$$M_{\max} = \frac{q \cdot b^3}{12}$$

假设叶轮以角速度 ω 旋转，单个叶片产生的离心力

$$q = \rho \cdot \omega^2 \cdot b \cdot l \cdot \delta \cdot R_c \tag{5-13}$$

式中　ρ ——叶片材料的密度；

ω ——叶轮的旋转角速度；

b ——叶片平均宽度；

l ——叶片长度；

δ ——平均叶片厚度；

R_c ——叶片重心的半径。

叶片的抗弯截面模量 w

$$w = \frac{l \cdot \delta^2}{6}$$

最大弯矩下的叶片最大弯曲应力为

$$\sigma_{\max} = \frac{M_{\max}}{w} = \frac{\rho \omega^2 b^2 R_c}{2\delta} \tag{5-14}$$

在叶片进口和出口，考虑叶片厚度对流动的影响，一般做打磨减薄处理，但考虑到两种弯矩的共同作用，叶片入/出口厚度不宜太薄。

对直叶片，流体力产生的叶片力可以简化为

$$F_u = \frac{\rho Q_T \eta H_T}{ZU_m} \tag{5-15}$$

其中 $U_m = \frac{U_1 + U_2}{2}$，在上下盖板上产生的弯矩 $M_{\max} = \frac{F_u \cdot b}{2}$

$$\sigma'_{\max} = \frac{\rho Q_T \eta H_T b}{Z(U_1 + U_2)} \cdot \frac{6}{l \cdot \delta^2} \tag{5-16}$$

对弯曲叶片

$$\sigma''_{\max} = k_\xi \cdot \frac{\rho Q_T \eta H_T b}{Z(U_1 + U_2)} \cdot \frac{6}{l \cdot \delta^2} \tag{5-17}$$

式中 $k_\xi > 1$，为与叶片弯曲程度相关的系数。当无上盖板时，弯矩仅作用在下盖板上，弯曲应力为有上盖板的 2 倍。

作用在叶片压力面和吸力面的流体压力差产生的弯曲应力，在大功率或大叶轮直径情况下，可应用数值仿真技术获得精确的计算结果。通过三维流场数值分析软件，获得叶片压力面和吸力面的压力分布，再应用强度分析软件获得流体对叶片产生的弯曲应力的精确结果。

③叶片 C、D 位置拉伸强度校核计算

离心力是叶轮各部位拉伸应力的来源。由于叶片数和叶片厚度有限，叶片自身的离心力作用效果相对盖板并不突出。工程上叶片小径 C、D 位置出现的径向撕裂的原因，应该是叶片离心力和上盖板离心力共同作用的结果。因此，在叶片厚度确定后，有必要通过上盖板和叶片离心力对叶片在 C、D 处的应力进行适当的校核计算。

盖板的离心力可以通过式（5-1）计算获得，非连续的叶片可以采取压扁成连续体的方式，应用式（5-1）计算，也可对单个叶片通过集中质量和质心位置半径简化计算，见式（5-18）。

$$F_y = z \cdot m_y \cdot \left(\frac{2\pi n}{60}\right)^2 \cdot R_m \tag{5-18}$$

式中　z ——叶片数；

m_y ——单个叶片的质量；

n ——叶轮转速；

R_m ——叶片的质量中心；

F_y ——叶片离心力，N。

叶轮上盖板的离心力作用在叶片上，当质心与 C 点的连线与轴线不垂直时，相对 C 点存在弯矩作用，也应进行相应的校核；当有上盖板时，D 点受到叶片和上盖板离心力引起弯矩的共同作用，必须校核计算。

叶片弯曲应力同样作用在上盖板和下盖板上。

（2）轴流叶片强度计算

用于工业装置特殊工况的轴流式液力透平，叶轮叶片高度相对叶轮直径比较小，可以进行简化计算，简化计算的条件应满足式（5-19）。

$$R_m/L_y \geqslant 10 \tag{5-19}$$

式中　L_y——叶片高度；

R_m——叶片中径或叶片质量中心的半径。

参照图 5-3 的叶轮结构，其叶片强度计算主要针对叶片根部。叶片根部承受的载荷包括两部分：一是离心力，当叶片高度较小、无强烈扭曲时，可简单地按径向拉伸载荷计算，不考虑弯曲扭矩；二是流体力，主要对叶片根部产生弯曲扭矩。

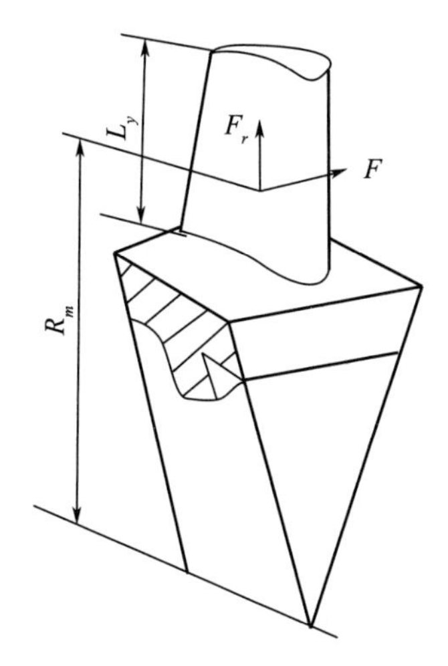

图 5-3　轴流叶片示意图

当叶片满足式（5-19）的简化计算条件时，采用一维简化计算，此时径向拉伸力可用叶片根部以上的叶片平均高度（或质量中心）处集中载荷计算，轴流叶片根部截面最大离心力计算见式（5-20）。

$$F_c = \rho \cdot A_m \cdot L_y \cdot R_m \cdot \omega^2 \tag{5-20}$$

叶片根部最大拉伸应力

$$\sigma_{c\max} = F_c / A_g$$

式中　A_g——叶片根部面积；

A_m——叶片沿叶高的平均面积，当 $A_m = A_g$ 时，最大拉伸应力可表示为

$$\sigma_{c\max} = \rho \cdot L_y \cdot \omega^2 \cdot R_m \tag{5-21}$$

对满足式（5-19）的叶轮，可认为流体作用在叶片上的力沿叶片高度均匀分布，因此叶片流体力作用于叶片根部的弯矩为

$$M_g = F \cdot L_y / 2$$

式中 $F = \sqrt{F_u^2 + F_z^2}$ ，单个叶片的轴向力和周向力分别用式（5-22）和式（5-23）计算。

$$F_{z1} = \rho Q_T (C_1 \sin\alpha_1 - C_2 \sin\alpha_2)/Z + \pi t_m L_y (P_1 - P_2) \tag{5-22}$$

式中　t_m ——叶片中心高度处节距。

$$F_u = \frac{\rho Q_T \eta H_T}{Z U_m \varepsilon} = \frac{1\ 000 N_T}{U_m Z \varepsilon} \tag{5-23}$$

式中　U_m ——叶片中心高度处圆周速度；

　　N_T ——透平功率，kW。

叶片根部弯曲应力为

$$\sigma_w = M_g / w_g \tag{5-24}$$

其中 $w_g = \frac{t_g^2 \cdot b}{6}$，叶根弯曲应力进一步表示为

$$\sigma_w = \frac{3F \cdot L_y}{t_g^2 \cdot \delta} \tag{5-25}$$

式中　t_g ——叶片根部节距；

　　δ ——叶片厚度。

5.1.2　叶轮轮毂强度计算

通常液力透平叶轮与轴的安装配合与工作转速、介质温度等因素有关，可以是过盈配合、过渡配合或间隙配合。为了使叶轮轮毂与轴的配合满足使用要求，在不考虑温度因素的情况下，叶轮旋转过程中由于离心力所产生的变形量应小于叶轮轮毂与轴配合的最小过盈量。叶轮轮毂在离心力的作用下所产生的应力可近似由式（5－3）计算或按式（5－1）式从 d_B 到 D_1 积分获得，叶轮轮毂 E 处在离心力的作用下所产生的变形量由式（5－26）计算。

$$\Delta d_B = \frac{\sigma}{E} d_B \tag{5-26}$$

式中　E ——叶轮轮毂材料的弹性模量；

　　d_B ——叶轮轮毂内部直径。

实际上由于介质温度的存在，在强度校核计算中，液力透平叶轮轮毂 E 中的应力需按装配应力与停止工作后叶轮轮毂和轴心温差应力之和考虑，其中装配应力存在于叶轮轮毂和轴为过盈配合的状态。叶轮轮毂的最大过盈应力由式（5－27）计算，叶轮轮毂和轴心温差应力则由式（5－28）计算。

$$\sigma_\Delta = \frac{E \cdot \Delta_{max}}{d_B} \tag{5-27}$$

$$\sigma_T = \alpha \cdot \Delta t \cdot E \tag{5-28}$$

式中　Δ_{max} ——最大过盈量；

　　α ——叶轮轮毂材料的线性膨胀系数；

　　Δt ——液力透平停止工作后叶轮轮毂与轴心的最大温差。

叶轮轮毂 E 处总应力为

$$\sigma_{max} = \sigma_\Delta + \sigma_T \tag{5-29}$$

叶轮轮毂 E 处总应力计算结果与材料的屈服应力比 $\frac{\sigma_{max}}{[\sigma]}=n$ 应满足安全系数要求，对于钢材，安全系数 $n \geqslant 2 \sim 3$，对于铸铁材料，安全系数 $n \geqslant 5$。

5.1.3　叶轮强度的有限元分析算例

叶轮强度的一维计算方法简单快捷，但计算结果精度较低，一些细部关注点的应力应变情况可利用有限元分析的方法准确、高效率地获得校核。

以图 5-4 的液力透平双侧排出（双吸）叶轮为例，应用有限元分析的方法进行计算。计算过程简单描述为：将实物模型导入有限元分析软件，对模型划分网格并添加材料属性，根据叶轮运转所承受的载荷定义边界条件，通过对叶轮的应力云图和变形量数据结果进行分析，衡量和判断叶轮设计的合理性。

叶轮三维图

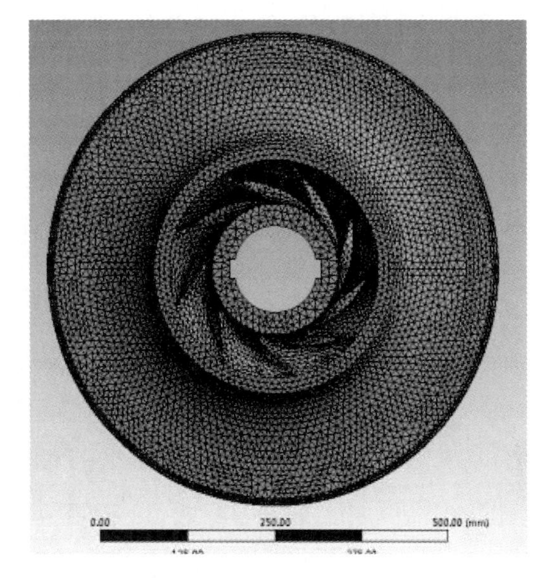

叶轮网格图

图 5-4　叶轮三维图及其网格图

具体计算过程如下：

第一步，确定分析类型——结构静力分析。

打开 Workbench 工具箱，将结构静力分析［Static Structural］拖入项目流程图。

第二步，导入材料。

应用结构静力分析工程数据［Engineering Data］，从通用材料库［General Material］中选择材料，如 05Cr17Ni4Cu4Nb（马氏体不锈钢）［Stainless Steel］。

第三步，导入几何模型。

在结构静力分析中选择［Geometry］，导入叶轮几何模型［Import Geometry］。

第四步，保存文件。

选择［Save］，保存 . wbpj 文件。

第五步，进入结构静力分析环境。

从［Model］进入结构静力分析环境，分配材料：展开［Model］—［Geometry］—叶轮几何模型，明细窗口设置［Material］—［Assignment］＝Stainless Steel。

第六步，网格划分结果。

选择［Mesh］，在相关度［Relevance］中检查网格质量、调整单元大小［Element Size］，生成网格［Generate Mesh］，必要时对叶轮的关键部位进行网格加密，网格统计结果在［Statistics］进行查看。网格划分结果如图 5-4 所示。

第七步，施加边界条件。

叶轮在工作过程中主要受到离心力和工作介质压力的共同作用。假设上述叶轮的进口压力为 3.6 MPa，从安全角度出发，设叶轮工作面工作压力为 1.5 倍的进口压力；叶轮工作转速为 1 485 r/min。选择［Static Structural］，图形区选叶轮与轴联接的定位面，施加固定约束［Fixed Support］，选择［Insert］—［Pressure］，载荷具体加载情况如图 5-5 所示。

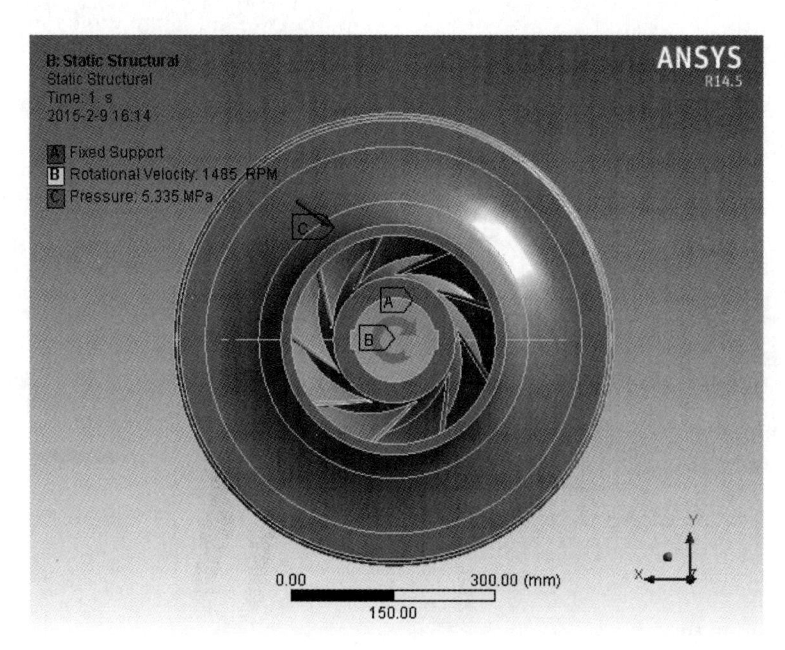

图 5-5　叶轮计算边界条件

第八步，查看结构静力分析结果。

选择［Solution］，插入结果选项［Total Deformation］、［Equivalent Stress］，点击［Solve］求解，结果如图 5-6 所示。

［Equivalent Stress］的图形区显示，叶轮最大等效应力出现在叶片出口根部，最大应力值 σ = 259.66 MPa，叶轮材料（05Cr17Ni4Cu4Nb）的许用应力 $[\sigma]$＝316 MPa，说明叶轮的强度符合要求。通过总变形［Total Deformation］的图形区显示，最大变形发生在叶轮进口最大直径处，变形量为 0.18mm。

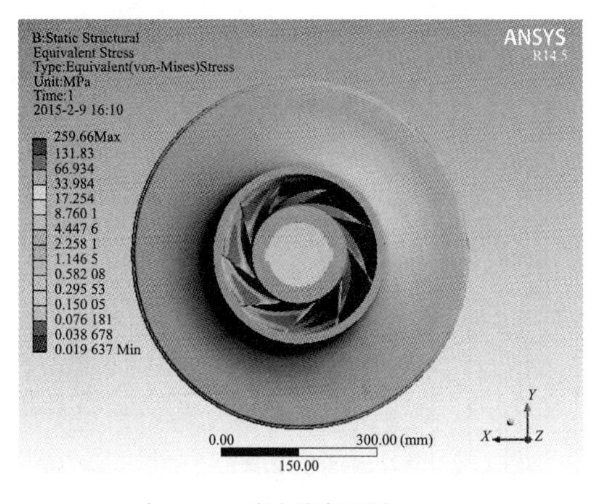

应力分布云图

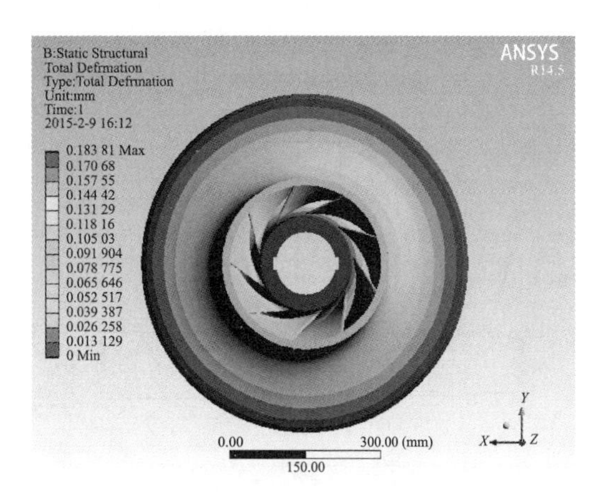

变形分布云图

图 5－6　叶轮静力分析结果

5.2　轴的强度计算

轴将液力透平工作时叶轮产生的机械能传递给被驱动设备，同时它也是叶轮、轴套、机封动环等旋转部件的回转中心，并对叶轮、轴套、轴承等部件起到轴向定位作用，是液力透平转子的核心部件之一。因此轴的材料选择应考虑轴的工作环境、工况条件及其与介质的相容性。轴上各部分尺寸和精度的确定应综合考虑该处所需要实现的功能、配合和装配可行性。

5.2.1　轴的受力

图 5－7 为两端支撑液力透平转子及轴的结构示意图。

在旋转过程中，液力透平转子及其轴在流体作用下受到轴向力和径向力作用，由于在设计过程中从改善轴承工作条件考虑，轴向力通过流体或结构方式被尽量平衡掉，剩余轴向力较小，且轴向力对轴产生的是压应力，因此在轴的强度计算中一般不考虑轴向力。

径向力包括水力径向力、不平衡质量产生的离心力以及旋转部件自身的质量力。旋转部件质量力对静止状态的水平轴产生弯曲应力，如假定不存在偏心，旋转过程中对转子无影响；水力径向力一般与涡壳结构、叶轮和导叶叶片数等有关，可用第 4 章中的相应公式计算；不平衡质量引起的离心力计算公式如下

$$F_e = 10.98 \times 10^{-9} \times G_c n^2 R \tag{5-30}$$

其中，G_c 为转子在最大半径处的残余不平衡质量，单位为 mg，G_c 可以根据 API 610 标准规定的液力透平转子平衡等级（一般为 G2.5 级）确定，具体参数值可通过平衡等级和工作转速在 ISO 1940－1 中查得；n 为转速，单位为 r/min；R 为转子轴系上的最大半径，单位为 mm，通常为叶轮的进口半径 $D_1/2$。

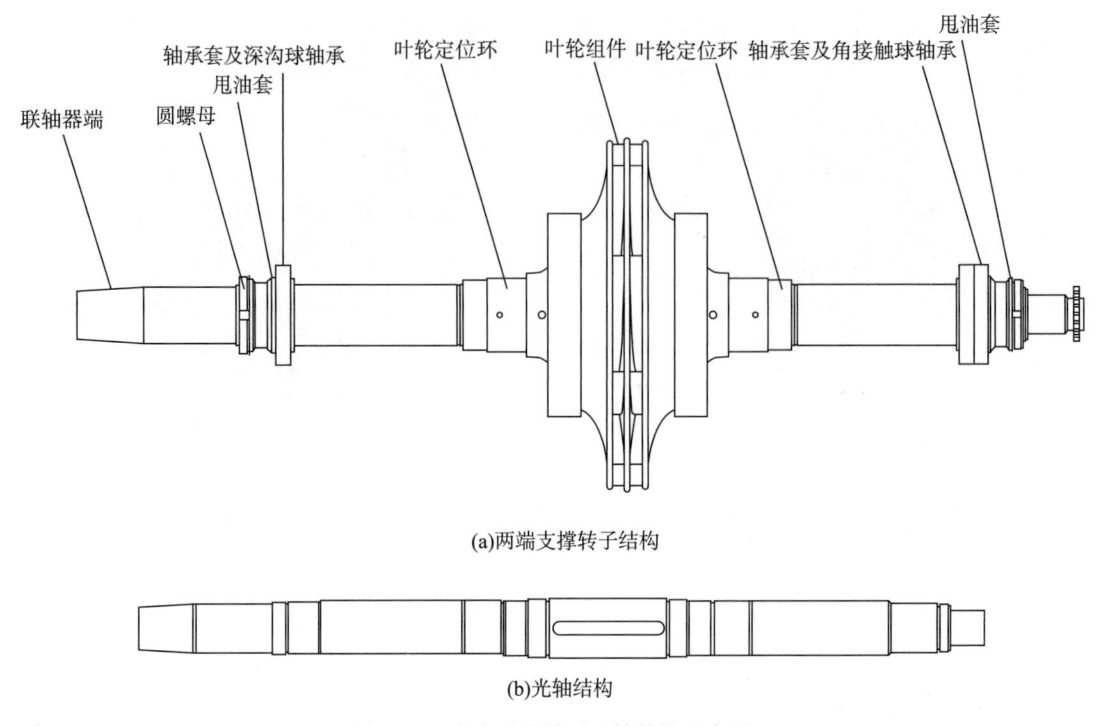

(a)两端支撑转子结构

(b)光轴结构

图 5-7　液力透平转子及轴结构示意图

5.2.2　轴的强度校核

液力透平轴的强度校核应按弯扭合成强度进行计算，计算前先确定轴的支撑位置和轴所受载荷大小、方向、作用点及载荷种类等。

(1) 疲劳强度安全系数校核方法

①确定计算截面的直径

应确定需要校核截面的直径大小，并根据公式分别计算出截面的抗弯截面模量 w 和抗扭截面模量 w_t，如果截面带有键槽，在计算截面模量的过程中也应考虑在内。

②求解支反力、弯矩和扭矩

根据力的平衡方程和弯矩平衡方程，计算出支反力 R_A、R_B 以及水平面和垂直面内各截面的弯矩 M_x 和 M_y，作出合成弯矩图、扭矩图，如图 5-8 所示。

总弯矩

$$M=\sqrt{M_x^2+M_y^2}$$

总扭矩

$$T=9\ 550\cdot\frac{N_T}{n}$$

式中　N_T ——透平功率，kW；

　　n ——转速，r/min；

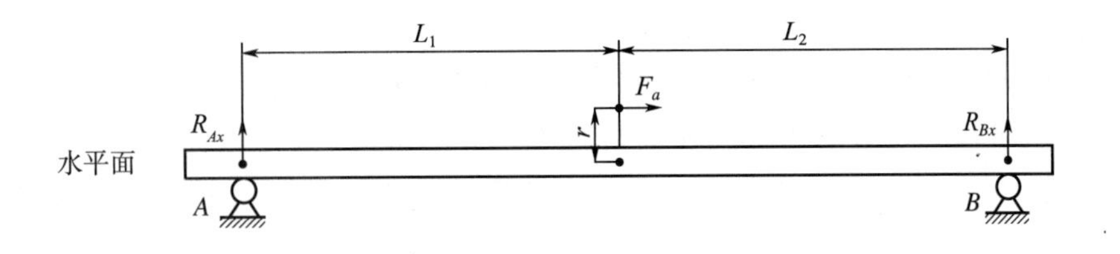

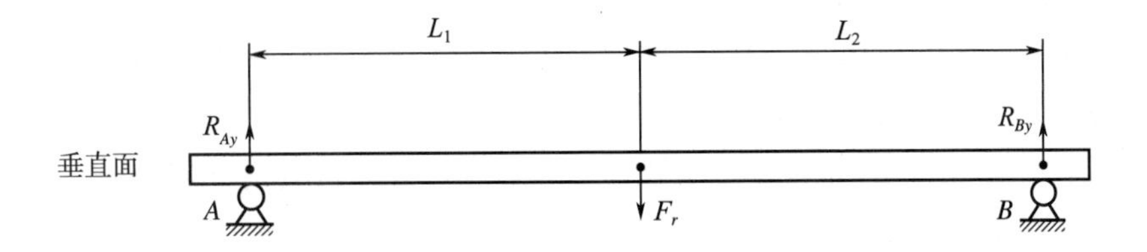

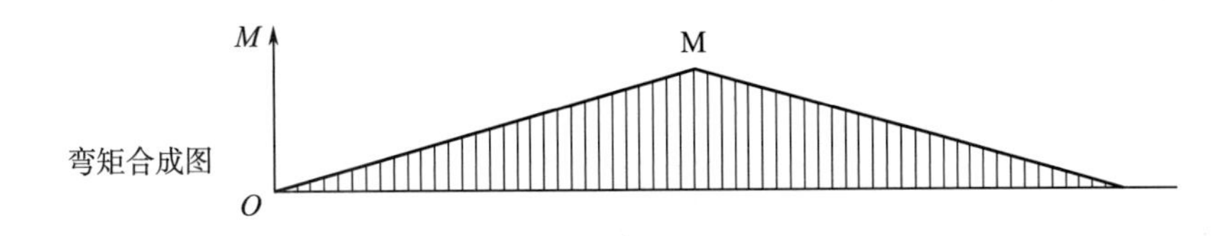

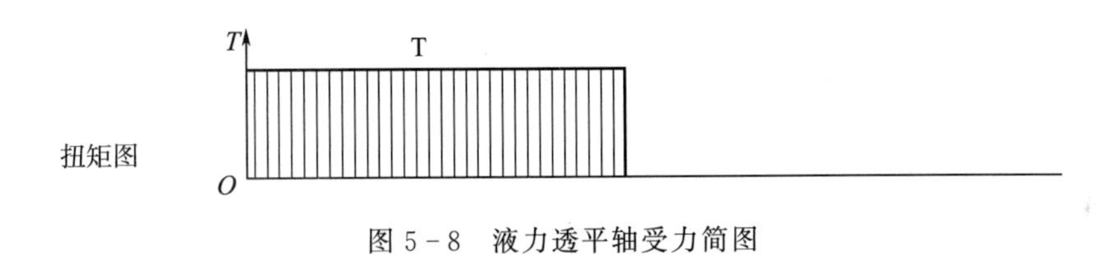

图 5－8　液力透平轴受力简图

T ——扭矩，N·m。

③应力的计算

弯曲应力

$$\sigma_{\omega}=\frac{M}{w} \tag{5-31}$$

扭转应力

$$\tau_{N}=\frac{T}{2\cdot w_{t}} \tag{5-32}$$

④确定材料疲劳极限

根据轴的材料查表确定材料的抗拉强度 σ_b 和屈服极限 σ_s ，可以分别计算轴材料的弯曲疲劳极限 σ_{-1} 和剪切疲劳极限 τ_{-1} 。

$$\sigma_{-1}\approx 0.27(\sigma_b+\sigma_s) \tag{5-33}$$

$$\tau_{-1}\approx 0.156(\sigma_b+\sigma_s) \tag{5-34}$$

⑤计算系数的确定

工程上的强度计算公式中，有许多经验系数，其确定方法可通过查阅工程设计手册获得。

材料对弯曲和扭转力应力循环不对称的敏感性系数 ψ_σ 和 ψ_τ ，可以通过查《机械设计》[2]附录表 6-11 确定。一般地，ψ_σ 的取值范围在 0.15～0.25 区间，通常取值 0.25；ψ_τ 取值范围在 0.05～0.15 区间，通常取值 0.15。

应力集中、表面质量等对轴的强度都有一定影响，各种系数也可通过查表获得。圆角处的有效应力集中系数 k_σ 和 k_τ 、初步的配合边缘有效应力集中系数 $k_\sigma/\varepsilon_\sigma$ 和 k_τ/ε_τ 查《机械设计》[2]附录表 6-3、表 6-6 确定；绝对尺寸影响系数 ε_σ 和 ε_τ 也可以根据材料与轴径查《机械设计》[2]附录表 6-7 确定。表面质量系数 β 可查《机械设计》[2]附录表 6-8 确定。

配合边缘的有效应力集中系数 $k_\sigma/\varepsilon_\sigma$ 和 k_τ/ε_τ 可通过计算进一步确定，取其中最大值作为最终校核的配合边缘有效应力集中系数。

⑥计算安全系数

弯曲安全系数

$$n_\sigma = \frac{\sigma_{-1}}{\dfrac{k_\sigma}{\varepsilon_\sigma \beta}\sigma_w} \tag{5-35}$$

式中　n_σ ——弯曲安全系数；

σ_{-1} ——弯曲疲劳极限；

$k_\sigma/\varepsilon_\sigma$ ——配合边缘的有效应力集中系数；

β ——表面质量系数；

σ_w ——弯曲应力。

扭转安全系数

$$n_\tau = \frac{\tau_{-1}}{\dfrac{k_\tau}{\varepsilon_\tau \beta}\tau_N + \psi_\tau \tau_N} \tag{5-36}$$

式中　n_τ ——扭转安全系数；

τ_{-1} ——剪切疲劳极限；

k_τ/ε_τ ——配合边缘的有效应力集中系数；

β ——表面质量系数；

τ_N ——扭转剪应力；

ψ_τ ——材料对应力循环不对称的敏感性系数。

疲劳强度安全系数

$$n_p = \frac{n_\sigma n_\tau}{\sqrt{n_\sigma^2 + n_\tau^2}} \tag{5-37}$$

式中　n_p ——疲劳强度安全系数；

n_σ ——弯曲安全系数；

n_τ ——扭转安全系数。

疲劳强度安全系数应满足 $n_p \geqslant [n]$ 许用安全系数，说明轴的强度满足使用要求。

轴的许用安全系数选择方法为：

1）材料均匀、计算精确时，取 $[n]=1.3\sim1.5$；

2）材料不均匀、计算精度较低时，取 $[n]=1.5\sim1.8$；

3）材质较差、计算精度很低时，取 $[n]=1.8\sim2.5$。

（2）轴一维简化计算

①两端支撑轴的一维简化强度校核计算

已知液力透平轴两端支撑，输出功率为 N，转速 n，叶轮处总轴向力 F_a，总径向力 F_r，叶轮半径为 R，支座 A 距离叶轮处距离 L_1，支座 B 距离叶轮处距离 L_2，如图 5-8 所示。假定叶轮安装处截面为危险截面，叶轮安装处轴径为 d。

具体计算见 5.2.2 节中（1）所述①～⑥的过程，首先根据结构参数计算轴的弯曲和扭转模量，其次根据透平输出功率和转速计算轴的弯矩、扭矩及支反力，再进行弯曲和剪切应力计算、核算安全系数。

②轴的刚性计算

轴的刚性是透平设计中需要考虑的因素，刚度不足，可能导致转子与静子件的间隙密封过早磨损，机械密封泄漏，甚至加大动不平衡响应。因此要合理选择轴的结构尺寸、两支撑轴承中心间的跨距、轴承与叶轮间跨距、轴承的轴颈、叶轮的重量等参数。

根据 API 610 标准的规定，当设计的转子安装最大叶轮直径时，在允许的工作转速和流量范围内，轴的刚度应当保证密封面处轴的总挠度小于 50 μm。

如图 5-9 为悬臂结构转子示意图，其中 A、B、C、L 分别为叶轮质心到轴承支撑中心和轴台的距离。

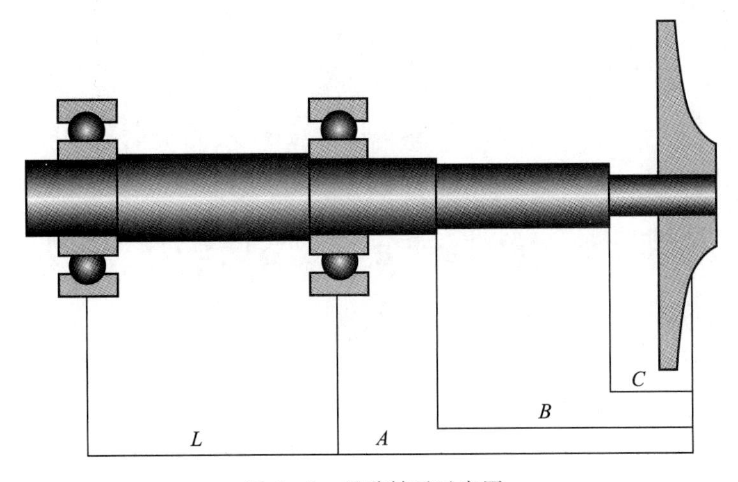

图 5-9　悬臂转子示意图

轴的静挠度计算公式为

$$\delta=\frac{F_r}{3E}\left[\frac{C^3}{I_C}+\frac{B^3-C^3}{I_B}+\frac{A^3-B^3}{I_A}+\frac{A^2\times L}{I_L}\right] \tag{5-38}$$

式中 δ ——轴变形量；

F_r ——包含转子自重的总径向力；

E ——弹性模量；

I_A 、I_B 、I_C 、I_L ——相应位置的转动惯量。

式（5－38）可以被定性简化为变形量 δ 与 L^3/d^4 成正比，其中 L 是轴的长度，d 为轴的直径。L^3/d^4 被定义为挠性系数，挠性系数越高，轴的变形量越大，因此设计中应合理确定轴的长度和轴径尺寸。

通常轴的刚性计算应在结构初步设计阶段完成，在此基础上进行轴的强度校核计算。

5.2.3 轴系关键部位变形量三维校核

通过轴的一维设计计算，轴径、轴跨距、悬臂等结构及轴的刚性基本确定，轴的强度得到校核确认。然而，透平转子在工作过程中由于受到流体力、转子不平衡力、转子质量力、温度等共同作用会产生变形，同时壳体在流体力、温度作用下也会产生一定的变形，转子变形量与壳体变形量的叠加可能造成转动件与静止件之间的间隙发生变化，因此在重要场合需要对转子变形量进行三维校核计算。

图 5－10 和图 5－11 为液力透平转子在不考虑温度影响、仅在工作转速下运行，以轴承处为位移约束时，质量力、流体径向力、转子不平衡径向力作用下，转子的加载和有限元分析计算结果。

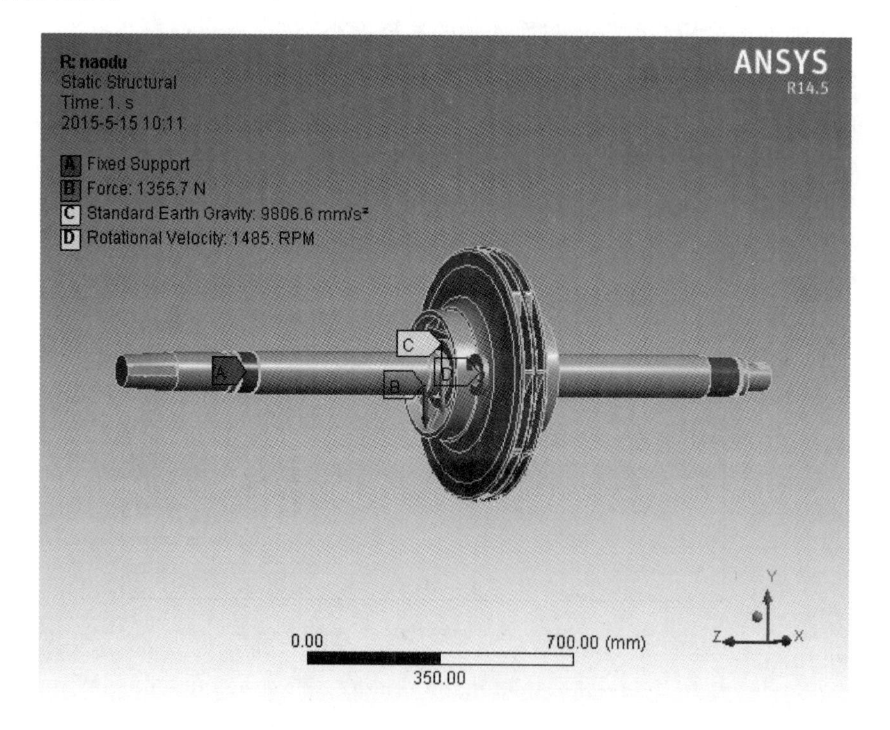

图 5－10 转子系统加载情况

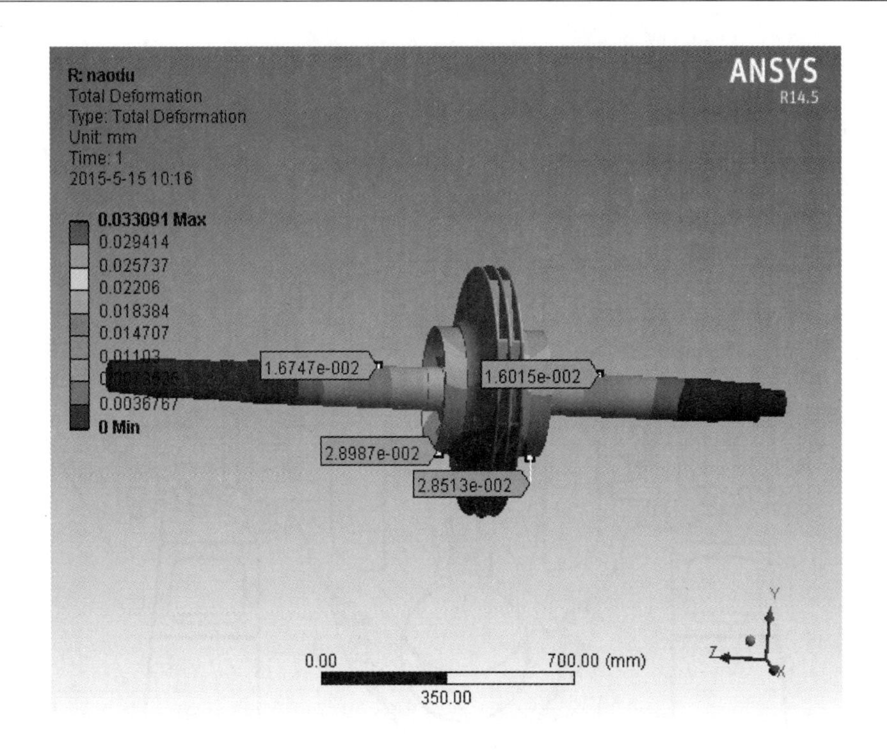

图 5 - 11　转子变形分析结果

将计算结果与设计间隙值进行比较，如果变形条件下转子与壳体间隙大于最小设计间隙值，则满足使用要求。实际上，当介质温度较高或介质压力较高时，壳体变形不可忽略，转子和静止壳体之间是否发生接触，除计算转子变形外还需考虑壳体变形。

5.3　壳体强度计算

液力透平壳体与内部过流部件构成完整的环形室流道和出水室流道，其内部形状和尺寸是水力模型的设计结果。

液力透平壳体为叶轮、导叶、轴、机械密封及轴承等零部件提供安放、支撑、连接和定位，并在工作中起到承受工作介质压力、与工艺流程中上下游管路相连接、引导介质流动的作用，是液力透平重要的组成部分。

对于单级悬臂式液力透平壳体、水平剖分的上端壳体，载荷主要来自内腔工作介质的压力，可以按照通用的泵设计手册中关于泵壳厚度的设计方法来初选结构厚度，再根据压力容器的强度计算方法对其进行校核。

例如图 5 - 12 所示的水平剖分结构的下壳体，其承载情况比较复杂。在工作过程中除承受介质压力载荷外，还要承受两端轴承部件施加的载荷，以及机架施予的载荷。因此，对于下壳体，初选壳体壁厚后，除了按照压力容器的强度计算方法进行校核以外，还需要对与轴承箱连接处、与机架连接处的强度进行校核。

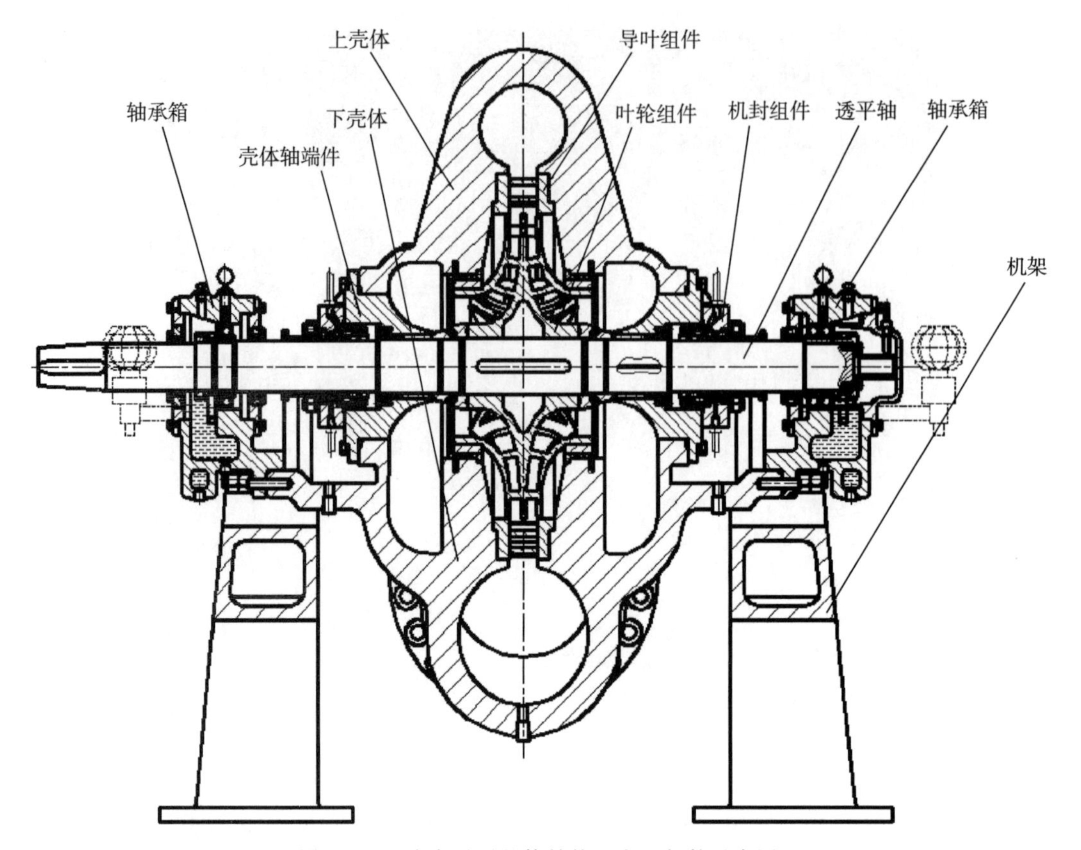

图 5-12　液力透平整体结构及主要部件示意图

5.3.1　壳体强度的一维计算

液力透平壳体几何形状复杂，且受力不均匀，准确地计算其强度比较困难，本节将参考泵的壳体设计计算方法，介绍一种简化的壳体强度计算和最大变形校核方法。

（1）一维强度计算方法

①确定壁厚

$$\delta = \frac{\delta_d}{60}\sqrt{\frac{Q_T}{\sqrt{H_T}}} \cdot \frac{0.981 H_T}{[\sigma]} \tag{5-39}$$

$$\delta_d = \frac{1545}{n_{sT}} + 0.008 n_{sT} + 7.2 \tag{5-40}$$

式中　δ ——壳体壁厚，mm；

δ_d ——壳体当量壁厚，mm；

$[\sigma]$ ——材料许用应力，MPa；

n_{sT} ——比转速。

此处计算可以全部采用透平参数，对离心泵反转液力透平，也可按转化后的泵参数设计计算。

②应力计算

使用鲁吉斯方法进行壳体应力校核计算。假定最大应力发生在尺寸最大的轴面内，角度为 θ_m 位置处，如图 5－13 所示。其中最大应力发生位置和相关系数计算如下

$$\theta_m = \frac{1.225}{\sqrt[3]{2k^2}} \tag{5-41}$$

$$k = \sqrt[4]{12(1-\mu^2)}\sqrt{\frac{\alpha_m \cdot \beta_m}{2}} \tag{5-42}$$

$$\alpha_m = \frac{r_0}{R_0},\quad \beta_m = \frac{r_0}{\delta} \tag{5-43}$$

式中　μ——泊松系数，钢质材料取 0.3，铁取 0.27。

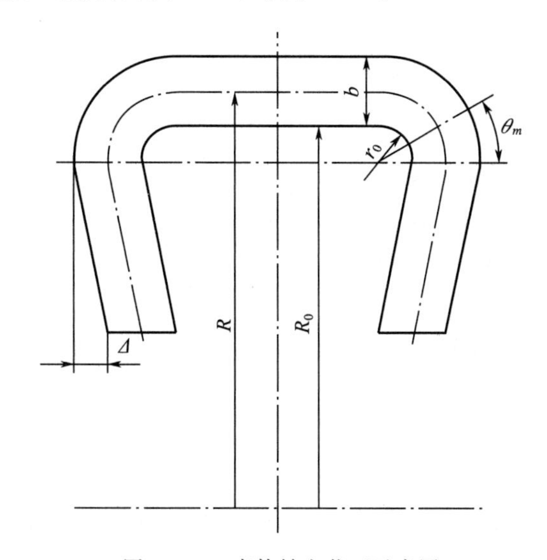

图 5－13　壳体轴向截面示意图

θ_m 截面内的轴面应力为

$$\sigma_{1z} = \sigma_{1u} + \sigma_{1p} \tag{5-44}$$

$$\sigma_{1u} = 1.52P\frac{\beta_m}{\alpha_m}\sqrt[3]{\frac{\beta_m^2}{\alpha_m}} \tag{5-45}$$

$$\sigma_{1p} = P\frac{\beta_m}{\alpha_m}\left(0.61\sqrt[3]{\alpha_m \cdot \beta_m} + \frac{0.41}{\sqrt[3]{\alpha_m \cdot \beta_m}} + 1.5\alpha_m\right) \tag{5-46}$$

θ_m 截面内的圆周应力为

$$\sigma_{2T} = \sigma_{2u} + \sigma_{2p} \tag{5-47}$$

$$\sigma_{2u} = \mu\sigma_{1u} - 0.652P\frac{\beta_m}{\alpha_m}\sqrt[3]{\alpha_m \cdot \beta_m} \tag{5-48}$$

$$\sigma_{2p} = P\frac{\beta_m}{\alpha_m}\left(0.237\sqrt[3]{\frac{\beta_m}{\alpha_m}} - \frac{0.41}{\sqrt[3]{\alpha_m \cdot \beta_m}}\right) \tag{5-49}$$

θ_m 截面内的径向应力为

$$\sigma_{3r} = -P \tag{5-50}$$

式中　P ——壳体内的最大工作压力，MPa。

③强度校核方法

塑性材料强度校核公式为

$$\sigma_d = \sqrt{0.5[(\sigma_{1z} - \sigma_{2T})^2 + (\sigma_{2T} - \sigma_{3r})^2 + (\sigma_{3r} - \sigma_{1z})^2]} \tag{5-51}$$

$$n = \frac{\sigma_s}{\sigma_d} \geqslant [n] \tag{5-52}$$

式中　σ_s ——材料的屈服强度；

n ——计算安全系数；

$[n]$ ——许用安全系数，塑性材料的许用安全系数 $[n] = 1.65 \sim 1.9$。

脆性材料强度校核公式为

$$\sigma_d = \sigma_{1z} - \varepsilon\sigma_{3r} \tag{5-53}$$

$$n = \frac{\sigma_b}{\sigma_d} \tag{5-54}$$

式中　σ_b ——材料的拉伸强度；

ε ——材料的拉伸强度极限和压缩强度极限之比；

n ——安全系数，一般脆性材料安全系数取 $n \geqslant 4$。

（2）最大变形量计算方法

在工作压力的作用下，计算壳体最大尺寸轴面的轴向变形量 Δ

$$\Delta = \frac{\pi}{2}\sqrt{12(1-\mu^2)}\left(\frac{\beta_m}{\alpha_m}\right)^2 \frac{P}{E} r_0 \tag{5-55}$$

式中　Δ——变形量，mm；

E ——材料的弹性模量，单位与壳体内的最大工作压力 P 保持一致。

5.3.2　壳体强度的有限元分析算例

如上所述，水平剖分式液力透平下壳体受力情况较为复杂，因此仍以下壳体为研究对象进行三维强度校核计算。

计算案例条件：壳体内腔承受工作介质的压力，压力值按照最高工作压力的 1.5 倍进行计算；考虑液力透平的介质温度较高，分析计算过程中施加温度场。

透平下壳体的三维结构模型如图 5-14（a）所示。

数值模拟过程如下：

第一步，计算准备工作。

结构静力分析：应用 Workbench 软件、稳态热分析（Steady - State Thermal）模块，在结构静力分析（Static Structural）中选择稳态热分析（Solution）指令。

材料选择：在稳态热分析工程数据（Engineering Data）的通用材料库（General Material）中导入材料，如为 0Cr17Ni12Mo2（Stainless Steel）。

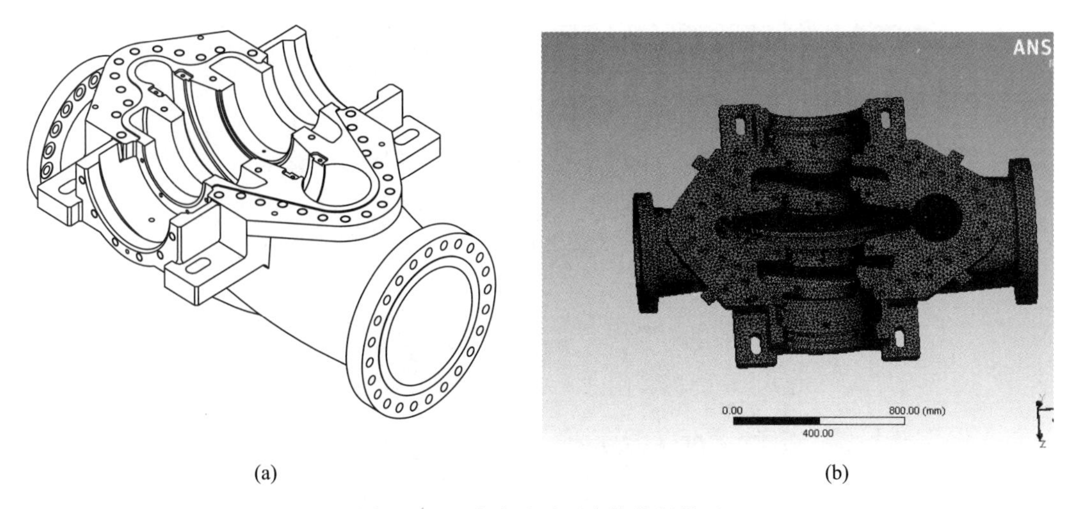

(a)　　(b)

图 5-14　液力透平下壳体分析模型

几何模型：在稳态热分析中选择（Geometry），导入下壳体几何模型（Import Geometry）。

保存（Save）. wbpj 文件。

静态热分析环境：在模型（Model）中选择稳态热分析环境，展开（Model）—几何（Geometry）—下壳体几何模型，明细窗口设置材料（Material）—Assignment＝Stainless Steel。

网格划分：在网格工具框（Mesh）下选择生成网格（Generate Mesh），网格统计结果在 Statistics 中进行查看，网格划分结果如图 5-14（b）所示。

第二步，施加边界条件（热载荷及对流边界）。

导航树中选择＜Steady-State Thermal＞，添加温度（Temperature），图形区选择下壳体的内腔表面，输入介质的温度值：＜Definition＞—＜Magnitude＞；壳体的外表面施加对流边界条件，工具栏中选＜Convection＞，输入对流换热系数（Film Coefficient）和周围环境温度（Ambient Temperature）；选择＜Solution＞添加温度（Temperature）及热通量（Total Heat Flux）；＜ Solve ＞求解温度及热通量结果，查看稳态热分析的温度变化范围和最大热通量。

第三步，进入结构静力分析环境。

选择＜Static Structural＞，图形区选下壳体与上壳体接触的表面和进出口法兰面，施加固定约束（Fixed Support）；展开＜Import Load＞，导入温度场（Imported Body Temperature）；选择＜Insert＞—＜Pressure＞，图形区选下壳体内腔表面，施加 1.5 倍的最高工作压力，载荷具体加载情况如图 5-15 所示。

第四步，查看静力分析结果。

选择＜Solution＞，插入结果选项＜Total Deformation＞、＜Equivalent Stress＞、＜Solve＞求解，结果如图 5-16 所示。

选择总变形（Total Deformation），图形区显示最大变形在下壳体入口管侧面为

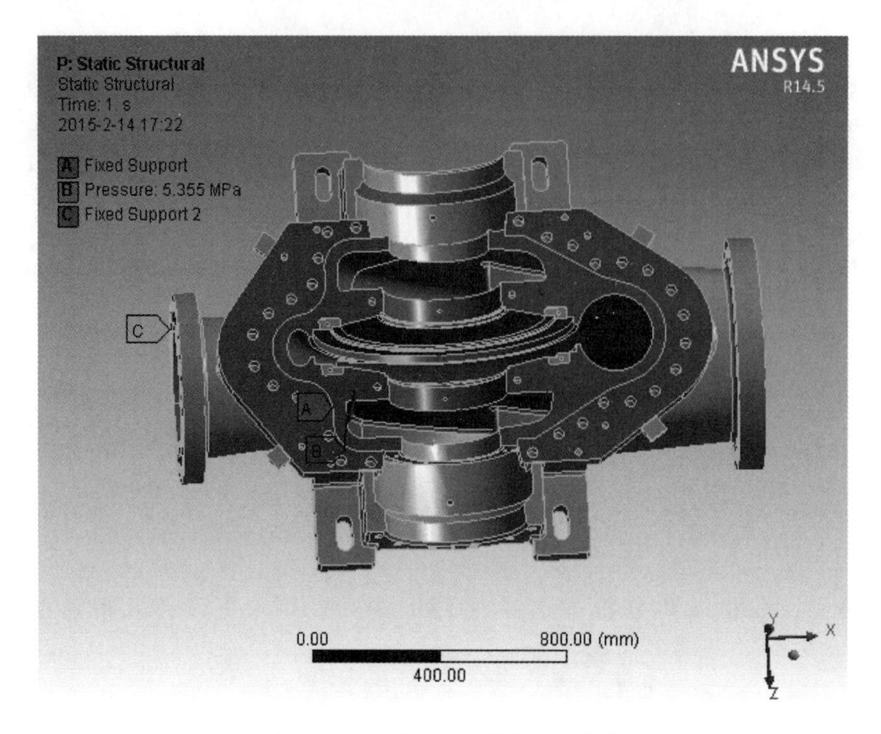

图 5－15 液力透平下壳体边界条件

0.29 mm。查看应力（Equivalent Stress），图形区显示下壳体最大等效应力出现在隔舌位置，计算得到的最大应力值 σ =473.18 MPa。

第五步，计算结果的进一步分析。

计算获得的最大等效应力结果与材料的许用应力进行比较，确认壳体的强度是否满足设计要求。

如果最大等效应力大于材料的许用应力，则应参考 JB/T 4732－95《钢制压力容器分析设计标准》对计算结果进行分析和评定。通常选择两条路径进行线性化处理，分别得到壳体的薄膜应力以及弯曲应力，路径 1 通过最大应力点贯穿整个壁厚，路径 2 通过最大变形处贯穿壳体壁。

将路径上的薄膜应力 σ_m 、弯曲应力 σ_θ 、薄膜应力加弯曲应力 $\sigma_m+\sigma_\theta$ 分别与材料的许用应力 $[\sigma_s]$ 进行比较，如果上述各应力均小于材料的许用应力，说明结构强度满足使用要求。

针对本算例，根据 JB 4732－95 标准的“一些典型情况的应力分类”可知，在隔舌处内压的作用下的薄膜应力为局部薄膜应力，弯曲应力为二次应力。两条路径上的应力分布情况如图 5－17 所示，图中线条分别表示薄膜应力、弯曲应力及膜应力加弯曲应力，材料的许用应力 $[\sigma_s]=117$ MPa。

采用应力最大路径 1：

$\sigma_m=43$ MPa，$\sigma_\theta=104.2$ MPa，$\sigma_m+\sigma_\theta=147.2$ MPa

$\sigma_m<[\sigma_s]$，$\sigma_\theta<[\sigma_s]$，$\sigma_m+\sigma_\theta<1.5[\sigma_s]$

采用变形最大路径 2：

$\sigma_m = 29.2\ \mathrm{MPa}$，$\sigma_\theta = 61.9\ \mathrm{MPa}$，$\sigma_m + \sigma_\theta = 91.1\ \mathrm{MPa}$

$\sigma_m < [\sigma_s]$，$\sigma_\theta < [\sigma_s]$，$\sigma_m + \sigma_\theta < 1.5[\sigma_s]$

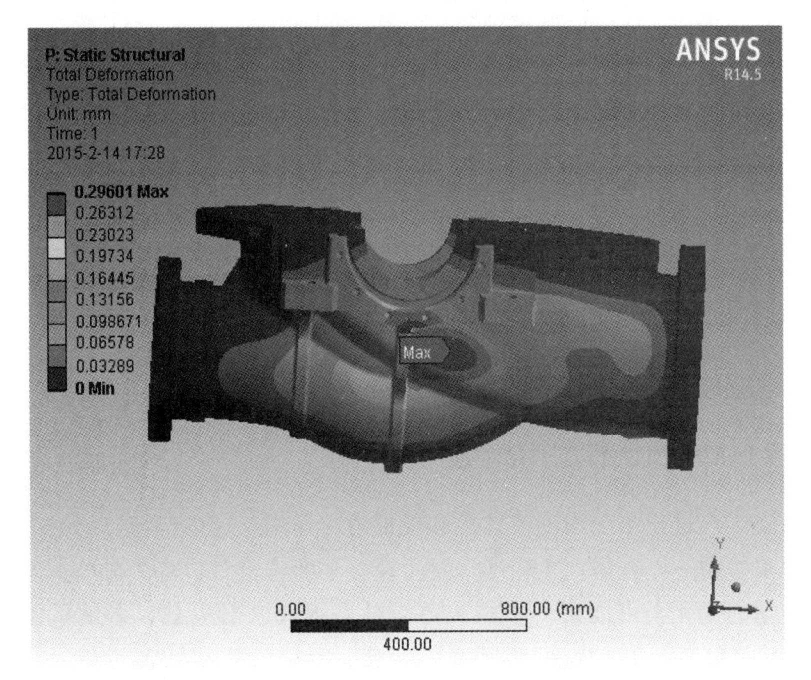

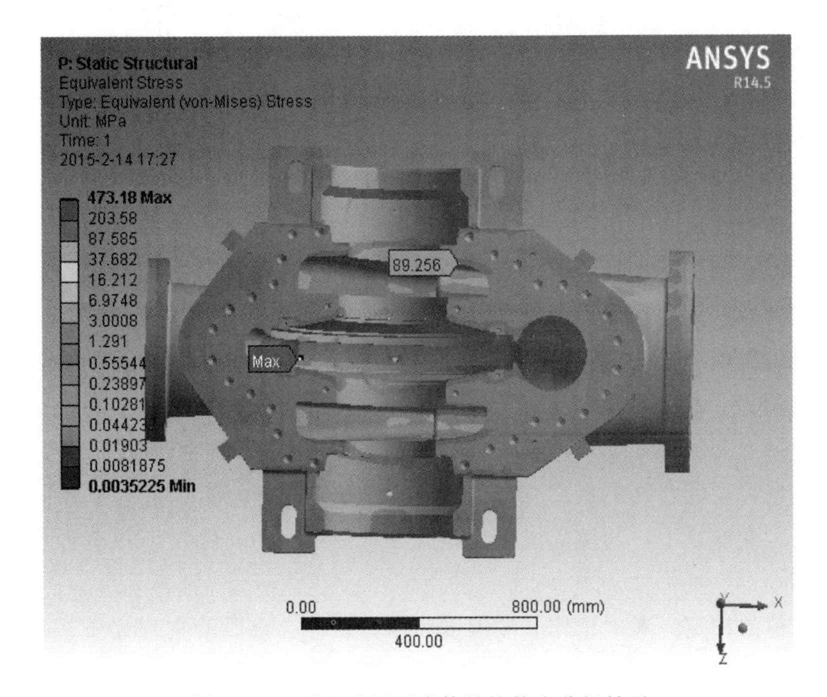

图 5－16　液力透平下壳体结构静力分析结果

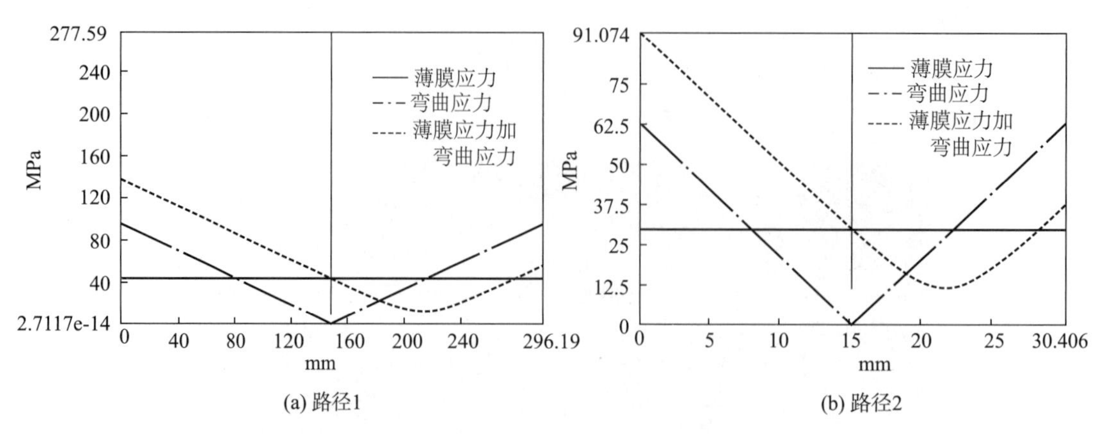

图 5-17　液力透平下壳体所选路径的应力分布情况

根据上述方法校核，下壳体结构满足强度要求。

5.3.3　壳体关键配合部位的变形量校核

液力透平在工作过程中受内部流体力和外部力的作用，在内部流体力和外部力的作用下，特别是温度影响下，壳体产生变形，发生在透平叶轮密封口环、轴密封环处的变形导致动静件间隙值的变化，可能进一步造成零部件磨损或密封失效，影响机组的正常稳定工作。

仍以水平剖分式的壳体结构为例，选择受力情况较为复杂的下壳体进行校核计算，变形量校核的有限元分析方法与前述相同。由于水平剖分结构存在水平面的静密封、壳体与轴和叶轮的动密封，因此，在设计过程中需要特别注意壳体平面翘曲变形对静密封的影响，以及变形对与叶轮密封口环及轴端面密封安装配合部位的影响。平面翘曲变形量应在静态密封垫允许的变形范围内，密封口环部位的变形量应保证动态密封间隙的存在和轴向密封安装部位的垂直度。

壳体关键配合部位的变形计算过程与前述相同。将模型导入有限元分析软件，划分网格、添加材料属性，施加边界条件、考虑温度场、压力场以及各连接处弯矩的共同影响，边界条件加载情况如图 5-18 所示，其中壳体内部施加的最高工作压力 3.57 MPa，壳体与轴承箱连接的 D、E 处施加弯矩 M_1 =4 398 N·m，M_2 =4 612 N·m。

求解变形量（Total Deformation），结果如图 5-19 所示。图形显示液力透平下壳体与叶轮及轴密封口环配合处的最大变形量为 0.049 mm，将分析结果与设计间隙值进行比较，如果在最大变形量下，间隙仍能满足设计要求的最小值，则说明该变形在许用的安全范围内。

设计间隙值的确定应考虑工作介质温度和压力条件、介质的物理性质、材料的热膨胀和咬合特性以及机组的工作状态（如长期运行、间断运行等），设计间隙值的确定可参考文献［3］的表 6（Minimum internal running clearances）；密封安装壳体的定位端面与轴的垂直度应不大于 0.5 μm/mm，如图 5-20 所示。

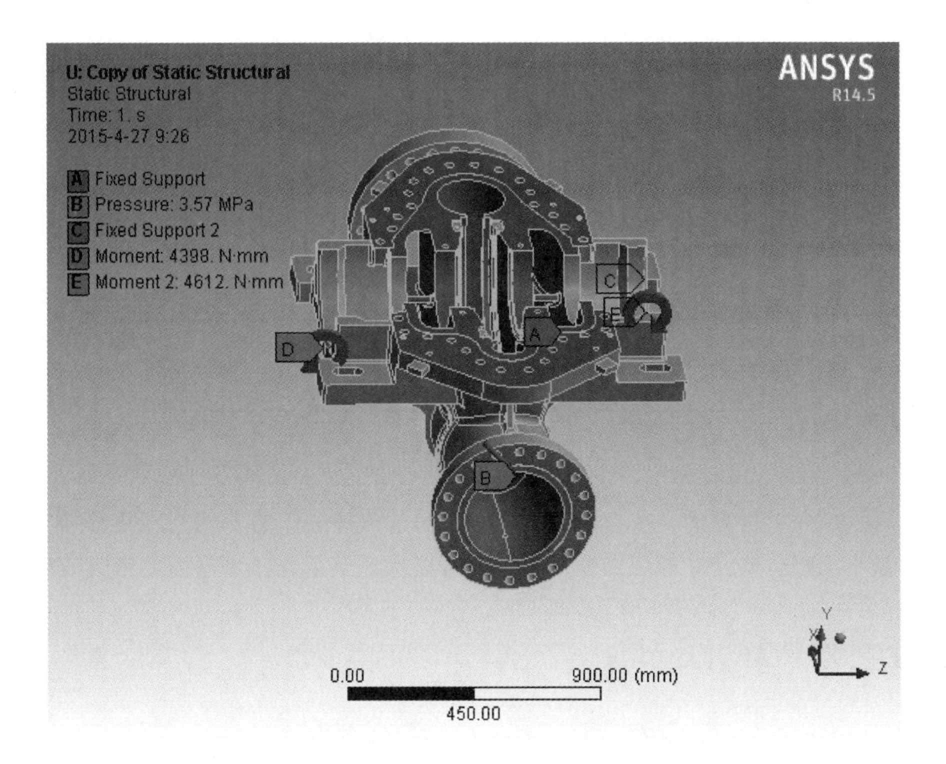

图 5 - 18　液力透平下壳体边界条件加载情况

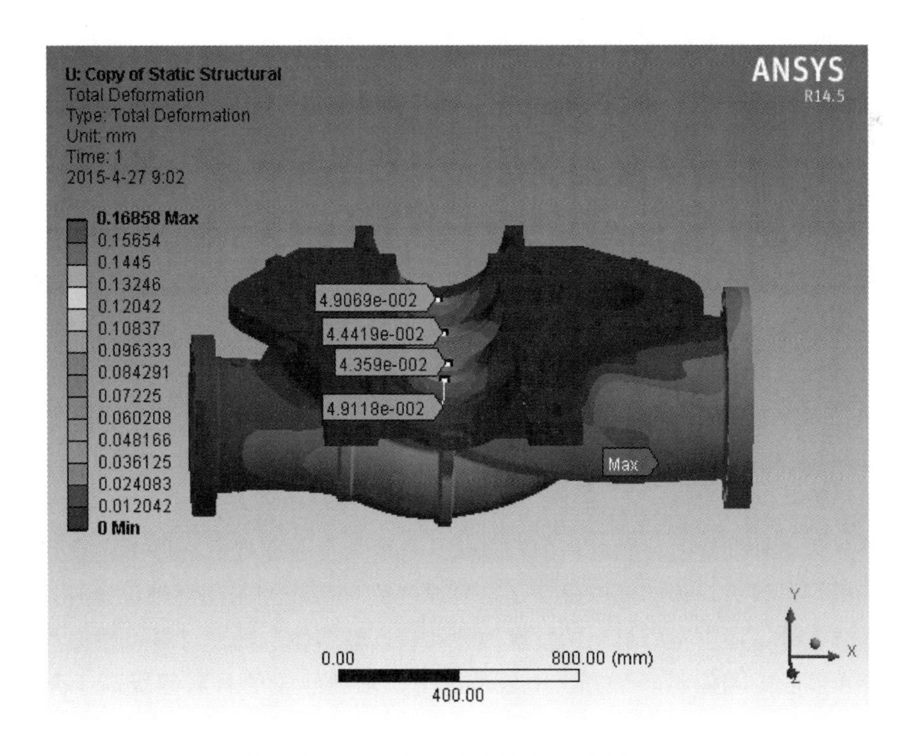

图 5 - 19　液力透平下壳体变形量分析结果

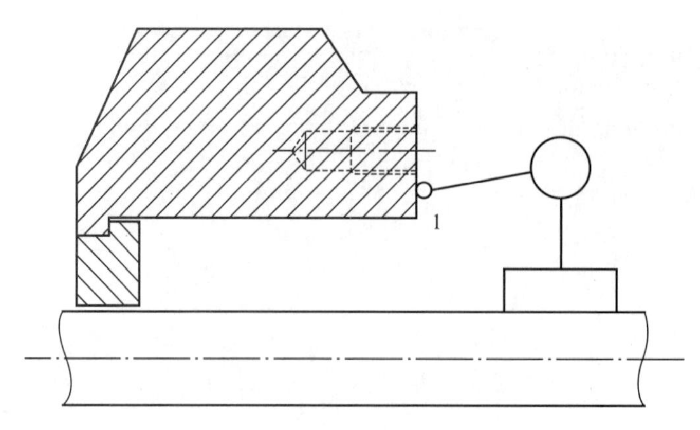

图 5-20　轴与密封端面垂直度检测

对本水平剖分结构算例，在考虑壳体工作状态的流体力、外部力、温度影响下，剖分面的变形量小于密封垫允许的压缩变形误差，可以保证上下壳体水平面的密封效果。

5.4　主要零件材料选择

液力透平主要零件根据其作用可分为与介质接触的零件，如透平壳体、叶轮、导叶、密封件等；承压零件，如壳体、叶轮、导叶等；动力输出零件或传扭零件，如叶轮和轴；介质隔离零件，如轴套等。

文献［1］的表 24-3～表 24-6 分别给出了泵轴、叶轮、壳体的常用材料和泵主要零件的推荐材料选择；文献［4］第 5 章针对炼油化工装置特点，给出了锅炉给水和冷凝水、盐水、烃类介质泵材料，以及磨损环境下金属和非金属材料的选择原则。要了解具体内容可直接查阅两文献。

在液力透平设计和材料选择过程中，除应遵循订货要求外，需要充分考虑透平工作介质条件，如温度、腐蚀性、是否含固体颗粒或气体，输出功率或扭矩大小，即载荷水平，根据不同零件的特点和作用，从安全性和经济性角度有针对性、合理地选择材料。壳体是承压部件，选择材料时除应考虑入口压力、温度外，还应考虑材料与介质物性的相容性或介质的腐蚀性，冲刷磨损以及制造工艺性。叶轮是液力透平的能量转换零件，工作条件苛刻，设计选材过程中，需综合考虑强度、加工制造工艺性、耐冲刷和冲蚀、抗腐蚀性等。轴是旋转件，也是传扭零件，受到疲劳载荷作用，在设计中有干轴和湿轴两种设计理念，当液力透平采用干轴设计时，轴材料的选择仅从强度角度考虑即可，即考虑疲劳极限或抗拉强度，一般可以认为材料的疲劳强度是抗拉强度的 50%；当采用湿轴设计时，轴的材料选择除考虑强度外，还应考虑材料的抗腐蚀性和缺口敏感性。轴套材料可根据具体介质情况，按壳体或叶轮的相似材料选择。一般情况下，轴和叶轮的材料等级高于壳体材料等级。参考泵的材料，常用的液力透平主要零件推荐材料见表 5-2；叶轮常规材料和常规设计条件下允许的最大叶尖速度见表 5-3。

表 5－2　主要零件推荐材料表

<table>
<tr><th rowspan="4">零件</th><th colspan="10">条　件</th></tr>
<tr><th colspan="6">不耐腐蚀</th><th colspan="2">耐中等硫腐蚀</th><th>酸性矿水</th><th>低温</th></tr>
<tr><th>1.96MPa</th><th colspan="3">5.9MPa</th><th>19.6MPa</th><th>29.4MPa</th><th>5.9MPa</th><th>15.7MPa</th><th>pH 值 2～4</th><th>5.9MPa</th></tr>
<tr><th><150 ℃</th><th>－20～150 ℃</th><th>－45～20 ℃
150～250 ℃</th><th>250～400 ℃</th><th colspan="2">－45～180 ℃</th><th>－45～400 ℃</th><th>－45～150 ℃</th><th>常温</th><th>－110～45 ℃</th></tr>
<tr><td>壳体</td><td>HT20－40</td><td>HT25－47</td><td colspan="3">ZG25II</td><td>ZG1Cr13</td><td colspan="2">ZGCr5Mo 或 ZG1Cr13</td><td>ZGCr17Mn9Ni4Mo2CuN</td><td>ZG1Cr18Ni9</td></tr>
<tr><td>导叶</td><td>HT20－40</td><td>HT25－47</td><td>ZG1Cr13</td><td>ZG25II</td><td>ZG1Cr13</td><td rowspan="2">ZGCr17Ni4/
ZG0Cr13Ni4MoR</td><td colspan="2">ZGCr5Mo 或 ZG1Cr13</td><td>ZGCr17Mo2CuR</td><td>ZG1Cr18Ni9</td></tr>
<tr><td>叶轮</td><td>HT20－40</td><td>HT25－47</td><td>ZG25II</td><td>ZG1Cr13</td><td></td><td colspan="2">ZGCr5Mo 或 ZG1Cr13</td><td>ZGCr17Mo2CuR</td><td>ZG1Cr18Ni9</td></tr>
<tr><td>轴</td><td>45</td><td colspan="2">45 或 40Cr</td><td>35CrMo</td><td colspan="2">40CrV 或 35CrMo</td><td colspan="3">3Cr13</td><td>1Cr18Ni 或
2Cr18Ni9</td></tr>
<tr><td>轴上件</td><td colspan="8">45(表面镀铬)或 3Cr13(热处理 HB＝241～277)</td><td></td><td>1Cr18Ni9</td></tr>
</table>

表 5－3　叶轮叶尖线速度的限制

材料	线速度/(m/s)
铸铁	35
铜	45
可锻铸铁	50
奥氏体不锈钢	65
碳钢	70
12%铬钢	80

参考文献

［1］ 关醒凡．现代泵理论与设计［M］．北京：中国宇航出版社，2010.

［2］ 乔孝纯．机械设计［M］．西安：西安交通大学出版社，1986.

［3］ API 610 11th editon，Centrifugal Pumps for Petroleum，Petrochemical and Natural Gas Industries［S］.

［4］ 陈允中，等．泵手册（3 版）［M］．北京：中国石化出版社，2002.

［5］ SH/T3139—2019 石油化工重载荷离心泵工程技术规范［S］.

第 6 章　液力透平的轴承设计与选择

6.1　轴承的基本分类

液力透平作为旋转机械，其轴承及辅助系统的选取和设计决定着设备整体的工作性能、可靠性和寿命。

常用的轴承主要分为滚动轴承和滑动轴承两大类。

滑动轴承是一种非接触式流体润滑轴承，在工作过程中相对滑动表面（轴与轴承之间）被润滑介质形成的润滑膜分开而不发生直接接触，且润滑膜具有一定的吸振能力，因此滑动轴承具有工作平稳、可靠，噪声较低的特点。

与滑动轴承相比，滚动轴承的优点主要表现在：1）设备启动力矩小，且滚动体的摩擦有利于在负载下启动；2）径向游隙比较小，向心角接触轴承可用预紧方法消除游隙，运转精度高；3）对于同尺寸的轴颈，滚动轴承的宽度比滑动轴承小，可使设备的轴向结构紧凑；4）大多数滚动轴承能同时承受径向和轴向载荷，轴承组合结构较简单；5）消耗润滑剂少，便于密封，易于维护；6）标准化程度高，可成批生产、成本较低。其缺点包括：1）承受冲击载荷能力较差；2）高速重载荷下轴承寿命较短；3）振动及噪声较大。

在一般工作条件下，滚动轴承的摩擦阻力矩大体和液体动压润滑轴承相当，比混合润滑轴承要小很多；效率（0.98～0.99）比液体动力润滑轴承（≈0.995）略低，但较混合润滑轴承（≈0.95）要高一些。

6.2　轴承与润滑的选择

6.2.1　轴承载荷的确定

轴承根据承受载荷的不同，分为径向轴承和推力轴承。结合使用工况和设计要求，径向轴承、推力轴承可以独立使用，也可以组合使用。

在选择或确定轴承前，需根据本书第 4 章计算出的透平径向载荷和轴向载荷的大小、方向，确定轴承的形式和配置方式。

对于同时承受径向载荷和轴向载荷的滚动轴承，在轴承寿命计算时需将实际工作载荷转化为当量动载荷。

6.2.2 轴承及轴承润滑方式的初步确定

（1）轴承类型的初步确定

1）滚动轴承选择条件：根据参考文献［1－2］的标准规定，满足以下条件的可选用滚动轴承，等于或超过规定值时需采用滑动轴承。

$$D_{ep} \cdot n < 5 \times 10^5$$

式中 $D_{ep}=(d+D)/2$，D、d 分别为轴承的外径和内径，mm；

n ——转速，r/min；

$$N \cdot n < 4 \times 10^6$$

式中 N ——额定功率，kW。

2）滚动轴承使用寿命：根据参考文献［3－4］的标准规定，其基本额定寿命 L_{10} 为在额定条件下连续运转至少 25 000 h；在最大径向和轴向载荷及额定转速下至少运转 16 000 h。

（2）润滑方式的初步确定

轴承运行必须具有良好的润滑条件，根据轴承平均载荷数 K 来决定轴承的润滑方式，K 按式（6－1）计算确定。

$$K=\sqrt{pu^3} \tag{6-1}$$

式中 p ——比压，即轴颈处平均单位压力，MPa；

u ——轴颈处的圆周速度，m/s。

比压可由下式计算

$$p=\frac{F}{\mathrm{d}L} \tag{6-2}$$

式中 F ——轴承承受的径向载荷，N；

d ——轴径，mm；

L ——轴承宽度，mm。

具体选择条件如下：

当 $K \leqslant 2$ 时，采用润滑脂润滑；

当 $2< K \leqslant 15$ 时，采用润滑油润滑，不需冷却；

当 $15< K \leqslant 30$ 时，采用油环或飞溅润滑，需要冷却；

当 $30< K$，采用强制润滑（压力循环润滑）。

6.3 滚动轴承的设计选择

滚动轴承是标准件，在液力透平设计中根据工作条件和 6.2 节给出的原则，选用合适的滚动轴承类型和型号，并进行相应的组合设计和选型。

6.3.1　滚动轴承的失效形式与设计计算

(1) 滚动轴承的失效形式

滚动轴承的失效模式包括塑性变形（即静强度失效）、点蚀（即接触疲劳失效），以及由于材料、润滑、使用等原因引起的电蚀、腐蚀、磨损等。在设计阶段决定轴承尺寸时，主要针对静强度失效和接触疲劳失效形式进行必要的计算。

(2) 轴承的设计计算原则

透平、泵等旋转机械使用的滚动轴承，其最主要的失效形式多数情况下是疲劳点蚀破坏，因此应进行轴承的寿命计算。在透平处于低速重载或有冲击载荷情况下，轴承要控制滚动体的塑性变形，最好进行静强度校核计算；当透平运行转速比较高时，轴承主要是由于发热而引起的磨损、烧伤失效，所以除需要进行寿命计算外，还应验算极限转速。根据运行条件和载荷情况，通过上述计算确定合适的轴承，并需注意轴承组合结构的合理性以及润滑和密封的合理设计，这对保证轴承的正常工作至关重要。图 6－1 为轴承的安装与组合方式。

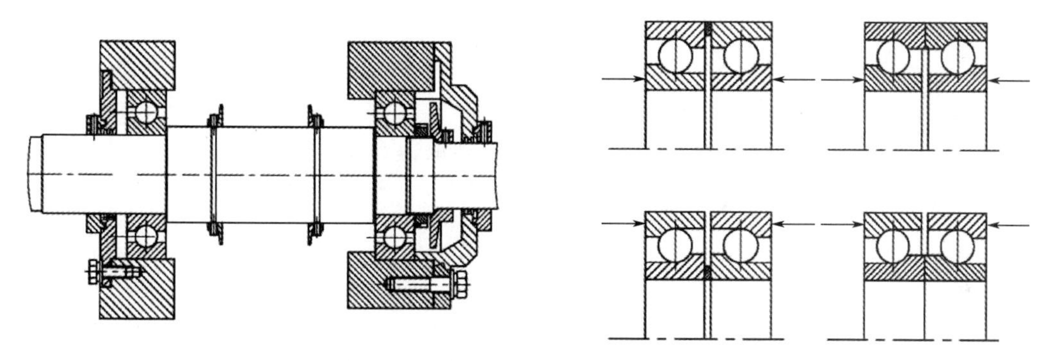

图 6－1　轴承的安装与轴承组合方式

滚动轴承的主要失效形式对应三个基本性能参数：满足一定疲劳寿命要求的基本额定动载荷 C_r（径向）或 C_a（轴向），满足一定静强度要求的基本额定静载荷 C_{0r}（径向）或 C_{0a}（轴向），控制轴承磨损的极限转速 n_0。各种形式的轴承性能指标值 C 、C_0、n_0 等可查有关轴承或机械设计手册得到。

(3) 滚动轴承寿命计算

大部分滚动轴承的失效是多种原因共同作用的结果，多表现为疲劳点蚀破坏，因此寿命计算是轴承设计计算中的必要过程。

①基本额定寿命和基本额定动载荷

寿命：以滚动轴承任一元件的材料首次出现疲劳点蚀前的总转数或在某一给定的恒定转速下的运转小时数表示。

基本额定寿命：一批型号相同的轴承，在相同的运转条件下，其中 90%在疲劳点蚀前能运转的总转数或在给定转速下所能运转的总工作小时数。其可靠度为 90%，以 L_{10} 或 L_{10h} 表示。

基本额定动载荷：轴承的基本额定寿命为 10^6r（一百万转）时所能承受的最大负荷为轴承的基本额定动载荷，以 C_r（径向）或 C_a（轴向）表示。在基本额定动载荷作用下，轴承可以运行 10^6r 而不发生点蚀失效的可靠度为 90%。

向心轴承仅能承受径向载荷；推力轴承只用于承受纯轴向载荷；角接触球轴承和圆锥滚子轴承，可以同时承受径向载荷和轴向载荷。

②当量动载荷

当量动载荷：将实际载荷转换为作用效果相当，并与确定基本额定动载荷的载荷条件相一致的假想载荷，用 P 表示。

在当量动载荷 P 作用下的轴承寿命与实际载荷作用下的轴承寿命相同。对只能承受径向载荷 C_r 的轴承，$P=C_r$；对只能承受轴向载荷的轴承，$P=C_a$；对同时受径向载荷 C_r 和轴向载荷 C_a 的轴承，$P=xC_r+yC_a$，x 为径向载荷系数，y 为轴向载荷系数，x，y 可查表确定。

③滚动轴承的寿命计算

轴承的载荷 P 与寿命 L 之间的关系曲线如图 6－2 所示，其方程式为

$$P^{\varepsilon}L_{10}=\text{constant} \tag{6-3}$$

式中 P ——当量动负荷，N；

L_{10} ——基本额定寿命（10^6r）；

ε ——寿命系数，对球轴承，$\varepsilon=3$，对滚子轴承，$\varepsilon=10/3$。

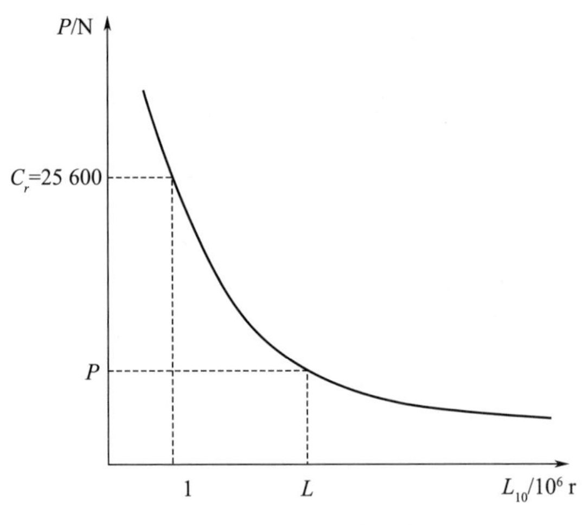

图 6－2　轴承寿命曲线

已知轴承基本额定寿命 10^6r，轴承基本额定动载荷 C，可靠度 90%，P 为当量动载荷，n 为轴承工作转速（单位为 rpm），可求出以小时为单位的基本额定寿命，如式（6－4）。

$$L_{10h}=\frac{10^6}{60n}\left(\frac{C}{P}\right)^{\varepsilon}=\frac{16\ 670}{n}\left(\frac{C}{P}\right)^{\varepsilon} \tag{6-4}$$

轴承计算寿命应满足 $L_{10h}\geqslant[L_h]$，$[L_h]$ 为轴承许用运行寿命。

（4）滚动轴承的静强度计算

基本额定静载荷 C_0 由轴承允许的塑性变形量决定，是受载最大的滚动体与滚道接触中心处的接触应力。不同的轴承，额定静载荷不同，例如调心球的额定静载荷为 4 600 MPa，其他球轴承为 4 200 MPa，滚子轴承为 4 000 MPa 。

当量静载荷 P_0：在该载荷作用下轴承的塑性变形量与实际载荷作用下轴承的塑性变形量相同时的载荷。

$$P_0 = x_0 C_r + y_0 C_a$$

式中　x_0、y_0——径向和轴向静载荷系数，可查轴承手册获得；

C_r、C_a——轴承所受的实际径向和轴向载荷。

（5）滚动轴承的极限转速 n_j 与允许工作转速 n_r 计算

滚动轴承的极限转速 n_j 是指轴承在一定工作条件下，达到所能承受最高热平衡温度时的转速值，轴承的允许工作转速应低于其极限转速。轴承的工作转速越高，轴承温升越大，润滑剂黏度降低越明显，严重时导致油膜破坏，从而引起滚动体磨损、点蚀、咬合等失效。

在运行过程中由于载荷的影响，轴承的实际极限转速与轴承额定极限转速会有一定差异，需根据载荷分布情况进行适当修正，修正计算方法如式（6－5）。

$$n_j = f_1 \cdot f_2 \cdot n_{\lim} \tag{6-5}$$

式中　f_1——与负荷条件有关的修正系数；

f_2——与合成负荷有关的修正系数；

$n_{\lim}$——轴承额定极限转速。

滚动轴承允许工作转速 n_r 是指在相应的载荷和润滑条件下，轴承正常运行的最高转速。

$$n_r = f_P \cdot f_v \cdot n_c \tag{6-6}$$

式中　f_P——载荷调整系数；

f_v——润滑剂黏度调整系数；

n_c——轴承参考转速（由所选择的轴承给定）。

所选择的轴承应在合适的载荷和润滑条件下工作，且保证运行转速 $n_r \leqslant n_j$ 。

上述各系数可根据工作载荷和润滑条件分别在设计手册或轴承手册中查表获得。

6.3.2　滚动轴承的选择

（1）滚动轴承类型的选择

轴承的选择应根据工作载荷、转速高低、转子和支承刚性、安装精度，结合工程经验等综合因素确定。

转速高、载荷小，要求的旋转精度高，应选择球轴承；转速低、载荷大或有冲击载荷时，可选择滚子轴承。

当轴承承载主要为径向载荷时，选用向心轴承；主要承受轴向载荷且转速较低时，用推力轴承；同时承受径向和轴向载荷且转速较高时，应采用角接触球轴承；受到较大的轴向力和径向力且转速较低时，选圆锥滚子轴承。

径向力较大、轴向力较小时，建议采用深沟球轴承；轴向力较大、径向力较小时，选择推力角接触轴承，或深沟球与推力球轴承组合。

当轴的刚性较差或两轴承座孔同心度难于保证时，推荐选用调心轴承。

转速较高时，建议选用较高的公差等级和较大游隙的轴承；当要求旋转精度较高时，应选用较高公差等级和较小游隙的轴承。在满足要求的情况下，优先选用普通公差等级的深沟球轴承。

(2) 滚动轴承的组合设计

滚动轴承的组合结构设计包括轴承的固定、调整、预紧、配合、装拆等，润滑和密封在后续的章节中介绍。

①滚动轴承的固定

周向固定——作用是保证轴承受力后，其内圈与轴颈、外圈与轴承座之间不产生相对圆周运动。方法为轴承内圈与轴颈配合采用基孔制，多为过盈配合；轴承外圈与轴承座孔配合采用基轴制，多为间隙配合；应根据运行条件选择合适的配合精度。

轴向固定——作用是保证在轴向力作用下，轴和轴承不致产生轴向相对移动。内圈与轴的固定：可通过轴肩、轴上弹性挡圈、轴端挡圈、紧固螺钉等；外圈与座孔的固定：孔用弹性挡圈、轴承端盖、轴承座孔凸肩、螺纹环、外圈止动槽内嵌入止动环等方法固定。如图 6－3 所示。

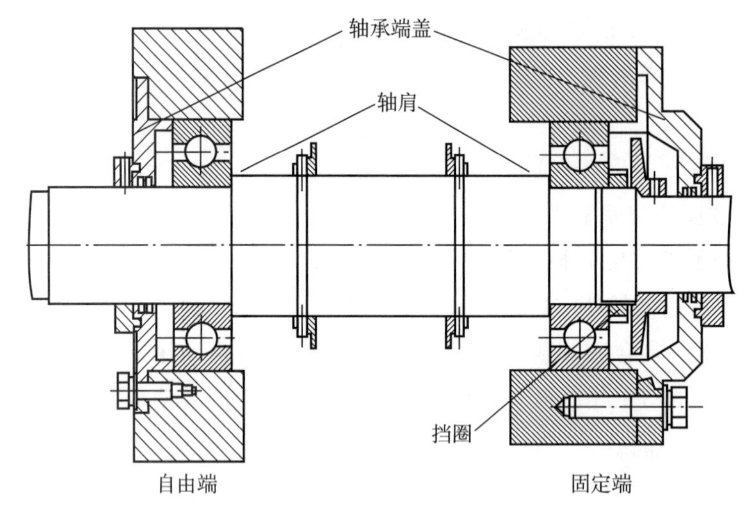

图 6－3　一端固定一端自由式

②轴组件的常用轴向固定方法

单支点双向固定（一端固定一端自由式）——一个支撑限制轴的双向移动，如图 6－3 的左端；另一个支撑可以沿轴向移动。当轴在工作温度较高的条件下工作或轴细长时，为弥补轴受热膨胀的伸长，常采用一端轴承双向固定、一端轴承游动的结构形式。

双支点单向固定（两端固定式）——两个支撑分别限制轴的单向移动，如图 6－4 所示。此种结构适用于工作温度变化不大的短轴。

两端游动式——两个支撑都采用外圈无挡边的圆柱滚子轴承，轴承的内、外圈各边都要求固定，以保证轴能在轴承外圈的内表面作轴向游动。这种支承适用于要求两端都游动的场合。

③滚动轴承支承的调整

轴承组合位置的调整，包括轴承间隙的调整和轴系轴向位置的调整。

轴承间隙的调整方法很多，最常见的是用增减轴承盖与箱体间的垫片来调整。

轴系位置的调整是为了保证轴上零件处于正确的位置。轴向位置的调整一般可通过在轴两端的轴承盖处增减垫片实现，也可在轴上通过调整垫调节轴承跨距实现，但这种方法一般在轴承组装到轴上之前进行，如图 6－4 所示。

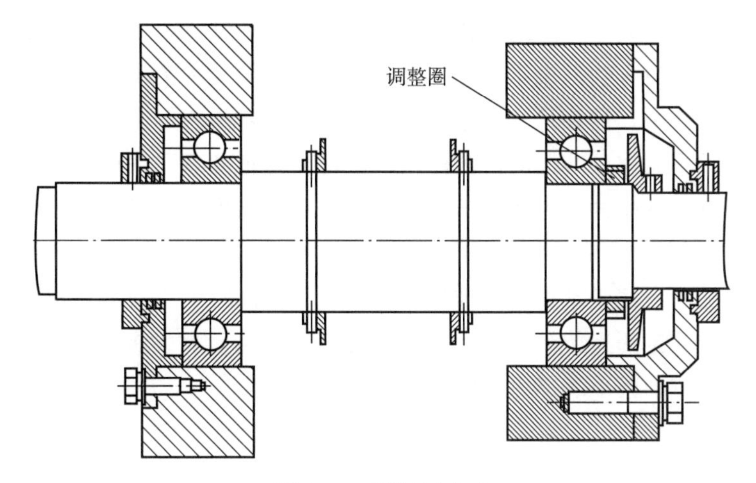

图 6－4　两端固定式

④滚动轴承的预紧

轴承预紧的目的是提高旋转精度，增加轴承的组合刚性，减小轴在运转时的振动和噪声。

轴承预紧方法为在两轴承的外圈或内圈之间加金属垫片，如图 6－5 所示，或相应地少量磨削外圈或内圈；也可以通过在轴承座或轴承堵盖上设置弹性件增加轴承预紧力。

⑤轴承的安装与拆卸

一般轴承与轴之间为过渡配合或过盈配合，因此安装轴承时，可用压力机安装；或将轴承放在热油中加热后再装到轴上，特殊情况也可以将轴放到低温箱内降温后再安装；对过渡配合的轴承，也可在内圈上加套后用锤子均匀敲击装入轴颈。

轴承的拆卸则要用专门的拆卸工具。

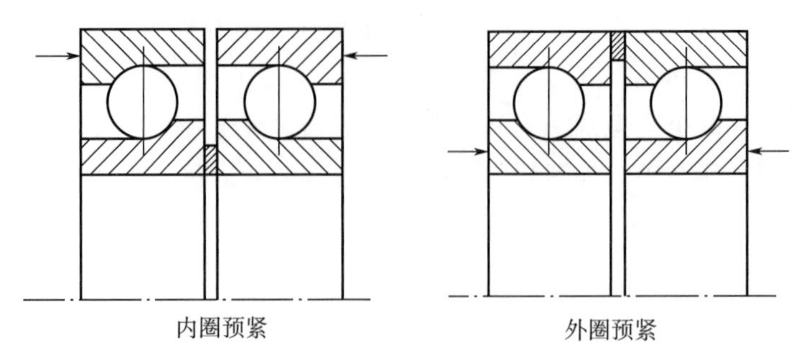

图 6-5 轴承预紧示意图

6.4 滑动轴承的设计

滑动轴承设计包括设计轴承的结构形式、选择轴瓦和轴承衬的材料、确定轴承结构参数、选择润滑剂和润滑方法、轴承性能计算和对轴承结构及相关尺寸的校核。

在轴承结构设计中，油膜尺寸和结构设计是非常重要的内容。滑动轴承的油膜对轴系起着承受载荷、减小摩擦、冷却润滑的作用；从动力学角度看，油膜也是转子-支承-基础系统中的重要环节，油膜的动特性对于整个转子系统的临界转速和转子系统稳定性有直接影响。

正常工作情况下，油膜承载力应与外载荷相平衡。油膜承载力与润滑油的黏度和相对滑动速度有关，在一定的运行条件下，润滑油的黏度愈大，承载能力也愈大；在一定的相对滑动速度范围内，油膜承载能力与滑动速度成正比关系。

6.4.1 径向滑动轴承

6.4.1.1 径向滑动轴承的分类与主要材料

径向滑动轴承分为固定瓦和可倾瓦两种。顾名思义，固定瓦轴承就是轴瓦固定不动的轴承。固定瓦轴承按轴瓦内孔形状主要分为圆柱瓦、椭圆瓦、错位瓦、四油叶瓦及多油叶瓦等，结构形式如图 6-6 所示。固定瓦轴承一般适用于轴的旋转线速度在 5 m/s 到 90 m/s 的场合，通过润滑油在瓦间间隙形成动压油膜支承旋转部件。

瓦块可以摆动的轴承，称为可倾瓦轴承，可倾瓦轴承通常由 3～5 个或更多个能在支点上自由倾斜的弧形瓦块组成，所以又叫活支多瓦形支持轴承，也叫摆动轴瓦式轴承，如图 6-7 所示。由于瓦块能随着转速、载荷及轴承温度的不同而自由摆动，在轴颈周围形成多油楔，且各个油膜压力总是指向中心，因此具有较高的稳定性。

根据需要轴承可设计为两半剖分式结构，便于安装、拆卸维修和更换。

轴瓦基体材料一般采用 20 钢或 Q235，常用的瓦面合金材料多为锡基巴氏合金 ZSnSb11Cu6，该材料具有较高的软化温度 240℃，可以允许最高瓦温 120℃。轴承瓦面材料一般通过特殊工艺加到轴瓦基体材料上，为保证轴瓦结构的稳固，基体上通常加工燕尾槽。

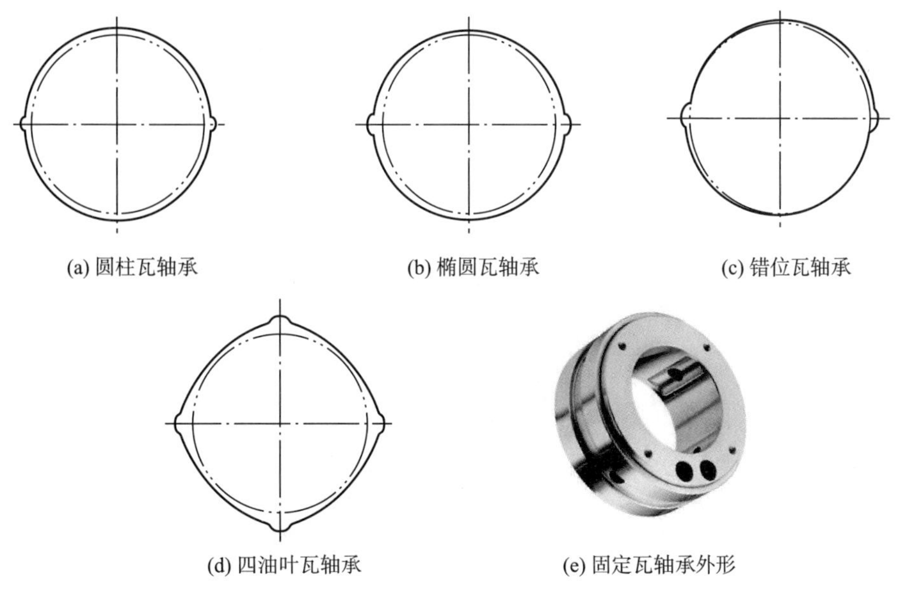

(a) 圆柱瓦轴承　(b) 椭圆瓦轴承　(c) 错位瓦轴承

(d) 四油叶瓦轴承　(e) 固定瓦轴承外形

图 6-6　径向固定瓦滑动轴承示意图

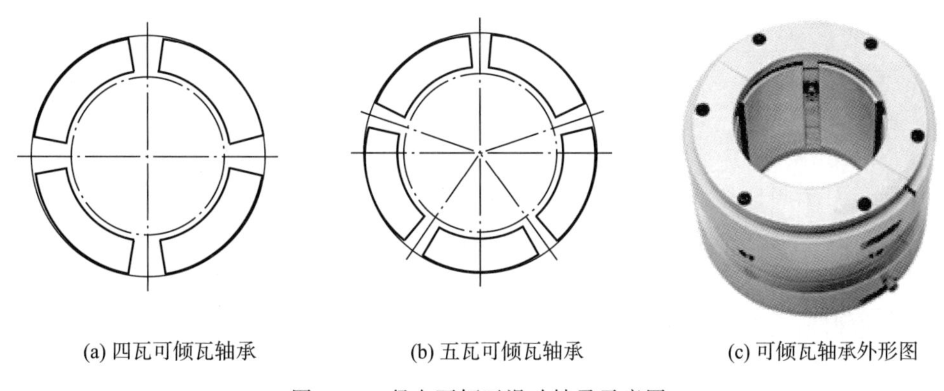

(a) 四瓦可倾瓦轴承　(b) 五瓦可倾瓦轴承　(c) 可倾瓦轴承外形图

图 6-7　径向可倾瓦滑动轴承示意图

(1) 固定瓦轴承的设计

①轴承配合处尺寸精度

轴承处转子尺寸由设备所传递扭矩及稳定性确定，但推荐与轴承配合处转子轴颈粗糙度为 Ra 0.4 或以下，尺寸公差按 h6 选取；轴瓦内孔尺寸公差一般选用 H7；轴瓦最大间隙值可以通过转子公差 h6 和轴瓦公差 H7 求出，转子基本尺寸可以通过轴瓦名义尺寸与最小轴承间隙的差值得到。

②轴承间隙比

轴承间隙比是轴瓦和转子之间的间隙（或称轴瓦间隙）与轴径的比，一般最小间隙比取 1‰～3‰。初步设计计算时，轴径小的取较大值，轴径大的取较小值。

轴承间隙比是轴承设计的重要参数，改变间隙比对轴承动、静特性影响较大，但并不影响轴承的总体尺寸，因此，设计时常把间隙比作为优化设计的重要可变参数。

较小的轴瓦间隙对提高转子稳定性有利，较大的轴瓦间隙对减低轴瓦温度有利，因此最小间隙比的选取原则是：高速轻载取较大值，低速重载时宜取较小值；直径大、长径比小、调心性好、加工精度高时取较小值，反之取较大值。

③轴瓦宽径比与比压

根据载荷大小选取轴瓦的宽径比 L_z/D_z，一般宽径比为 0.5～1。轴瓦宽径比和油膜压力分布计算案例如图 6-8 所示。

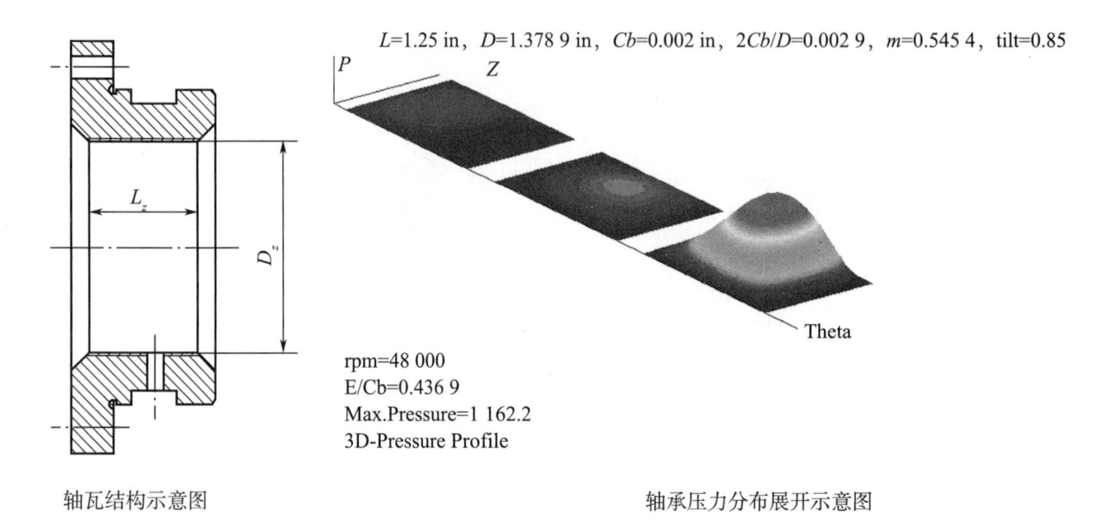

图 6-8 轴瓦长宽比与压力分布

选用时，对于圆柱瓦载荷平均比压一般不大于 4 MPa，椭圆瓦和错位瓦平均比压不大于 3.5 MPa、四油叶瓦平均比压不大于 2.0 MPa；在设备启动和停机时，为避免低转速情况下干摩擦导致启动力矩过大损坏轴瓦，应控制比压不要过大，推荐取值在 1.4 MPa 以下，具体可根据轴瓦材料、载荷情况、润滑条件等适当调整。

(2) 可倾瓦轴承的设计

径向滑动轴承中，圆柱径向滑动轴承具有设计、制造简单经济的特点，但易诱发油膜涡动（油膜振荡）等轴承-转子动力学问题，多油叶轴承具有较好的油膜稳定性，但可倾瓦轴承的动力性能最为理想。因此在高转速、转子系统比较复杂的场合，多选择可倾瓦径向轴承。典型可倾瓦滑动轴承结构如图 6-9 所示。

可倾瓦径向轴承主要承受径向载荷，在需要承受轴向推力的情况下，可以通过在轴承端盖上设置止推面，组合成径向、推力复合轴承。

①瓦块数目与瓦块包角的确定

可倾瓦轴承的基本结构多为 4 块瓦或 5 块瓦。其中 5 块瓦结构为常用结构，瓦包角为 60°，适用于中高转速轻载工况；4 块瓦结构瓦包角为 75°，由于瓦弧长、油膜厚度相对更厚、承载能力变大，因此适用于载荷较大的工况。5 块瓦为非对称结构，其垂直刚度比水平刚度要大，如果需要较大的水平刚度，可选择具有对称结构的 4 块瓦结构。

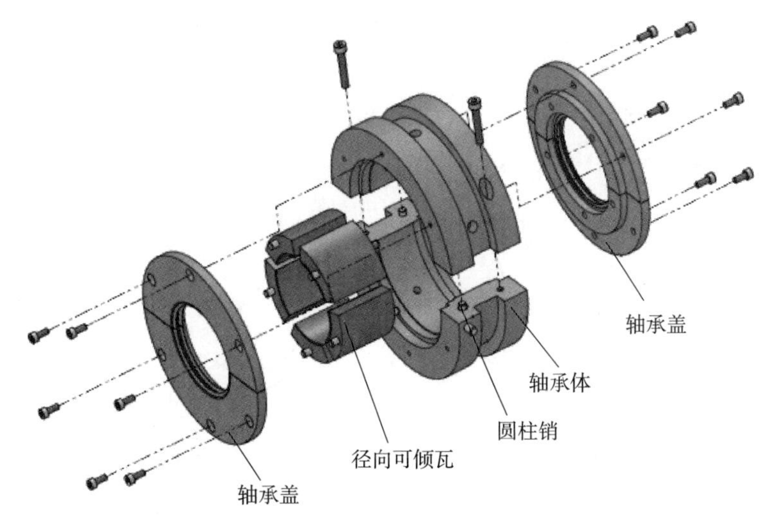

图 6 - 9　可倾瓦滑动轴承结构零件图

②瓦块支点位置的确定

瓦块支承方式有中心支撑和偏置支撑两种，如图 6 - 10 所示。中心支撑方式的可倾瓦块允许转子双向旋转，安装简单；偏置支撑瓦块的偏支系数一般为 0.6，这种瓦块支撑形式产生的油膜较厚、轴承温升较低，特别适用于转子旋转线速度≥60 m/s 的高工况，适合于单向旋转机器。

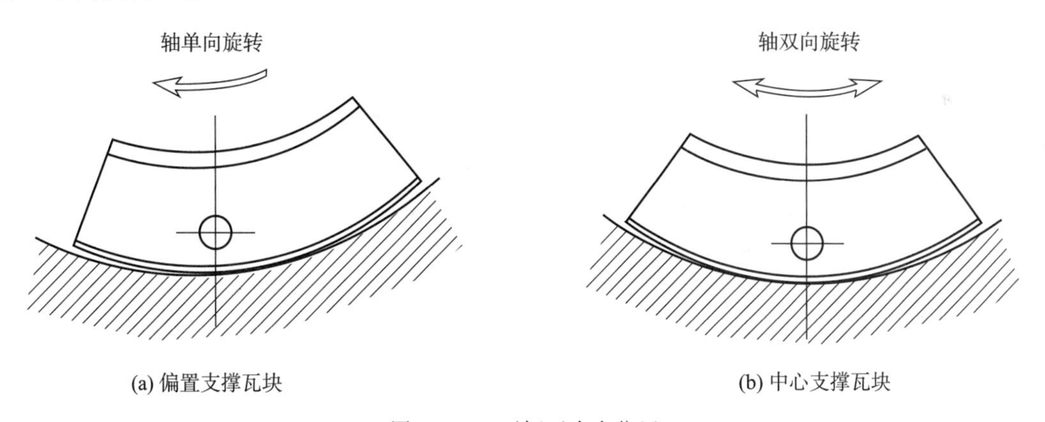

图 6 - 10　可倾瓦支点位置

③载荷方向与承载方式

轴承的承载方式有瓦面承载和瓦间承载两种标准的形式，如图 6 - 11 所示。5 块瓦轴承可以选用瓦面和瓦间的任意一种承载方式，瓦间承载方式具有更好的承载能力，而瓦面承载方式在静态下转子的偏心量最小，适用于轻载；4 块瓦轴承一般采用瓦间承载方式，该承载方式可以提供较大的刚度和油膜阻尼，因而具有较好的动力学特性。在设计和使用过程中，可以在确定载荷方向后，通过轴承体上的防转销钉位置调整承载方式。瓦面承载和瓦间承载形式的压力分布如图 6 - 12 所示。

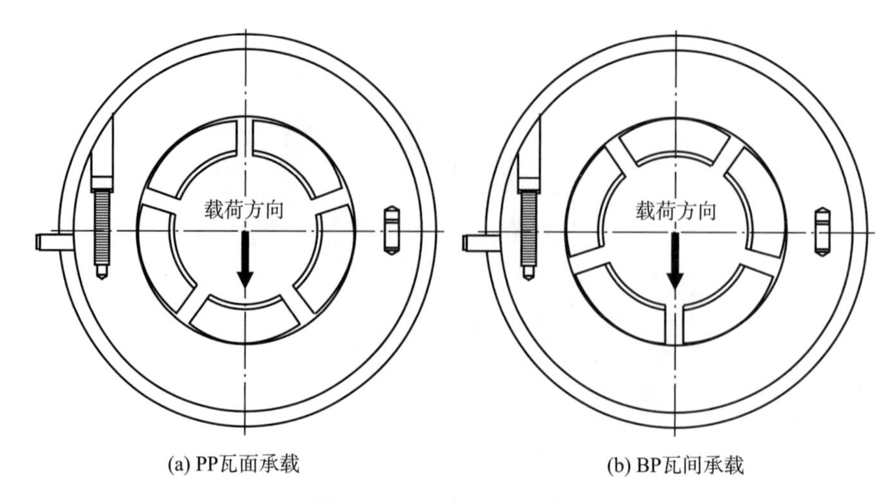

(a) PP瓦面承载　　(b) BP瓦间承载

图 6－11　可倾瓦承载方式

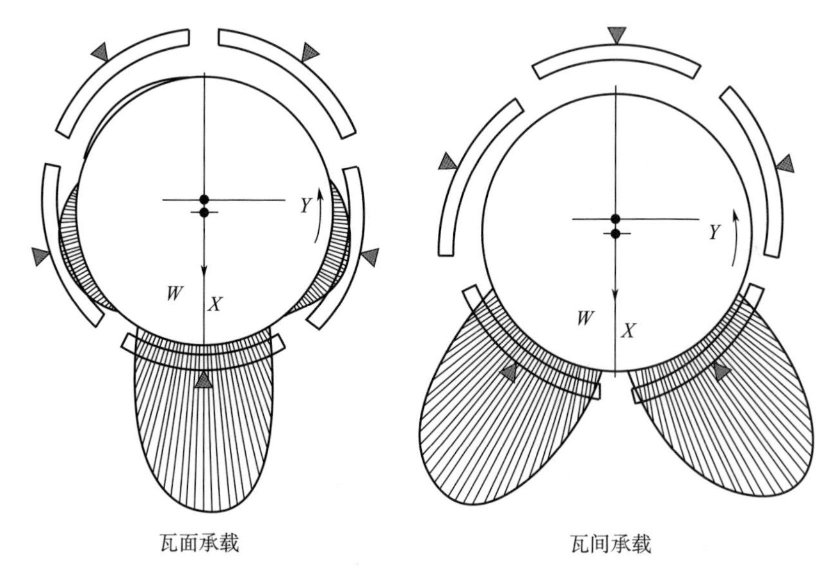

瓦面承载　　瓦间承载

图 6－12　轴瓦承载压力分布示意图

④宽径比

常用的可倾瓦轴承宽径比为 0.4～1.0，具体数值选择应适用于不同的载荷工况及动力学特性要求。

6.4.1.2　径向轴承形式与动力学特性的关系

径向滑动轴承的瓦叶或瓦型与承载能力和动力学特性密切相关。当转子接近或通过临界转速时，轴瓦的油膜是最主要的阻尼源，具有很好的减振降噪效果，因此选取合适的瓦型对于减振非常关键，表 6－1 给出了不同工况下油叶和瓦型选用的参考指标。

表6-1　轴承特性表

	最高线速度/(m/s)	承载能力 最大比压/MPa	相对稳定性 (抵抗油膜涡动)	载荷方向 敏感程度	刚度/阻尼	相对费用
圆瓦轴承	30	4	●●	●●	● ●●●●●	●
椭圆轴承	70	3.5	●●	●●	●● ●●●●●	●●
三油叶轴承	90	2,4	●●●●	●●●	●●● ●●●	●●
错位瓦轴承	90	3.5	●●●●	●●	●●● ●●●●	●●
四油叶轴承	90	2.0	●●●●	●●●●	●●● ●	●●
4瓦可倾瓦轴承	120	3.0	●●●●●	●	●●●● ●●●●	●●●●
5瓦可倾瓦轴承	150	3.0	●●●●●	●	●●●●● ●●●●	●●●●

注:●越多,所代表的数值越大。

(1) 油膜参数与瓦温控制

在滑动轴承静特性设计中，应保证最小油膜厚度、最高油膜压力、最高瓦温等指标满足正常运行的需要。

1) 最小油膜厚度：应具有足够的油膜厚度，以保证转子表面和轴承内表面的完全隔离。

2) 最高油膜压力：最高油膜压力的限制应保证不至于压溃轴承瓦面材料，如瓦面浇铸巴氏合金时，瓦面载荷应与材料强度相适应。

3) 最高瓦温：最高瓦温应保证不致引起瓦面材料承载能力的下降，如巴氏合金在高温下软化，会降低轴承的承载能力；或因瓦温过高导致润滑油的氧化变质，降低油膜承载能力。在多数情况下，常以瓦温作为轴承静特性设计的重要参数。

(2) 滑动轴承的刚度和阻尼特性对转子的动态性能的影响

轴承阻尼在一定条件下保证转子的稳定运行；滑动轴承比滚动轴承的支承刚性低，转子的临界转速比刚性支撑时小，产生的交叉刚度是促使系统失稳的主要原因。轴承-转子系统的耦合关联影响转子系统整体的动态性能，因此轴承刚度和阻尼的设计特别重要。

实际应用中一旦发生油膜失稳现象，可根据具体情况采取截短轴承宽度、在中央加开环形槽、调整轴承载荷、改变油的黏度（例如提高油温以降低黏度）等措施。

椭圆轴承、三叶轴承、多油楔轴承、错位轴承等固定瓦轴承，轴心相对于承载瓦的偏心率比较大，因此在空载情况下稳定性较好。必要时可在非承载瓦上加设油坝，使其形成阶梯轴承效果，促使非承载瓦油膜形成的油压将轴颈压向承载瓦，以增大轴颈相对承载瓦的偏心率，从而提高稳定性。

通常稳定性较高的轴承，承载能力较低，转子通过临界转速时的振幅也较大。按稳定性提高的方向排序，大致顺序为圆柱轴承、椭圆轴承、错位轴承、多叶轴承、可倾瓦轴承；而一旦发生共振，其振幅也大致按此次序由小到大。

对处于临界转速以上运行的转子，将轴承装在具有适当弹性和阻尼的外支撑座上即弹性支撑，可改变转子系统的临界转速，并使转子通过临界转速时，降低振动幅值、提高转子运行稳定性。图 6-13 为非承载瓦加设油坝。

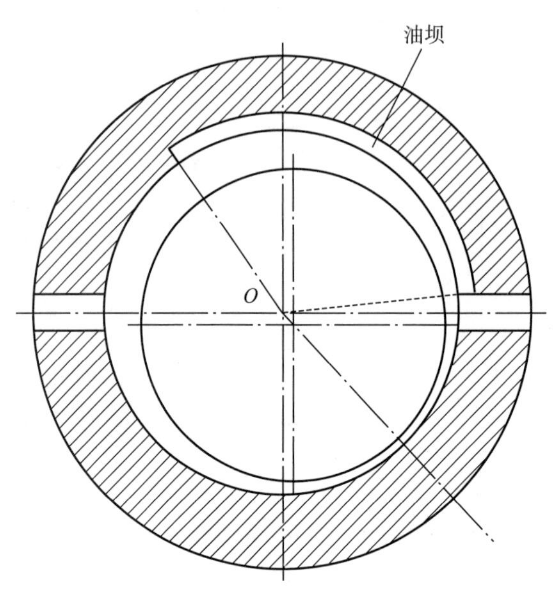

图 6-13　非承载瓦加设油坝

6.4.2　固定瓦推力滑动轴承

根据轴向力的大小可选用固定瓦推力轴承和可倾瓦推力轴承，固定瓦轴承有平面止推和斜面止推两种结构。

（1）平面止推轴承承载能力与润滑油计算

平面止推轴承的承载面为平面，其上有均布的油槽将止推片环面分成数个承载的扇形面，润滑油从止推轴承内径通过油槽分散到承载面；平面止推轴承允许转子双向旋转，如图 6-14 所示。

平面止推轴承多设计成较薄的片状，因此又称为止推片，其基体材质多为铜合金，为降低启动过程中可能存在的止推面间摩擦，可在止推面加工成型后表面刷镀特殊的金属涂层。

按照经典雷诺理论，只有存在收敛型油楔才能产生流体动压，从而产生承载力；理论上平行平面止推轴承不具有承载能力。但由于润滑剂热膨胀效应的存在，以及止推轴承平面粗糙度、热变形、弹性变形、边界润滑等因素的影响，平面止推轴承确实具有一定的承载能力，这种承载力可在试验研究基础上，形成工程设计适用的经验计算公式。

平面止推轴承一般用于轴向负荷较低、且转速不太高的高转速转子。

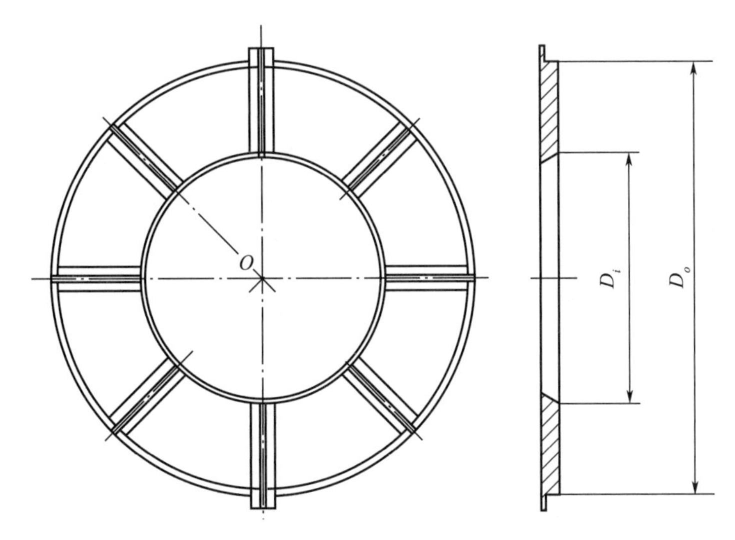

图6-14　平面止推轴承

基于工程经验给出的平面止推轴承的承载能力、功耗、润滑油量可分别用经验公式（6-7）～式（6-9）计算。

最大承载力

$$F_{max}=K_1\frac{\pi}{4}(D_o^2-D_i^2) \tag{6-7}$$

式中　F_{max}——最大承载，N；

K_1——平面止推片许用比压，经验常数取0.382 MPa；

D_o、D_i——止推片外径、内径，mm。

摩擦功耗

$$P_z=K_2n_sD_mF_{max}/60 \tag{6-8}$$

式中　P_z——功耗，W；

K_2——常数，取7×10^{-5}；

n_s——转速，r/min；

D_m——止推片中径，mm。

供油量

$$q_z=K_3P_z \tag{6-9}$$

式中　q_z——流量，m^3/s；

K_3——润滑油温升20 ℃下的常数，3×10^{-8}。

（2）斜面止推轴承承载能力与润滑油计算

斜面止推轴承外部结构与平面止推轴承相似，通常由均布的供油槽和扇形承载面构成，承载面并非平面，而是由斜面和平台组成，如图6-15所示。平台部分供启动瞬时低负荷条件承载，斜面部分与推力盘之间形成收敛型油楔，运转时产生流体动压承载，能大幅提高承载能力。

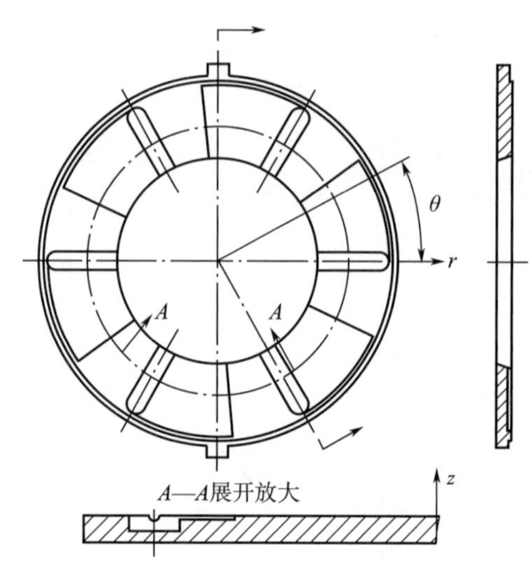

图 6-15　斜面止推轴承

斜面止推片最大油膜压力出现在斜面与平台的交界附近，良好的斜面坡型设计可扩大流体动压区、提高承载力；相对平面止推轴承承载能力大，在相同轴向载荷下油膜变厚，如充分润滑需要更多的供油量，摩擦功耗也相应增大，但温升下降。

斜面止推轴承的性能受多个参数影响：固定瓦型面尺寸影响轴承热动力特性；转速、载荷影响油膜温度、厚度和最大油膜压力；瓦面加工状态影响油膜压力分布；供油温度影响承载性能，但供油压力对轴承性能影响不大。因此要在相同外形尺寸下提高止推片的承载能力，需进一步研究上述各因素对斜面止推片性能的影响。因此斜面止推片性能不能按平面止推片进行简化计算，需要通过数值仿真技术进行三维分析，一般的润滑性能计算公式包括

雷诺方程

$$\frac{\partial}{\partial r}\left(\frac{rh^3}{12\mu}\frac{\partial p}{\partial r}\right)+\frac{1}{r}\frac{\partial}{\partial \theta}\left(\frac{h^3}{12\mu}\frac{\partial p}{\partial \theta}\right)=\frac{\Omega r}{2}\frac{\partial h}{\partial \theta} \tag{6-10}$$

瓦块入口边

$$P\big|_{\tau_1}=0$$

瓦块两端面

$$P\big|_{\tau_3}=0$$

瓦块出口边：液膜自然破裂边界满足雷诺边界条件，即

$$\left.\frac{\partial p}{\partial \theta}\right|_{\tau_2}=0$$

能量方程

$$\rho C_p\left[\left(\frac{\Omega rh}{2}-\frac{h^3}{12\mu}\frac{1}{r}\frac{\partial p}{\partial \theta}\right)\frac{1}{r}\frac{\partial t}{\partial \theta}-\frac{h^3}{12\mu}\frac{\partial p}{\partial r}\frac{\partial t}{\partial r}\right]=\frac{\mu\Omega^2 r^2}{h}+\frac{h^3}{12\mu}\left[\left(\frac{\partial p}{\partial r}\right)^2+\left(\frac{1}{r}\frac{\partial p}{\partial r}\right)^2\right]-\lambda\left.\frac{\partial t}{\partial z}\right|_{\Gamma} \tag{6-11}$$

边界条件

$$r = R_1 , \frac{\partial t}{\partial r} = 0 ; \theta = 0 , T = T_m$$

润滑油黏温方程

$$\lg\lg(\nu + a_0) = C_0 + D_0 \lg T \tag{6-12}$$

油膜厚度

$$h = h_0 + \frac{(h_1 - h_0)}{B_1}(r\theta - B_2) \tag{6-13}$$

润滑油量计算公式

$$Q = \int_{R_1}^{R_2}\int_0^h (V_\theta)_{\theta=0} \mathrm{d}z\,\mathrm{d}r \tag{6-14}$$

式中　r ——瓦块半径；

μ ——润滑油黏度；

p ——瓦面压力分布；

θ ——圆周角度；

h ——油膜厚度；

ω ——推力盘角速度；

ρ ——润滑油密度；

C_p ——润滑油比热；

t ——润滑油温度；

λ ——润滑油导热系数；

ν ——运动黏度；

a_0、C_0、D_0——黏度常数；

h_0——平台处间隙；

h_1——最大间隙；

B_1——斜面宽度；

B_2——平台面宽度；

Q ——润滑油量；

V_θ ——圆周速度；

R_1——瓦块内径；

R_2——瓦块外径。

(3) 平面止推轴承与斜面止推轴承性能对比

在相同运行条件和润滑条件下，试验对比平面及斜面止推片承载能力，试验结果表明，斜面止推片的承载能力一般可达到平面止推片的3～5倍。

以下为相同尺寸的平面止推轴承和斜面止推轴承的承载能力对比。

①计算条件

转子转速7 500 r/min，用32＃润滑油润滑，供油温度35 ℃，轴承外形结构尺寸相同，其中一个为平面止推轴承，另一个为斜面止推轴承，应用式（6-7）～式（6-9）可直接获得平面止推轴承的承载能力及润滑需求；对式（6-10）～式（6-13）进行无量纲化处理，用有限元方法对上述轴承在给定工况和最大承载状况（最小油膜厚度取 20 μm）的承载性能进行数值计算，得到最大承载能力和承载比压以及润滑需求。

②承载能力计算结果

在上述运行条件下，平面止推片最大承载能力为 1 285 N；相应的斜面止推片的最大承载为 5 000 N，最高承载比压为 1.49 MPa。斜面止推片约是平面止推片承载能力的 4 倍。

图 6-16 为斜面止推轴承在额定和最大载荷下油膜压力分布。可见额定载荷下最大油膜压力为 1.49 MPa，最大承载下的最大油膜压力为 6.2 MPa；对比图 6-16（c）可知，最大油膜压力出现在斜面与平台的交界附近，此处即最小油膜厚度的起始处，并且此处附近形成了流体动压。

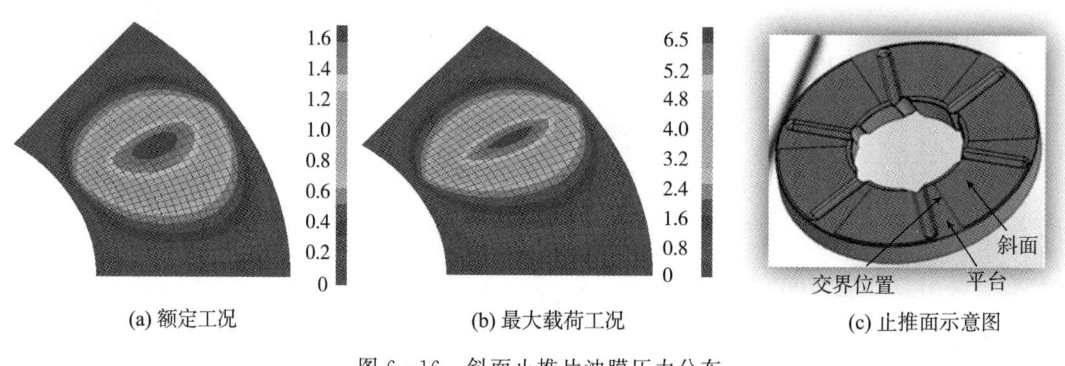

(a) 额定工况 (b) 最大载荷工况 (c) 止推面示意图

图 6-16 斜面止推片油膜压力分布

研究表明沿转动方向在进油边附近存在一段油膜发展形成区，良好的坡型设计可缩小此区域，扩大流体动压油膜区域，提高止推片的承载能力。

斜面止推轴承具有大幅提高承载能力的效果，在相同外形尺寸下，承载能力为平面止推片的 3～5 倍，许用的承载比压最好控制在 1.4～2 MPa。

6.4.3 可倾瓦推力轴承

可倾瓦推力轴承由多块可自动倾斜的推力瓦、轴承座、调整垫等组成，通过推力盘和可自动倾斜的推力瓦之间形成的动压油膜，将旋转机械的转子轴向载荷均匀地传递到机座上。常常用于高推力负荷的旋转机械。

可倾瓦轴承能够自动倾斜的原因，在于推力瓦与轴承座的固定方式。推力瓦与轴承座的支撑方式有两种：一是线支撑结构，即在推力瓦的背面沿直径方向加工一条支承筋，形成瓦与座的线支撑结构，工作时推力瓦根据旋转方向自然倾斜一个角度形成油楔，进而产生动压油膜；二是在推力瓦与轴承座之间采用球形的支枢结构，允许轴瓦在 360°方向任意倾斜，从而形成更优的动压油膜，具有更高的承载能力。

推力瓦的支撑布置有中心支承和偏心支承两种结构，中心支承结构允许机组主、副推力瓦的结构完全一致并允许长期双向旋转；推力瓦偏心支承是常见的降低瓦温和提高承载能力的结构，一般情况下转子为固定方向运行。

可倾瓦推力轴承的工作特点：在设备启动及停止瞬间，由于推力盘和推力瓦之间未完全建立动压油膜而存在动静部件直接接触的可能性；在正常工作条件下，推力盘和推力瓦之间动压油膜的存在，动静件之间完全脱开，可认为无磨损。

（1）非自平衡式可倾瓦推力轴承

非自平衡式可倾瓦推力轴承主要由推力瓦、轴承体、限位螺钉（或喷油嘴）及调整板（或调整垫）等零部件组成。图 6－17 为非自平衡式可倾瓦推力轴承结构。

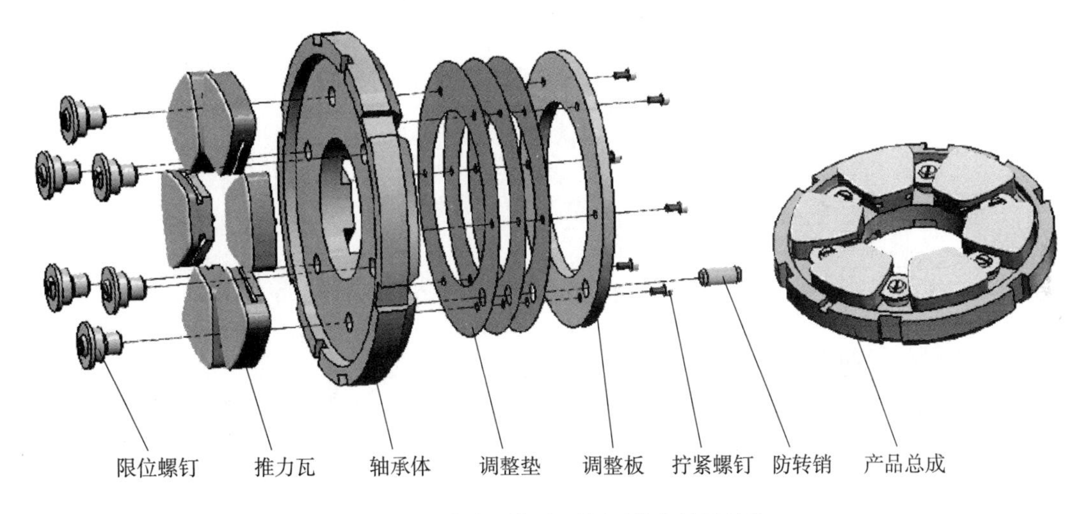

图 6－17　非自平衡式可倾瓦推力轴承结构

（2）自平衡可倾瓦推力轴承

自平衡可倾瓦推力轴承主要由以下零部件组成：推力瓦块，轴承体，上、下平衡块，限位螺钉（或喷油嘴）及调整板（或调整垫）。

自平衡可倾瓦推力轴承有一定的自对中能力及瓦块载荷自平衡能力，允许轴与轴承座有一定程度的不对中。当出现由于加工或安装误差产生的瓦块不均衡载荷时，轴承可通过平衡块自动调节，实现瓦块间载荷的调整，使得瓦块之间的温度分布更加均匀。

相对于非自平衡可倾瓦推力轴承，自平衡可倾瓦轴承的结构更复杂，但承载能力会更强，更适合用于高速重载工况。

（3）自平衡可倾瓦推力轴承的特点

自平衡可倾瓦推力轴承具有一定的自动调心能力，较强的承载能力；较好的阻尼特性及吸收冲击载荷的功能；由于具有自动倾斜角度的功能，适用于变工况条件；在良好的安装和润滑条件下，寿命长，可达到与转动设备相同的使用周期。图 6－18 为自平衡式可倾瓦推力轴承结构。

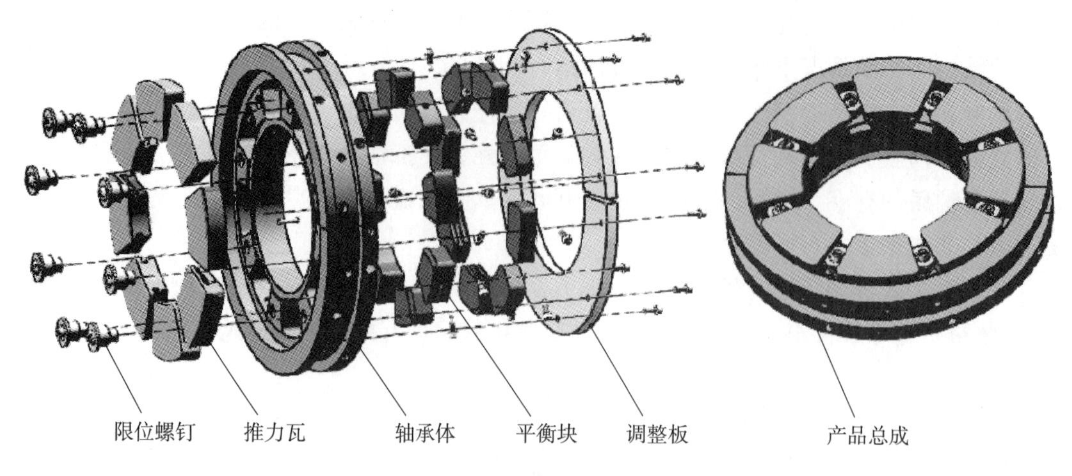

图 6-18　自平衡式可倾瓦推力轴承结构

6.5　轴承的润滑与冷却

6.5.1　轴承的润滑

（1）滚动轴承润滑

滚动轴承的润滑主要是为了降低摩擦阻力和减轻磨损，也有吸振、冷却、防锈和隔离外部环境等作用；高速运行条件下，润滑是带走热量的有效措施。合理的润滑对提高轴承性能，延长轴承的使用寿命有重要意义。

滚动轴承较低转速运行时采用脂润滑，某些特殊环境如高温和真空条件下采用固体润滑。脂润滑能承受较大载荷，且结构简单，易于密封；润滑脂的装填量一般不超过轴承空间的 1/3～1/2，装脂过多，易引起摩擦发热，影响抽承的正常工作。

滚动轴承运行速度较高时多采用油润滑，油的润滑和冷却效果均较好。采用浸油或飞溅润滑的浸油面应不高于最下方滚动体的中心，否则搅油能量损失较大且易使油温过高，导致轴承过热；喷油或油雾润滑兼有良好的冷却作用，常用于高速工况。

（2）滑动轴承润滑

对于滑动轴承的润滑建议选用 ISO VG 32、46、68 润滑油，供油温度在 45 ℃到 55 ℃之间，过滤精度为 25 μm 或者更高。润滑油通过轴瓦中的轴向环槽进入轴瓦内腔，不仅能够形成动压油膜润滑，而且可以带走摩擦所产生的热量，其中润滑油流量与转速、载荷、轴承间隙等参数有关。建议轴承进口处的供油压力为 0.5 bar 到 2 bar 之间。

可倾瓦径向轴承分为浸泡式润滑和直接喷油润滑两种常用的润滑方式。

浸泡式润滑方式适合于中低速场合，轴承两侧轴承端盖常设计成刀口密封的结构形式，密封齿间开有卸油孔。对于希望控制轴承两侧泄露点最小的场合，可以选择浮动封环的结构形式。铜合金的浮动封环密封间隙很小，从而使得轴向泄流量最小，大部分润滑油从密封底部的泄流孔排出。

直接喷油润滑方式适合于高速场合，这种结构可以减少热润滑油在轴瓦之间的循环流动，增加进入瓦块的冷油的量，从而使得轴承承载能力增加，在不同的转速和载荷情况下可使瓦温度降低，减少流量和功耗，特别适合于高速工况。直接喷油润滑结构的轴承带有一个双列喷油系统，一列喷油孔将冷的润滑油对着上游瓦块出油边高速喷射，使得热油向两侧排出；一列喷油孔将大量的冷油向下游工作瓦直接喷射，使得尽量多的冷油从进油边进入瓦块工作。热油通过刀口密封下部的泄流孔排出。

6.5.2　轴承的冷却

轴承一般通过润滑油间接冷却，即通过降低润滑油温度来改善轴承工作环境；也可以通过改善轴承箱附近的换热环境，达到迅速带走轴承热量的目的。

（1）自然冷却

在功率、载荷、转速不高的情况下，辐射和对流可以保证轴承温度在允许的范围内；但环境温度是直接影响辐射和对流效果的重要因素，设计阶段需重视环境温度条件。为提高辐射和对流效果，在轴承外壳上增设翅片（筋）等可提高自然冷却效果。

（2）强制风冷

强制风冷是通过在轴承箱外部的轴上安装的风扇或在设备外设置风机，增加轴承箱外部空气流动速度，从而增加对流换热强度，实现降低轴承温度的效果。强制空气对流冷却是轴承冷却的较好方式，但要注意由于强制吹风可能在轴承外端处形成真空，需防止密封处有漏油。

当滑动轴承采用自然冷却或强制对流冷却时，轴承的温升随大气环境温度升高线性增加，如环境温升为 ΔT_u 时，滑动轴承中的温升值为 ΔT_m，两者近似关系可用式（6－15）表示。

$$\Delta T_m = 0.7\Delta T_u \tag{6-15}$$

（3）强制水冷

强制水冷是通过降低润滑油的温度，间接冷却轴承的一种冷却方法。所采用的冷却结构形式应根据转速、载荷情况确定，一种比较常用和简单的水冷结构是在轴承箱上增加水冷夹套，或在轴承箱的油池内增加冷却盘管；另一种是需要通过油的强制循环，用油冷却器降低油温，但这种形式相对复杂。

6.6　可倾瓦轴承设计实例

参照文献［12］《机械设计手册》推荐的设计流程、设计参数选择图表，进行可倾瓦轴承的性能计算，具体过程见表 6－2。

表 6－2　可倾瓦轴承设计计算流程

代号	名称	取值依据	数值	单位
F	轴承载荷	设计计算	7 650	N
n	轴颈转速	设计计算	8 982	r/min

续表

代号	名称	取值依据	数值	单位
d	轴颈直径	设计计算	0.050 8	m
L_z/D_z	宽径比	根据推荐选取	0.846 5	
L_z	瓦宽	$L_z = d \cdot L_z/D_z$	0.043	m
z	瓦块数	根据推荐选取	5	
k	填充系数	根据推荐选取	0.916 7	
L	每块瓦弧长	$L = k\pi d/z$	0.029 26	m
θ	每块瓦所对的圆心角	$\theta = 2L/d \times 180/\pi$	66	(°)
L/L_z	长宽比	根据推荐选取	0.68	
ω	角速度	$\omega = \pi n/30$	940.61	弧度
ψ	相对间隙	根据推荐选取	0.002	
c	加工间隙	$c = \psi d/2$	0.050 8	mm
	润滑油牌号	选取	32#	
T_m	平均温度	选取	60	℃
μ	温度时油的黏度	查图	0.015	Pa. s
L_c/L	支点位置	选取	0.5	
kF	载荷系数	查图	215.34	
kh	最小油膜厚度系数	查图	1.51	
kN	功耗系数	查图	1 968.34	
kt	温升系数	查图	1.096 9	
kq	流量系数	查图	0.171	
L_c	进油端到支点弧长	$L_c = (L_c/L) \cdot L$	0.014 6	m
θ_c	进油端到支点夹角	$\theta_c = 2L_c/d \cdot 180/\pi$	33	(°)
P_m	平均压强	$P_m = F/(Bd)$	3 502 243.4	Pa
C_p	承载特性系数	$C_p = P_m\psi^2/\mu/\omega \cdot (1/k^{2/}F_f)$	0.005 486 772	
$C_p \times 10^2$			0.548 677 2	
$[h_{\min}]$	许用最小油膜厚度	查表	11.3	μm
$Khh_{2\min}/c$	系数	查图	0.406 04	
$h_{2\min}$	最小油膜厚度的最小值	$h_{2\min} = (Khh_{2\min}/c)/Kh.c$	1.37E−5	m
			~13.66	μm
	判断最小油膜厚度	$h_{2\min} > [h_{\min}]$	合格	
ε	偏心率	查图	0.689 1	
K_nkRf/c	系数	查图	8.14E+3	
f	摩擦系数	$f = (K_nkRf/c)/(K_nkR/c)$	0.009	
N	功耗	$N = fF\omega d/2\,000$ [3]	1.65	kW
$[\Delta tkKt/pm]$	系数	查图	5.4E−6	

续表

代号	名称	取值依据	数值	单位
Δt	温升	$\Delta t = [\Delta_t kK_t/p_m]\cdot p_m/(kK_t)$	18.79	℃
t_1	校核进油温度	$t_1 = t_m - \Delta t$	41.21	℃
Q	流量	$Q = \omega dcBz/2\cdot kq$	2.68	L/Min
F_{max}/F	系数	查图	0.553	
F_{max}	受载最大瓦上的载荷	$F_{max} = (F_{max}/F)\cdot F$	4 232.9	N
$P_{m\max}$	受载最大瓦上的压强	$P_{m\max} = F_{max}/(D_z L_z)$	3.36	MPa

6.7　其他轴承

6.7.1　气浮轴承

气浮轴承是以气体为润滑介质、以气体静压或动压为支撑力来源的滑动轴承，其工作原理与油润滑轴承相同。气膜形成的三种典型方式有挤压模式、静压模式和动压模式，如图 6-19 所示。

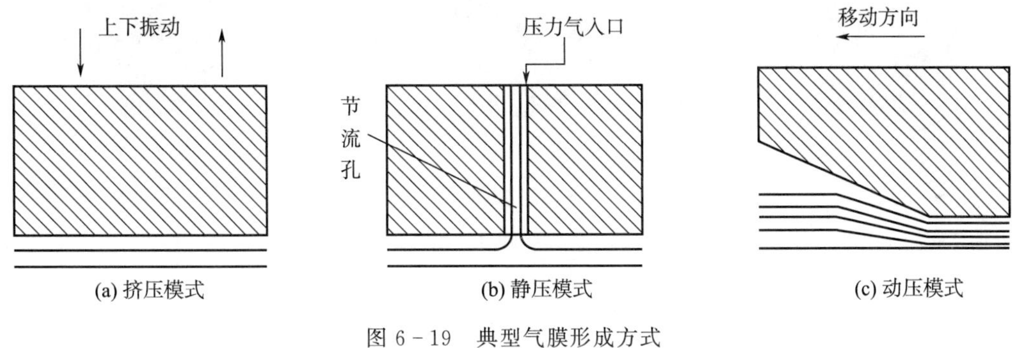

图 6-19　典型气膜形成方式

对以静压为主的气体轴承，由于转子在气体静压力作用下使轴与轴承之间形成气膜间隙，理论上轴与轴承不接触，轴承寿命可以无限长，因此在精密和超精密机械中应用越来越普遍，主要应用场景包括精密机床、航天器在轨产品、汽车涡轮增压器以及其他超高速转动设备。

气浮轴承包括径向轴承和止推轴承，典型产品如图 6-20 所示。

6.7.2　磁浮轴承

磁浮轴承是依靠成对安装的磁回路产生推力，使轴处于某一相对平稳位置。磁浮轴承包括径向轴承和轴向推力轴承，如图 6-21 和图 6-22 所示。磁浮轴承由于需要通过电-磁回路形成稳定的径向力或轴向力，因此相对其他形式的轴承，结构复杂、尺寸较大、寿命长，所以多用于关键设备中，如动车设备、航空航天产品、高精度机床等。

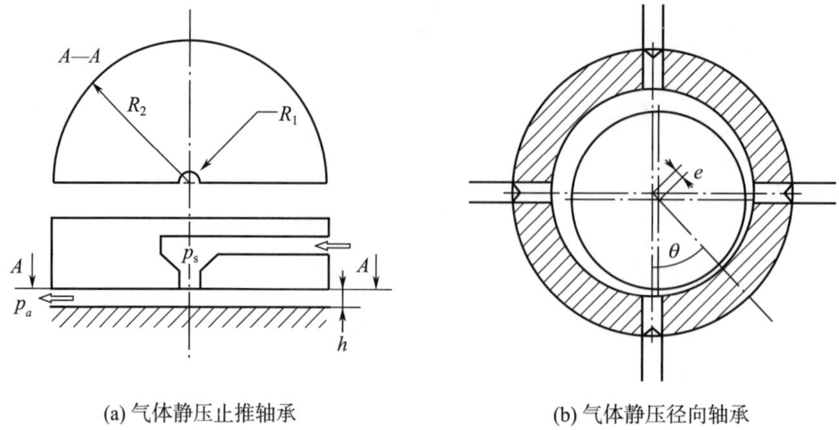

(a) 气体静压止推轴承　　(b) 气体静压径向轴承

图 6 - 20　气浮轴承结构示意图

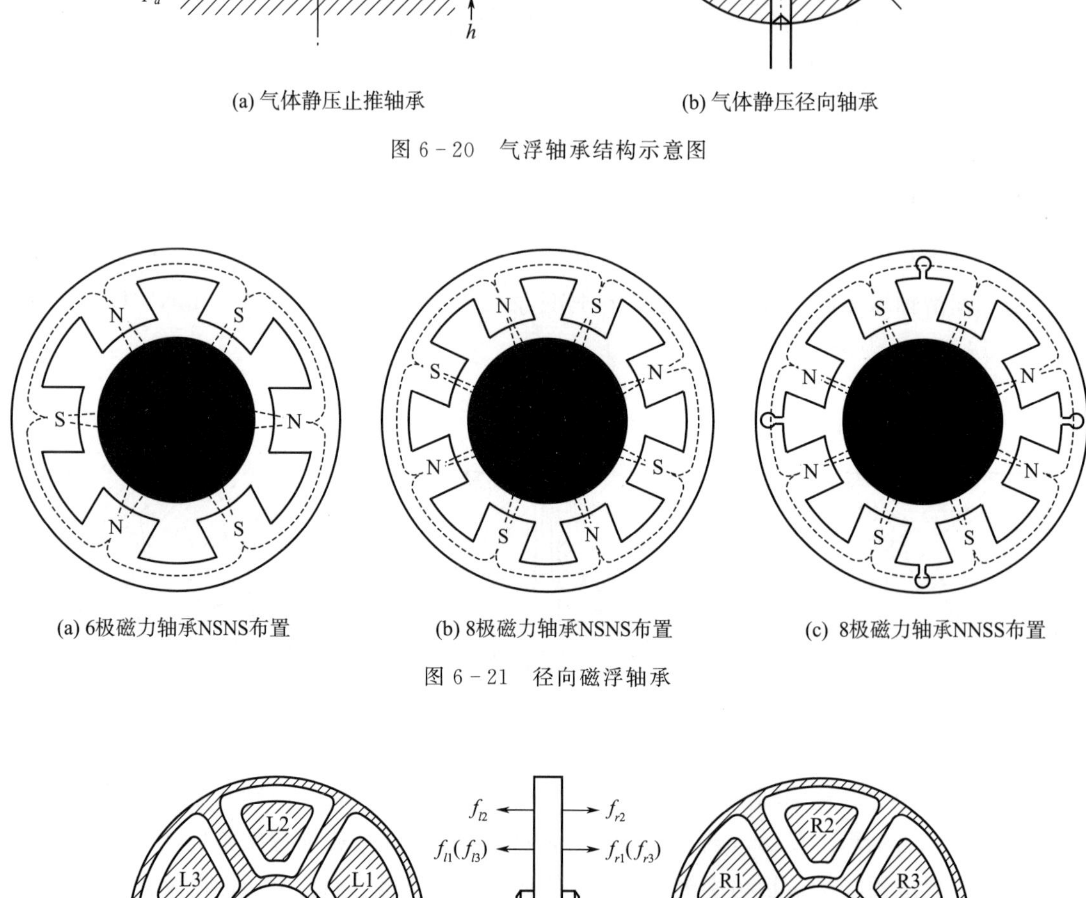

(a) 6极磁力轴承NSNS布置　　(b) 8极磁力轴承NSNS布置　　(c) 8极磁力轴承NNSS布置

图 6 - 21　径向磁浮轴承

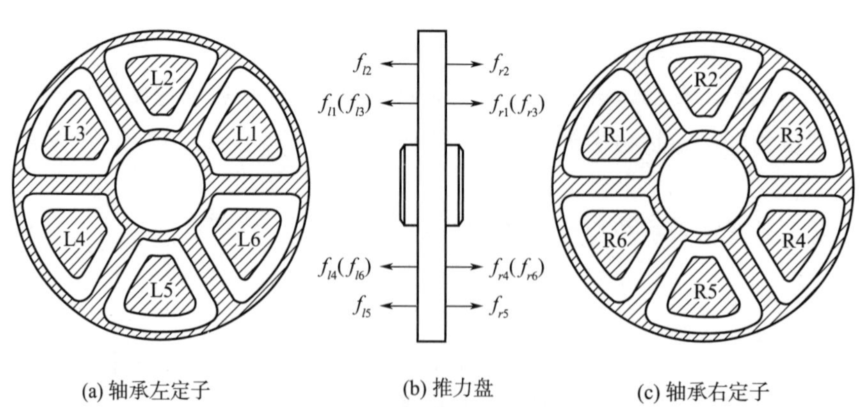

(a) 轴承左定子　　(b) 推力盘　　(c) 轴承右定子

图 6 - 22　轴向磁浮轴承

磁浮轴承与流体动压轴承比，由于不存在设备启停状态轴与轴承接触现象，因此在设备比较关键或启停频繁等场合，可作为辅助轴承保证设备启停状态转子和轴承不直接接触，正常运行时用其他类型轴承承受径向和轴向载荷，提高设备的完好性。

6.7.3　箔片轴承简介

随着氢燃料电池动力技术的发展，电池反应压力越来越高，构成电池动力系统的空气压缩机压比越来越高，导致压缩机转速越来越高；同时氢气循环泵成为电池系统节能和效率提升的关键部件。目前国际先进氢燃料电池动力系统空气压缩机和氢气循环泵转速达到十几万 r/min，最高达到 30 万 r/min 以上，高速和超高速条件下无油轴承的可靠性成为制约这两个关键部件的主要因素。因此，近年国内企业和研究机构对箔片轴承的基本结构、材料、性能等方面开展研究工作，并取得进展，10 万 r/min 以下的箔片轴承已小批量应用。

箔片轴承是一种特殊的流体动压轴承，与前面的气浮轴承不同，该轴承对进入轴承的气体压力没有要求，不需要外部提供气源压力，润滑介质即为设备工质，适应范围宽，高温和超低温工况也可使用。

（1）径向箔片轴承

径向箔片轴承的典型结构如图 6－23 所示，径向箔片轴承由轴承外圈、波箔片、箔片、箔片固定键等组成。箔片轴承最早用于飞机环境控制系统的高速空气循环机，其结构如图 6－23（a）所示，此后发展到图 6－23（b）和图 6－23（c）所示的两种形式，并在飞机环境控制系统、液体火箭发动机及其他高速旋转机械中推广应用。

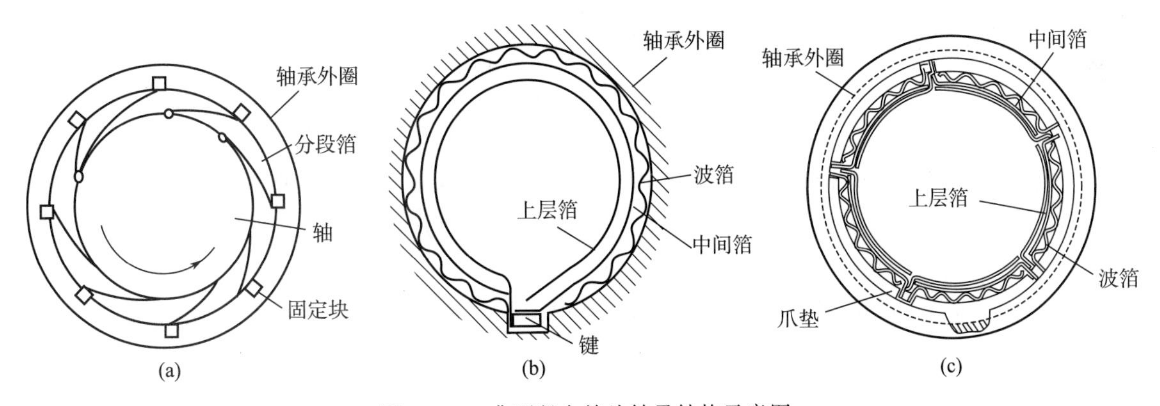

图 6－23　典型径向箔片轴承结构示意图

径向箔片轴承是一种柔性表面的流体动压轴承，与轴颈接触的箔片为具有一定耐磨性能的柔性平箔，一端固定、一端可自由伸缩；在静止状态下箔片给予轴颈一定的预压力，可以承受转子启、停过程中的摩擦和径向载荷；由于偏心的存在，转子与箔片之间形成收敛楔，当转子旋转达到一定转速时，转子与箔片之间成形动压流体膜，将轴颈与轴承隔离开。

流体膜压力作用在轴颈的同时，也作用在平箔以及波箔上，导致其发生变形，由此产生平箔和波箔的弹性阻尼，以及平箔与波箔、波箔与轴承座之间的库伦摩擦阻尼。这种阻尼可有效吸收轴承的涡动能量，抑制流体膜的自激振荡，保证高转速下有良好的稳定性。

由于平箔片可变形，波箔为平箔片的自由变形提供了更大空间，因此轴颈与箔片轴承之间的间隙远小于普通刚性表面的径向流体动压轴承，使其易于建立动压流体膜，介质适应性更宽。

（2）轴向止推箔片轴承

轴向止推箔片轴承与径向箔片轴承的构成相同，由轴承座、波箔和平箔组成，其结构和外形如图 6-24 所示。

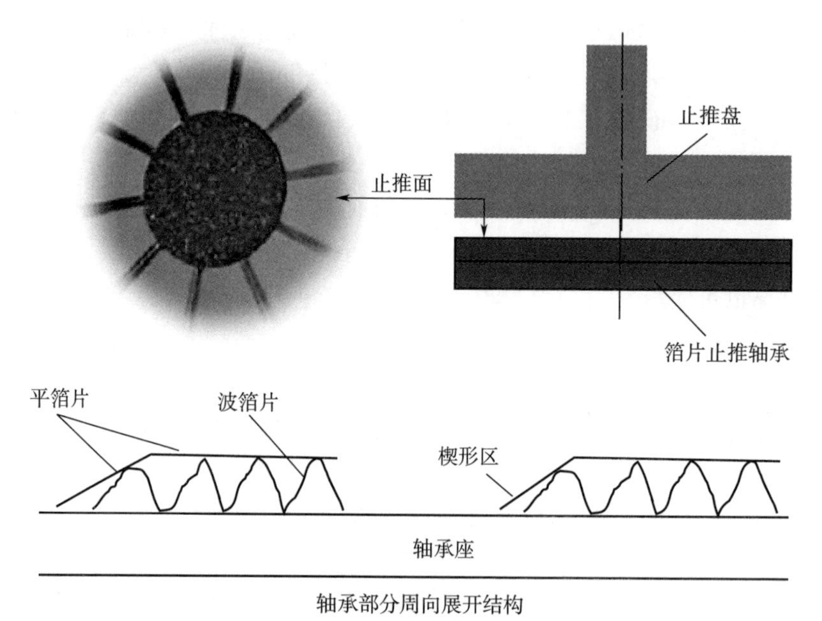

图 6-24　止推轴承工作原理示意图

轴向止推箔片轴承的工作原理与径向箔片轴承和可倾瓦止推轴承的工作原理相同。当轴静止时，箔片与止推盘接触，当转子旋转时，在轴承推力面楔形区和平台建立压力流体膜，使轴承止推面与止推盘的止推面分开。

目前箔片轴承设计和大规模应用存在两个难题，一个是缺乏工程普遍适用的设计分析方法，另一个是材料和工艺问题。

设计分析方法：箔片由金属薄片制造而成，箔片的形式有弧形箔片、平箔片、波形箔片，如图 6-23 所示。工作过程中箔片的弹性变形量可达到箔片厚度的 5 倍，有限元及有限差分计算分析方法很难适用并给出满意的结果，需要大量的试验数据，支持设计参数的选取，目前典型的设计方法是基于大量试验数据回归法。

箔片材料和涂层材料：涉及箔片材料和加工工艺、箔片与轴接触表面耐磨涂层材料和涂层处理工艺，极薄的箔片材料加工和尺寸稳定性以及装配工艺等，均需要通过实践摸索。

参 考 文 献

[1] GB/T 3215—2019 石油、石化和天然气离心泵 [S].

[2] API 610 11th edition，Centrifugal Pumps for Petroleum，Petrochemical and Natural Gas Industries [S].

[3] DIN ISO 281—2010 滚动轴承 额定动载荷和额定寿命 [S].

[4] GB/T 6391—2010 滚动轴承 额定动载荷和额定寿命 [S].

[5] 邱宣怀 . 机械设计 [M]. 北京：高等教育出版社，1998.

[6] 虞烈，等 . 轴承转子系统动力学-基础篇 [M]. 西安：西安交通大学出版社，2016.

[7] 张直明，等 . 滑动轴承的流体动力润滑理论 [M]. 北京：高等教育出版社，1986.

[8] 徐龙祥 . 高速旋转机械轴系动力学设计 [M]. 北京：国防工业出版社，1994.

[9] WEN JENG CHEN. Dynamics of rotor - bearing systems [M]. USA：Trafford.

[10] WEN JENG CHEN. Practical Rotordynamics and fluid bearing design [M] . USA：Create Space，2015.

[11] JOHN VANCE，FOUAD ZEIDAN. Machinery vibration and Rotordynamics [M]. USA：John Wiley & Sons，2010.

[12] 成大先 . 机械设计手册 [M]. 北京：化学工业出版社，2010.

[13] 牟介刚 . 离心泵设计实用技术 [M]. 北京：机械工业出版社，2015.

[14] 陈浩辉 . 弱耦合径向磁力轴承冗余设计研究 [D]. 武汉：武汉理工大学，2014.

[15] 张君安 . 高刚度空气静压轴承研究 [D]. 西安：西北工业大学，2006.

[16] 张浩成，吴志强，等 . 气体静压止推轴承静动态性能及振动抑制 [J]. 推进技术，2019，40 (9)：2091 - 2098.

[17] GIRI L. Agrawal. Foil Air/Gas Bearing Technology—An Overview [J]. ASME Publication 97 - GT - 347：1 - 11.

[18] GIRI L. Agrawal. Foil Air Bearing Cleared To Land [J]. Mechanical Engineering Magazine，1998，120 (7)：78 - 80.

[19] 郑越青，马斌，等 . 高速透平箔片动压气体轴承固体润滑涂层研究进展 [J]. 流体机械，2013，41 (5)：6，34 - 37.

[20] 宋国强，武林 . 基于滑移流模型的微型箔片轴承倾斜性研究 [J]. 组合机床与自动化加工技术，2019 (6)：12 - 16.

第7章　液力透平转子动力学

7.1　转子动力学简述

转子动力学是研究旋转机械转子及其部件和结构有关的动力学特性的学科，研究范围包括转子临界转速、应变能、动态响应、稳定性、动平衡等，随着转子动力学研究内容的深入，研究范围拓展到与转子稳定性密切相关的轴承特性、故障诊断等方面。

液力透平的运行特性与泵相似，轴向振动问题相对少见，因此对其转子动力学分析通常为横向振动和扭转振动两种。通用的转子动力学基本方程见式（7－1），临界转速、转子弯曲应变能、不平衡响应、稳定性分析等均来源于该方程。

$$\boldsymbol{M}\ddot{X}(t)+(\boldsymbol{C}_S+\boldsymbol{\Omega G})\dot{X}(t)+(\boldsymbol{K}_S+\boldsymbol{H})X(t)=\boldsymbol{Q}(t) \tag{7-1}$$

式中　$\boldsymbol{M}$——质量矩阵；

$\boldsymbol{C}_S$——非对称阻尼矩阵；

$\boldsymbol{\Omega G}$——反对称回转矩阵；

$\boldsymbol{K}_S$——刚度矩阵；

$\boldsymbol{H}$——交叉耦合刚度矩阵；

$\boldsymbol{Q}$——广义力向量。

液力透平除涉及结构外，还与运行条件及流体参数、构成机组的其他设备有关，本章仅给出设计所必须的基本概念和设计原则。

7.2　临界转速与动平衡

7.2.1　临界转速定义

临界转速是转子的固有特征，简单地理解为：由于轴及轴上零件在加工、装配等制造中存在误差，使转子各微段的质心与回转轴线产生微小偏离；当转子旋转时，这种偏离造成的离心力使转子产生横向振动。这种在某些转速上产生异常强烈振动的转速称为临界转速。

从更严谨的角度来定义，当转子受到周期性力的激励作用，且该激励频率与转子的固有频率（natural frequency，又称自然频率）相同时，转子将处于共振状态。旋转机械中，激励频率通常与转子转速或者转速的倍频及分数倍频率有关。一般来讲，转子-支承系统中，动平衡精度的提高可有效降低残余不平衡量，但不能完全消除，而这种质量不平衡激励是最常见的振动激励源。在不平衡质量的激励下，转子将做同步正向涡动（也称同步正进动）。当转子转速与某阶正进动自然频率一致时，该转速即为临界转速。

临界转速分析是转子动力学设计的重要内容之一，主要目的在于确定特定的轴承支撑条件下转子系统的临界转速，并通过调整轴承刚度特性或者转子结构，使转子系统临界转速与工作转速有足够的安全裕度，从而保证转子的平稳运行。根据工作条件的不同，安全裕度可在 10％～30％之间选取；液力透平的安全裕度应取较大值。

7.2.2　临界转速的简化计算

计算临界转速的目的是为了将工作转速避开临界转速，以免在液力透平额定工作转速下发生共振问题。

在透平等流体机械设计过程中，通常先对轴系进行简化的临界转速计算；过流部件优化设计之后，在必要的情况下，再对转子进行详细分析。因此，临界转速的简化计算是必不可少的过程，对简单的刚性转子可不必进行更为复杂的精确计算。

（1）临界转速的计算方法

临界转速的计算方法主要有两大类，即传递矩阵法和有限元法，进一步可以分为矩阵迭代法（Stodola 法）、能量法（Rayleigh－Ritz 法）、特征方程法、数值积分法、作图法、传递矩阵法等。有限元法虽然程序较为复杂，但计算结果精度更高，划分单元时数目比传递矩阵法少些，并且可以避免传递矩阵法可能出现的数值不稳定现象。随着有限元技术的发展和计算机技术的成熟，有限元法得到了更广泛的应用，在解决转子临界转速、不平衡响应、稳定性问题等方面取得了很好的效果，对不同类型的元素所构造的形函数坐标和对复杂结构的模拟越发接近真实，计算结果更加接近转子实际运转情况。

（2）临界转速基本概念

轮盘的质量为 m，固定于无重量的轴上。为避开静变形，将转子竖直放置，轮盘位于水平方向，如图 7－1 所示，A、B 为轴的两个支点，在同一垂直线上。支点连线 AB 与圆盘交于 O 点，即转动轴线为 AOB。

对于图 7－1 中的轮盘，轮盘的实际质量中心为 S，与轮盘的固定点 R 并不重合，两者偏离的距离为 e。轮盘与轴组成的转子以角速度 ω 旋转时，由于质量中心与运行中心不重合产生的离心力使轴产生挠度 y，因此旋转过程中轮盘质量中心与轴线 AB 的总距离为 $y+e$，此时的离心力 F 为

$$F=m(y+e)\omega^2 \tag{7-2}$$

将轴看成是弹性件，其受到的离心力 F 与轴的变形量成正比，因此有

$$F=K\cdot y \tag{7-3}$$

式中　K——轴的弹性系数，取决于轴的尺寸、材料、负荷分布及支承类型，可用轴单位长度的弯曲力来表示。

由于式（7－2）与式（7－3）均表示轮盘离心力，因此有

$$m(y+e)\omega^2=Ky$$

$$y=\frac{me\omega^2}{K-m\omega^2} \tag{7-4}$$

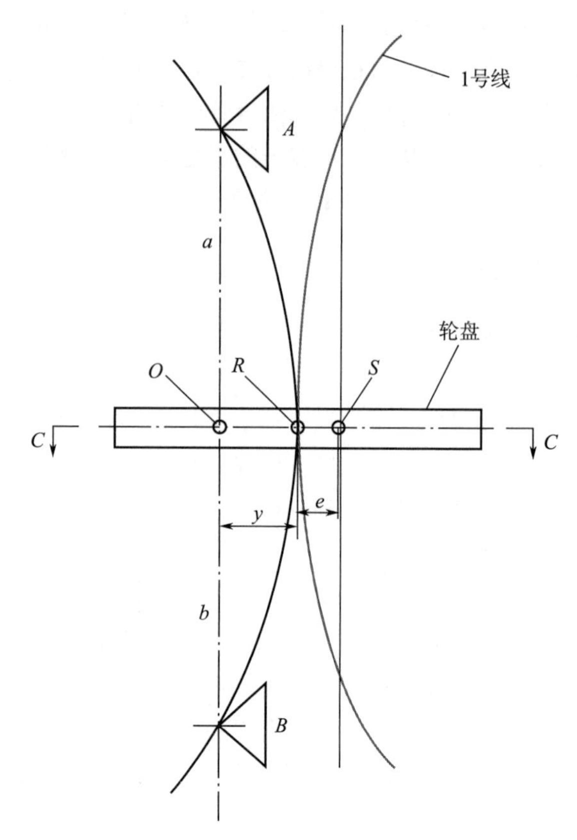

图 7－1　无重量立式轴盘转子示意图

从式（7－4）知，随着角速度 ω 增大，轴的变形量 y 增加；当轴的旋转速度持续增大到使分母为 0，即 $K-m\omega^2=0$ 时，此时角速度 ω 即为临界角速度 ω_{cr} 。因此临界角速度计算公式为

$$\omega_{cr}=\sqrt{\frac{K}{m}} \tag{7-5}$$

从理论上讲，当转子运行角速度达到临界值时，根据式（7－4）可知，相应的转子挠度 y 将变为无穷大，意味着轴将会发生断裂。但实际上，多数情况下转子仅表现为剧烈的振动，这是因为：

1）从数学观点看，临界转速是一个点，轴在高于或者低于临界转速时能很快恢复抵抗变形的能力；

2）轴的挠度达到最大值需要时间，而转子运行时经过临界转速的时间很短；

3）周围介质能引起零件外表面的摩擦并消减振动幅值；

4）轴材料的内摩擦引起能量的散失。

对于如图 7－1 中所示的简支梁，设等直径轴截面的惯性矩为 J ，叶轮离 A、B 支承点的距离分别为 a 、b ，弹性模量为 E ，则对简支轴，挠度 y 和轴弹性系数 K 分别为

$$y=\frac{Fa^2b^2}{3EJ(a+b)} \tag{7-6}$$

$$K = \frac{F}{y} = \frac{3EJ(a+b)}{a^2 b^2} \tag{7-7}$$

将弹性系数 $K = m\omega_{cr}^2$ 代入式（7－4），可以得出在某一转速 ω 下运行的转子变形量的表达式为

$$y = \left(\frac{\omega^2}{\omega_{cr}^2 - \omega^2}\right)e = \left(\frac{n^2}{n_{cr}^2 - n^2}\right)e \tag{7-8}$$

式中　n_{cr} ——临界转速，r/min，$\omega_{cr} = 2\pi n_{cr}$ 。

根据式（7－5）和式（7－8）推导出单一集中质量简单转子的临界转速简化计算为

$$n_{cr} = \frac{60}{2\pi} \cdot \sqrt{\frac{K}{m}} \tag{7-9}$$

$$n_{cr} = \sqrt{1 + \frac{e}{y}} \cdot n \tag{7-10}$$

由式（7－8）或式（7－10）和图 7－2 可以看出，当转速 $n < n_{cr}$ ，即转子运行速度低于临界转速时，$y > 0$；当 $n < n_{cr}$ ，即当转子运行转速高于临界转速值时，y 值将成为负值，但随着转速 n 的进一步提高，y 的绝对值将进一步变小，也即意味着轴的挠度减小，轴的形状 ARB 接近于 AOB 轴线；而当转速 n 为无穷大时，$y = -e$ ，意味着重心位于轴线上，叶轮的固定点 R 和重心 S 相对于轴线处于交变状态，这时该轮盘固定点及重心位置如图 7－1 中的 1 号线所示。由此可见，当转速超过临界转速时，轴的挠度下降；当转速远高于临界转速时，整个转子组趋向于自动平衡。无论在低于临界转速还是高于临界转速时，轴都可以实现稳定运行，但是不允许在临界转速处运行。

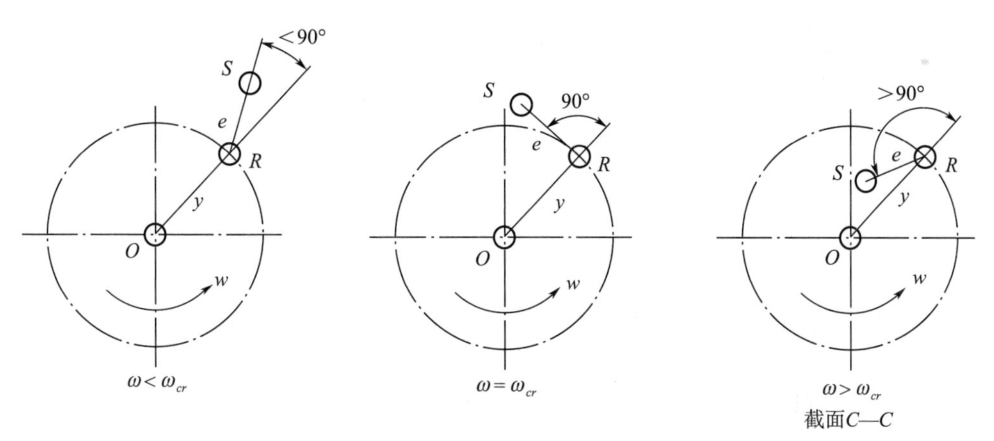

图 7－2　轮盘质心变化情况

由于轴的挠度受到转子与壳体静止内间隙的限制，因此对临界转速以上运行的转子，在通过临界转速时常伴随有轴的突然振动。

对于水平布置轴，叶轮自重作用产生静挠度 y_0，轴线不再水平，而是变成了如图 7－3 所示的 $AO'B$ 弧形；轮盘的质量中心为 S，轮盘的固定点为 R，轮盘绕轴线 $AO'B$ 旋转，此时质量中心 S 的旋转半径仍为 $y + e$ 。

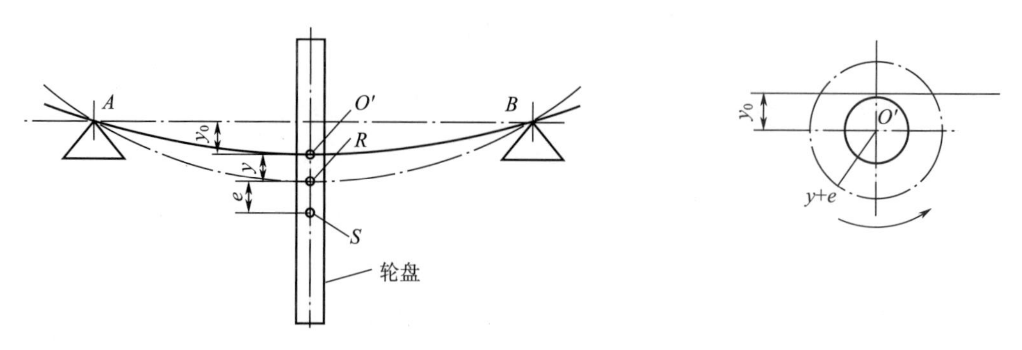

图 7-3 “无重量水平轴+轮盘”的运动情况

从以上分析可知，无论轴在运转时处于水平位置、竖直位置或者成任意角度倾斜，质量中心相对旋转轴的旋转半径不变，因此轴的临界转速相同，即轴的临界转速与轴的放置位置无关。但是，由于轴与静止件的间隙在一定程度上影响设备性能，因此校核设计间隙的合理性非常必要，此时对水平转子，可将离心力引起的动力挠度叠加在静挠度上来考虑。

(3) 临界转速的简化计算

对实际转子，多数情况不能完全按无质量的轴和集中到一个盘的集中质量简化，工程上在结构设计阶段，在仅有几何参数和转子质量情况下，可按式 (7-11) 进行初步的临界转速简化计算。

$$n_{cr}=k_{cr}\frac{(d/l)^2}{\sqrt{G/g\cdot l}} \tag{7-11}$$

式中 d ——轴的最大直径，mm；

l ——轴承间距，mm；

G ——转子总重力，N；

k_{cr} ——经验系数，对轴径向两端逐渐减小的轴，取 7.5，对轴径在全长方向可以认为近似不变的轴，取 8.1。

7.2.3 转子的干态和湿态临界转速

式 (7-11) 可以进一步改写为 $n_{cr}=\frac{1}{2\pi}\cdot\sqrt{\frac{K}{m}}$ ，单位为 r/s，与转子一阶固有频率 $f=\frac{1}{2\pi}\cdot\sqrt{\frac{K}{m}}$ (单位为 Hz)，表达方式完全相同，因此可以认为一阶干态临界转速与转子第一固有频率相同。也就是说转子实际一阶干态临界转速可通过测转子的第一固有频率获得。

液力透平转子部件在工作环境下处于“浸液”状态，即“湿态”，因此对液力透平转子而言，不仅要求解其在空气中的“干态”临界转速，在级数较多或转子系统比较复杂时，还需计算“湿态”临界转速。

湿态临界转速计算时，除了要考虑支承刚度和轴承阻尼、支承跨距、悬臂长度、集中质量、陀螺力矩等影响因素，还需要考虑各类密封的影响，以及叶轮内部液体的附加质量影响。

液力透平的工作介质为液体，与汽轮机、燃气轮机等气体工质的透平机不同，液体具有以下特点：1）流体对转子振动有明显的阻尼作用；2）转子零件与静子装配的小间隙或密切接触的部位，具有类似辅助轴承的作用，可减小或者限制振动振幅；3）采用填料密封时，密封可起到轴承作用，减小轴的支点间跨距；4）叶轮等旋转流道内液体的附加质量作用较明显。

式（7－9）表明，临界转速仅与轮盘质量、质量偏心量、轴的转动惯量和刚度、转速，以及由于质量中心偏离转轴产生的离心力有关。实际上，由于转子往往不能简单地按无质量轴考虑，所有转动件也不能简单地按均质轮盘处理；支撑刚度有限、流体阻尼等的存在，使得准确计算非常困难，而计算机技术和转子动力学及计算流体力学的发展，为更精确地计算转子在实际结构下的干态和湿态临界转速和转子动态特性提供了有效的方法。一般情况下可认为湿态临界转速高于干态临界转速。

7.2.4　临界转速裕度

在液力透平设计中，当叶轮级数较少，如一级或两级时，转子按刚性轴设计，即泵的工作转速低于一阶临界转速。

工作转速 n 与干态一阶临界转速 n_{cr1} 必须满足以下关系

$$n \leqslant 0.8 n_{cr1} \tag{7-12}$$

当可以进行湿态临界转速计算，或通过以往样机判断湿态临界转速与干态临界转速差时，可适当降低干态临界转速的裕度到 10%。

一般多级叶轮的转子可以考虑设计成柔性轴，即工作转速大于一阶临界转速。一般柔性轴的工作转速 n 与干态一阶和二阶临界转速 n_{cr1} 、n_{cr2} 必须满足以下关系

$$1.3 n_{cr1} \leqslant n \leqslant 0.7 n_{cr2} \tag{7-13}$$

应尽量避免液力透平的一阶临界转速等于工作转速的整数倍（2、3、4、5、…），或者整分数倍（1/2、1/3、1/4、…）。

7.2.5　转子动平衡

转子由轴及轴上所有旋转零件组成。

转子平衡包括静平衡、动平衡、高速动平衡等几种情况。当转速较低时，部分零件如联轴器等可采用静平衡，但当转速较高时需进行动平衡；液力透平的叶轮、平衡盘等采用动平衡；当转速更高时，需采用与工作转速相同的高速动平衡。

动平衡是降低转子转动时，转子的质心、中心主惯性轴相对旋转轴线的偏离所产生的离心力和离心力偶的措施。动平衡时，各微段的不平衡量引起的离心惯性力系可简化到任选的两个截面上去，在这两个面上作相应的校正（去重或配重）即可完成动平衡。

动平衡具体要求见本书第 9 章。

7.3 影响临界转速的因素

除转子自身外，与转子运动相关的各因素均构成临界转速的影响因素，包括转子结构、轴上密封、支撑轴承、介质条件，以及与转子相连接的其他转子等。各因素对临界转速和转子振动的贡献不同。

7.3.1 轴密封的影响

轴密封形式包括填料密封、迷宫密封、浮环密封、机械密封等。

采用软填料密封时，填料起到辅助支承作用，这样使得轴的跨度减短，因此可以提高转子的临界转速。密封是否对临界转速起作用，主要取决于工作状态时密封的刚度。所采取的转子防振动可靠性，在很大程度上要看转子的临界转速计算与实际运行条件是否相符。

俄罗斯列宁格勒金属工厂在为消除某型给水泵转子的振动研究中发现，在泵运转条件下密封内产生的流体动力，对泵转子的临界转速有显著影响。应用各种形式的密封均可以影响转子的临界转速，且密封内的压降越大，影响效果越显著。

因此，多级、高水头（高压差）液力透平，在计算转子的临界转速时，必须考虑作用在密封内流体动力的影响。

7.3.2 转子结构和支撑刚度等的影响

（1）转子结构的影响

1）转子上彼此相互靠近的零件，采用锁紧螺母等紧固零件固定时，可以提高轴的刚度，从而提高轴的临界转速。

2）转子零件间的配合方式对临界转速有影响，如叶轮轮毂和轴的配合由间隙配合改为过盈配合，也可提高轴的刚度，进而提高轴的临界转速。

3）轴套的影响应根据配合情况确定。为方便装配大多数情况下，轴套与轴采取间隙配合，在此情况下转子建模处理时一般取轴套厚度的一半，至多取厚度的 2/3。因间隙配合的轴套类零件，采用拧紧螺母拧紧后，也只能承受压应力，无法承受拉应力，因此对轴刚度的贡献不能按轴套外径计算。

4）转子结构的影响还体现在每个装在轴上零件的布置情况。例如，将集中载荷的位置由远离轴承移到靠近轴承附近时，则可使轴的临界转速提高。质量相同的均布质量与集中质量相比，临界转速将提高。

（2）支承刚度的影响

支承刚度越大，各阶临界转速就越大；支承刚度的大小将改变转子临界转速和振动形态。支承通常由轴承及其他附属结构提供，常用的轴承主要有滑动轴承和滚动轴承。滑动轴承的最小油膜厚度及润滑油的种类都能影响滑动轴承刚度。滚动轴承自身的刚度与接触角、滚珠个数、球径、轴承支撑座等，共同构成对转子临界转速的影响元素。应特别注意支撑轴承的壳体刚度，刚度不足时壳体变形将降低轴的临界转速、加大振幅，设计时增强轴承支撑壳体的刚度，以避免壳体本身刚度不足导致的变形。

（3）轴向力和轴系的影响

轴向拉力能提高轴的刚性，从而提高轴的临界转速，而轴向压力能降低轴的临界转速。

如果转子系统是由两个或者多个转子组合而成，例如液力透平与泵轴（或发电机轴）和电动机轴，各单个转子有其本身的临界转速，而组合转子也有其相应的临界转速，对于各转子串联而成的多跨转子而言，不管各转子之间采用弹性连接还是刚性连接，多跨转子系统的各阶临界转速，总是高于原各单一转子相应的各阶临界转速。

这是因为当两个或多个转子用联轴器组合成轴系后，由于连接处的线位移和角位移连续，这相当于在原每个转子上增加了若干个线性约束条件，使系统的刚度有所增加，因此组合后的整个系统的各阶临界转速均有不同程度的提高。

（4）回转效应（陀螺力矩）的影响

对转子系统，当叶轮直径和质量均较大且转速较高时，叶轮的陀螺力矩对转子的影响不能忽视；当在旋转过程中，叶轮的几何中心线（或质量中心）与旋转中心线无偏离时，不产生陀螺力矩，叶轮的旋转惯性对转子临界转速无影响；对于叶轮等集中质量处于支承中间位置附近的转子，回转效应（陀螺力矩）影响不大；但对于悬臂式转子或者叶轮等集中质量偏置的转子，回转效应（陀螺力矩）影响较大。通常回转效应会提高转子的临界转速。

7.3.3　介质条件对临界转速及振幅的影响

介质条件包括介质黏性、密度、温度、流动等方面，其对转子临界转速和振幅的影响包括：

1）附加质量降低转子的临界转速。相对气体介质，液体黏性和密度较大，叶轮内部及其他转子零件的表面上，有一定质量的液体同转子一起转动，这相当于增加了转子的质量，因此会降低临界转速。通常称参与转动的这部分液体质量为附加质量。

2）间隙液流提高转子的临界转速。转子和壳体各密封环间的间隙很小，而且间隙的非对称性使得流体动压效果明显，因此这些间隙中液流的存在实际上起到了弹性支承的作用，也即增加了轴的刚度，提高临界转速。

3）泵体内的液体对转子的振动起到阻尼的作用，浸泡在液体中的转子发生振动时，部分能量被周围液体吸收，限制振幅的增加。国外的研究人员曾用一个转子进行试验，该转子通过临界转速时振动很大，后将其放置到水槽，并将水逐渐充满水槽，过程中转子振幅逐渐减小并且最后非常微小。该试验充分展示了液体降低振动振幅的作用。

4）介质温度的影响。高温时材料的弹性模量 E 将会降低，因而也就降低了转子的临界转速。温度对于临界转速的影响，还在于温度能够改变转子零件间的配合精度，如温度升高会使叶轮轮毂和轴的配合间隙增大，因而使得轴的刚性系数有所变化。

5）各种阻尼的存在，有利于临界转速的提高，相当于增加了转子的刚度；阻尼对转子过临界转速的峰峰值起到抑制作用。

7.4 模态振型及转子弯曲应变能

7.4.1 模态振型

振型就是振动的形状或形态，指弹性体或者弹性系统自身固有的振动形式，可用质点在振动时的相对位置即振动曲线来描述，振型没有单位，表征的是转子各质点位移的相对比值。

振型是结构体系的一种固有特性，由于多质点体系有多个自由度，因此可出现多种振型，它与固有频率相对应，一个固有频率对应于一个振型，对转子而言，一个临界转速对应于一个振型。按照临界转速由低到高的排列，依次称为一阶振型、二阶振型、三阶振型等。而转子工作转速下（远离各阶临界转速时），对应的振动形态是若干阶振型曲线的组合。

根据支承刚度的不同，常见支承结构有三种，即双弹性支承、刚性支承＋弹性支承、双刚性支承转子，如图 7－4 所示。刚性支承与弹性支承的刚度值没有十分严格的界限，工程上通常将支承刚度低于 1×10^{8} N/m 的称为弹性支承，高于该值的称为刚性支承。

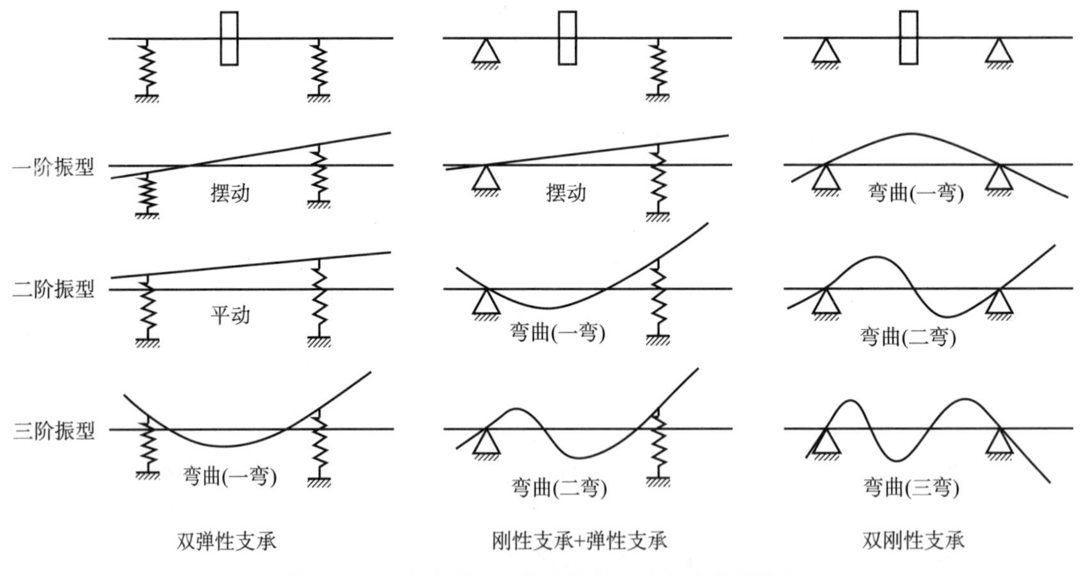

图 7－4　三种支承及各阶临界转速对应的转子振型

不同的支承结构形式下，各阶临界转速对应的振型也不同。工程上，由于摆动和平动振型时转子近似呈现直线状态，不发生明显的弯曲，因此摆动振型和平动振型又被称为刚体振型；把首次出现的弯曲振型也称之为一弯，第二次出现的弯曲振型称之为二弯，第三次出现的弯曲振型为三弯。

对于双弹性支承而言，一般一阶临界转速对应的振型为摆动，二阶临界转速对应的振型为平动，三阶临界转速对应的振型为弯曲（一弯）。对于刚性支承＋弹性支承而言，一般一阶振型为摆动，二阶振型为弯曲（一弯），三阶振型为弯曲（二弯）。对于双刚性支承而言，一般一阶振型为弯曲（一弯），二阶振型为弯曲（二弯），三阶振型为弯曲（三弯）。

7.4.2　柔性转子与刚性转子

对于柔性转子的定义，透平机械行业有两种观点。

第一种是按照工作转速与一阶临界转速的关系来定义，凡是工作转速高于一阶临界转速的转子，均称之为柔性转子，而工作转速低于一阶临界转速的转子，称之为刚性转子。

第二种是按照工作转速与弯曲（一弯）临界转速的关系来定义，如果转子工作转速高于第一阶弯曲振型对应的临界转速，该转子称为柔性转子，反之，工作于弯曲（一弯）振型以下的转子，称为刚性转子或准刚性转子。按此定义，对于图 7 - 4 所示的双弹性支承而言，转子即使工作于二、三阶临界转速之间，也可称为刚性转子或准刚性转子。

为简便起见，液力透平的柔性转子可采取第一种定义。当采用柔性转子设计时，转子将处于一阶临界转速之上工作。过临界转速后，由于转子自动定心的作用，振动水平较低，运转较为平稳。转子设计得当，动平衡充分，装配合理，一般只有通过临界转速时，才会有较大的振动峰值，其他转速区振动较小。通过临界转速时，由于重心相对旋转轴心出现如图 7 - 2 的转向，转子将承受循环的交变应力作用。

对工作转速大于临界转速的情况，启动或停机过程应快速通过临界转速而不要在临界转速附近滞留。这是由于当转子通过临界转速时，与停滞在临界转速附近旋转时的状态比，振幅的极大值较小，且转速变得愈快，振幅的极大值愈小；同时振幅的极大值并不发生在临界转速处。

7.4.3　转子弯曲应变能

转子弯曲应变能是指在通过临界转速时，由于转子发生不同程度的弯曲变形而使转子具有的应变能。

当难以严格区分转子的模态振型为刚体振型（平动、摆动，通俗讲就是转子过临界转速时几乎不发生弯曲变形）还是弯曲振型时，可参照《燃气涡轮发动机结构设计准则的研究——最终报告》的定量要求：过临界转速时转子的弯曲应变能应小于该振动模态下发动机总应变能的 25%，超过该值通常认为是不可接受的；如果确需超过 25%，那么应提供足够的阻尼。

一般来说，在临界转速以上工作的转子，各阶临界转速所对应的转子弯曲应变能应尽可能小，也就意味着转子最好以摆动或者平动这种刚体振型通过临界转速。

7.5　稳态不平衡响应

在转子的设计和运行中，常需知道在工作转速范围内不平衡和其他激发因素引起的振动有多大，并把它作为转子工作状态优劣的一种度量。

转子的稳态响应计算有多种，常用的是在剩余不平衡量作用下转子的稳态响应计算。在液力透平额定工作转速下，根据 GB/T 3215—2019 或 API 610 edit11 的规定，为保证液力透平良好的工作状态，在主要的密封面处，轴的稳态响应峰峰值应小于 50 μm。而在过临界转速时，转子稳态响应的峰峰值不应超过该点处直径间隙的 35%。

轴的挠度极限可以通过轴径、轴跨度或悬臂长度及壳体的设计实现。对于一级和两级叶轮的液力透平，可以不考虑叶轮密封环的流体刚性支撑作用；对于多级叶轮的液力透平，应当考虑密封环的流体刚性支撑作用，并且应当按一倍和两倍的标准设计间隙分别进行计算。对采取介质自润滑的轴承和轴承衬套结构，流体刚性作用也应当按一倍和两倍标准设计间隙进行计算。

通过稳态响应计算，可以得到各阶临界转速对应的放大因子和隔离裕度，更科学地确定临界转速的裕度范围。在 API 684 第二版标准中，定义了放大因子 AF 值与隔离裕度 SM，其与临界转速和振动峰值的关系如图 7－5 所示，其物理定义见式（7－14）和式（7－15）。

放大因子公式为

$$AF=\frac{N_{cr}}{N_2-N_1} \tag{7-14}$$

隔离裕度

$$SM(\%)=\frac{|N_{cn}-N_{mc}|}{N_{mc}}\times 100 \tag{7-15}$$

式中　N_{c1}——一阶临界转速；

N_1、N_2——振动峰值为临界转速下最大峰值 0.707 的最大和最小允许工作转速；

N_{cn}——第 N 阶临界转速；

N_{mc}——接近第 N 阶临界转速的允许最大工作转速。

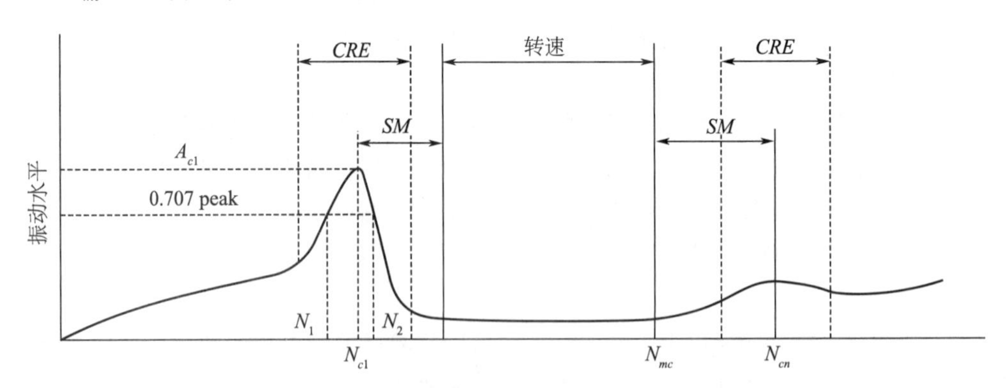

图 7－5　三种支承的转子各阶临界转速对应的振型

根据不同的放大因子 AF 值，制定不同的隔离裕度要求：

1）如果放大因子小于 2.5，则该转速处于振动过阻尼状态，没有额外的隔离裕度要求。

2）如果放大因子处于 2.5～3.55 之间，则要求最大连续工作转速以上有 15%的隔离裕度，最小连续工作转速以下有 5%的隔离裕度。

3）如果放大因子大于 3.55，临界转速响应峰值在最小工作转速以下，则隔离裕度要求满足式（7-16）的要求。例如，假设 $AF=4$，则要求隔离裕度至少为 100－[84＋6/(4－3)]＝10,即隔离裕度至少为 10%。

$$SM=100-\left(84+\frac{6}{AF-3}\right) \tag{7-16}$$

4）如果放大因子大于 3.55，临界转速响应峰值在最大工作转速以上，则隔离裕度应满足式（7-17）要求。例如，如果 $AF=4$，则要求隔离裕度至少为 126－[6/(4－3)]－100＝20,即隔离裕度至少为 20%。

$$SM=\left(126-\frac{6}{AF-3}\right)-100 \tag{7-17}$$

需要指出的是，在进行稳态响应计算时，如果给定的阻尼与实际的阻尼存在偏差或偏差较大，那么放大因子 AF 和隔离裕度 SM 会有较大的偏离。因此，在无法准确给定阻尼等参数的情况下，临界转速的裕度还是按照 7.2.4 节的要求选取比较稳妥。

表达转子-支承系统稳定性的一个重要指标是振动的对数衰减率。一般来说，对数衰减率大于零，系统稳定；对数衰减率小于零，系统不稳定。在有的教材中要求对数衰减率大于 0.2，才认为转子-支承系统稳定，作为防止发生转子失稳的评判依据。

振动的对数衰减率 δ 是减幅系数 η 的自然对数，与阻尼系数 ξ 有关，按式（7-18）计算。

$$\delta=\ln\eta=\frac{2\pi\xi}{\sqrt{1-\xi^2}} \tag{7-18}$$

转子稳定性是指转子保持无横向振动的正常运转状态的性能。若转子在运动状态下受微扰后能恢复原态，则这一运转状态是稳定的；否则是不稳定的。转子的不稳定通常是指在不考虑（或不存在）周期性干扰下，转子受到微扰后产生强烈横向振动的情况。转子-轴承系统稳定性问题的主要研究对象是油膜轴承，油膜对轴颈的切向作用力是导致轴颈乃至转子失稳的因素。导致失稳的其他因素还有材料的内摩擦和干摩擦，转子的弯曲刚度或质量分布在二正交方向不同，转子与内部流体或与外界流体的相互作用等。有些失稳现象的机理尚不清楚。

7.6　转子扭转振动

转子的振动主要包括弯曲振动、轴向振动和扭转振动。弯曲振动主要由转子不平衡引起；轴向振动主要因推力不均匀造成；扭转振动是旋转机械轴系一种特殊的振动形式，它本质上是由于轴系存在弹性并受到扭矩的作用，因此当转子以某一转速旋转时，轴系各轴段因弹性、刚性、转动惯量等差异，产生不同大小、不同相位的瞬时速度的起伏，形成沿旋转方向的来回扭动。

液力透平是将液力压力能转变为机械能的设备，透平机组往往包括两个以上的独立转子，通过联轴器将驱动设备的机械能传递给被驱动设备，一旦主动力矩与负荷反力矩之间失去平衡，将导致合成扭矩的方向来回变化，产生扭转振动。因此对功率比较大、负荷变化频繁或液力透平来流调节范围较宽的情况，应对转子系统进行扭转振动分析，分析内容应包括转子围绕其旋转轴发生的静态和动态扭转振动。

扭转振动的类型是角振动，载荷是力矩，描述参量是抗扭刚度和转动惯量，振动参量是角位移、角速度、角加速度。式（7-19）为单自由扭转振动的运动方程，式（7-20）为单自由度扭转振动的临界转速，图7-6为单自由度扭转振动模型示意。

$$J\ddot{\varphi}+k_{\varphi}\varphi=M(t) \tag{7-19}$$

$$\omega_{\varphi}=\sqrt{k_{\varphi}/J} \tag{7-20}$$

式中　J ——转子转动惯量；

k_{φ} ——抗扭刚度；

$M(t)$ ——扭矩；

φ ——扭转角；

ω_{φ} ——扭转振动频率。

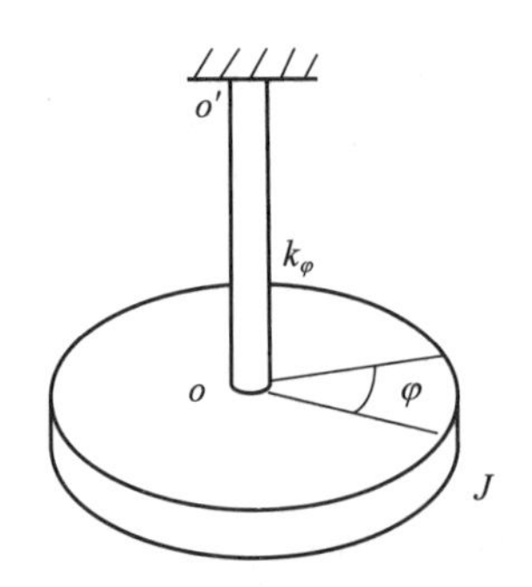

图7-6　扭转振动模型示意图

对于由联轴器联结的液力透平机组，对其进行轴系扭转振动分析，要比进行单自由度扭转振动分析复杂得多，可利用有限元分析软件完成。通常包括下面三方面的内容：

1）无阻尼固有频率分析：扭转固有频率计算，相关模态振型分析以及生成坎贝尔图（Campbell）确定可能的共振点。

2）稳态阻尼响应分析：通过添加典型的激励和阻尼，进行强迫响应分析，得到转子的循环扭矩和应力，确定机组的结构可靠性。

3）瞬态扭转振动分析：与稳态阻尼响应分析类似，但是在瞬态条件下完成，分析结果是循环扭矩和应力，两者皆为时间的函数。

根据API684标准要求，轴系扭转振动的无阻尼固有频率应与所有运行转速范围内的激励频率隔开至少±10%，并避免二倍频与临界转速重合。如果上述隔离裕度不能满足，则需要开展进一步的应力分析以确定扭转振动不会对系统造成伤害。

参 考 文 献

[1] 钟一谔，等. 转子动力学 [M]. 北京：清华大学出版社，1987.

[2] 孙兴华，王跃方. 离心泵转子的湿态临界转速计算及边界环境对其动力特性的影响 [J]. 水泵技术，2011 (2)：26-30，42.

[3] 陈乃娟，等. 可倾瓦轴承支撑 CAP1400 转子系统的临界转速计算 [J]. 水泵技术，2013 (6)：4-9.

[4] 朱慈东. 口环密封对高压多级离心泵临界转速的影响 [J]. 流体机械，2019 (1)：15，39-43.

[5] 刘振萍. 多级离心泵湿临界转速数值计算和测试技术 [D]. 杭州：浙江大学，2012.

[6] 航空发动机设计手册总编委会. 转子动力学及整机振动（航空发动机设计手册第 19 册）[M]. 北京：航空工业出版社，2002.

[7] 张远君. 液体火箭发动机涡轮泵设计 [M]. 北京：北京航空航天大学出版社，1995.

[8] 本特利. 旋转机械诊断技术 [M]. 北京：机械工业出版社，2014.

[9] 赵祥雄，陈双博，等. 转子形式对高速透平膨胀机临界转速的影响 [J]. 低温工程，2010 (3)：1-6.

[10] 蔡大文. 考虑陀螺力矩时轴的临界转速计算 [J]. 西安工业学院学报，1995 (5)：120-125.

[11] API684 second edition，Rotordynamic Tutorial：Lateral Critical Speeds，Unbalance Response，Stability，Train Torsionals，and Rotor Balancing [S].

第8章　液力透平密封

8.1　概述

密封的作用是隔离介质和环境、阻止介质泄漏。密封的可靠性与设备的正常运行直接相关，在易燃易爆或高温高压介质条件下，对系统的安全稳定运行和周围环境有重要影响。

根据应用部位不同液力透平密封分为静密封和动密封。静密封是指两静止零件结合面的密封，如透平壳体两个零件结合处的密封，工作状态下静密封件没有主动的宏观位移；实际上在工作状态下静密封并非完全静止，介质压力、温度以及密封件材料自身的物理变化均会引起密封件形状的变化，比如O形圈的密封原理以及常见的挤出失效就是一个动态的过程。

动密封是指动静零部件之间结合处的密封，包括非接触式间隙密封（如叶轮与壳体间的密封、级间密封等）和接触式密封（如转子与壳体间的密封）。在接触式密封部件中，主要密封界面的密封元件往往有宏观相对运动，即有补偿能力。轴上件的密封如叶轮与轴套之间、轴套与轴套之间的密封按静密封考虑。

工程应用中的密封常常是多种密封形式的组合部件，例如机械密封定义为动密封，但它的辅助密封一般归为静密封，有时这种辅助静密封有多道。

动密封是动设备的故障多发部件，有统计表明约50%的化工装置事故由密封失效引起[1-2]，因此在液力透平设计阶段，密封结构、密封冲洗方式、材料选择、可维修性等都应给予足够重视。图8－1为液力透平及常用密封整体结构。

8.2　液力透平用动密封

8.2.1　动密封的种类和特点

根据密封结合面类型，液力透平用动密封一般可以分成接触式密封和非接触式密封。所谓接触式密封，是指在密封力作用下，密封副的密封面相互接触、贴紧甚至嵌合的结构；密封面间存在一定的微小间隙并保持不接触的密封称为非接触式密封。非接触式密封根据间隙又可细分为固定间隙和可控间隙两种类型。

液力透平由于被密封介质为液体，因此多以接触式机械密封为主，如多弹簧机械密封、波纹管机械密封等；低速大轴径的情况下也可采用压缩填料密封；特殊工况可采用固定间隙非接触密封，如迷宫密封或螺旋密封等；在密封处可能有大量气体析出的特殊情况

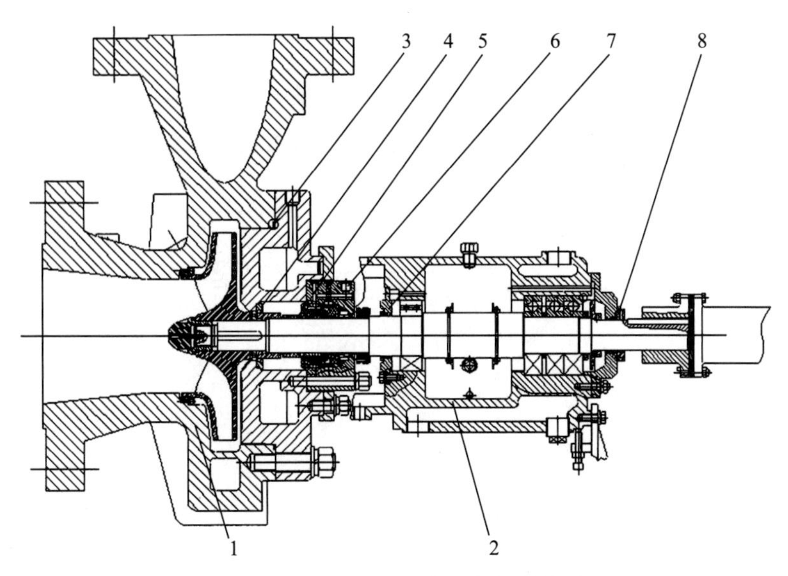

图 8－1　液力透平与常用密封结构图

1—透平本体；2—轴承箱；3—石墨密封垫；4—介质侧迷宫密封；5—O 形圈；6—介质机械密封；7—轴承箱润滑油迷宫密封；8—轴承箱骨架油封

下，采用可控间隙的非接触密封，如非接触式液膜密封、干气密封、浮动环密封等。常用的动密封结构及性能特点见表 8－1。

表 8－1　液力透平常用动密封种类和特点[3-4]

密封结合面类型	间隙类型	密封种类	特性				
			泄漏量	结构	价格	系统	寿命
接触式	—	机械密封	较小	较复杂	较高	较复杂	较长
		填料密封	较大	简单	较低	较简单	较短
非接触式	固定间隙	迷宫密封	大	简单	低	简单	长
		螺旋密封	大	简单	低	简单	长
	可控间隙	非接触液膜密封	小	复杂	高	较复杂	长
		干气密封	小	复杂	高	复杂	长
		浮动环密封	较小	较复杂	较高	较复杂	较长

8.2.2　填料密封

填料密封是一种传统的接触式密封，由于其材料来源广泛、加工简单、价格低廉、操作简便等，一直沿用至今。典型的结构如图 8－2 所示。

填料密封由主体材料和辅助材料组成，其中主体材料可以分为橡胶（含天然橡胶和合成橡胶）、纤维（分植物、动物、矿物和合成）和金属几大类，辅助材料则包含润滑剂、浸渍剂、缓蚀剂以及填充料等。在实际使用时，需要根据工况，综合考虑填料的摩擦、磨损、发热等因素并做出正确选择。

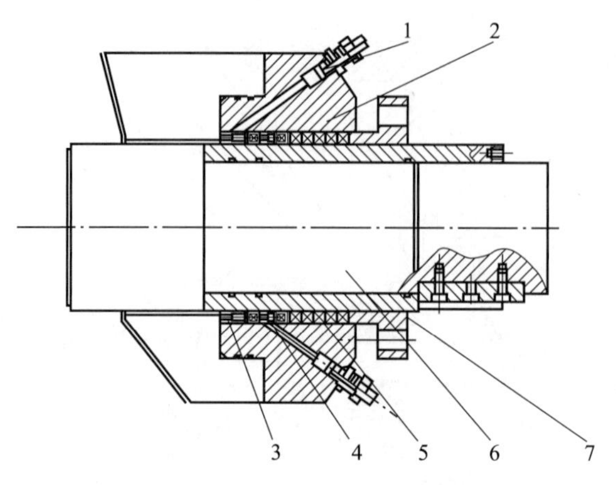

图 8-2　填料密封结构示意图

1—冲洗管；2—填料箱；3—节流环；4—水封环；5—填料；6—轴；7—填料压盖

气体或易挥发介质建议选择自润滑性好、抗渗透性强的材料；在高温（≥500 ℃）、高压（≥20 MPa）、高速（≥20 m/s）的条件下，可以采用金属箔片（通常为铝箔、铅箔）作为填料[5]。

填料密封的原理曾有多种解释[6]，但比较简明实用、接受最广的还是间隙泄漏机理。填料被压紧后，与轴紧密接触，但这种接触并不是完全的，接触的地方会由于填料中浸渍的润滑油挤出、外供冲洗液或填料的自润滑作用形成"轴承效应"；不接触的地方会形成不规则小凹槽，与接触的地方形成"迷宫效应"，产生阻止泄漏的作用。为了保证润滑，填料密封出现泄漏是必要的，这也是填料密封的最大缺点。根据间隙层流理论，可以得到泄漏量与填料两侧压力差、轴径成正比，与流体黏度、填料长度成反比，而与半径间隙的三次方成正比。因此调整好填料压紧力，保证填料与密封面的抱紧状态对减小泄漏十分重要。一般回转轴用填料密封的允许泄漏率见表 8-2。

表 8-2　一般回转轴用填料密封的允许泄漏率

允许泄漏量/(mL/min)	轴径/mm			
	25	40	50	60
启动 30min 内	24	30	58	60
正常运行	8	10	16	20

注：上述泄漏率对应转速为 3 600 r/min，密封处介质压力为 0.1～0.5 MPa。

8.2.3　迷宫密封

迷宫密封是通过不同形状的疏齿结构形成流动空间连续变大变小的曲折通道，液体进入窄通道时节流降压，接着进入宽空间，产生漩涡，耗散能量，该过程经反复循环，达到降压降速、减少泄漏的作用。液力透平中迷宫密封一般作为辅助密封，以降压作用为主。图 8-3 为迷宫密封结构形式。

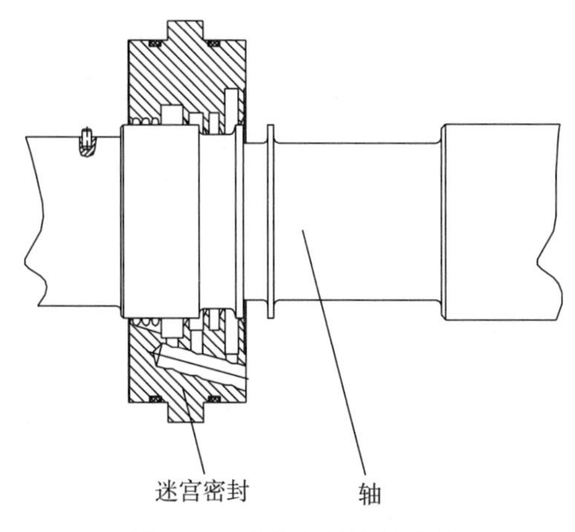

图 8－3　迷宫密封结构形式

8.2.4　浮动环密封

与迷宫密封类似，浮动环密封也属于间隙密封，具有结构紧凑、方便布置的特点，适合高转速、高温、腐蚀等环境。浮动密封环在密封壳体内可做径向运动，即浮动于被密封件外径之上，相较于迷宫密封，间隙可以控制得更小，因此能够适应更高的压力；浮动环的数量可以根据密封压力设定，当采用多道浮动环密封时，可以有效密封 10 MPa 以上压力的介质，液体火箭发动机主泵中的单个浮环需要密封的压差更是最高可达 20 MPa。

图 8－4 为浮环密封的结构简图，其主要由浮动环、防转销、固定环及密封壳体组成。浮动环在轴上可以上下自由运动，周向有防转销阻止其转动。当浮起力较小时，可以采用 O 形圈或弹簧将浮环的一侧压紧在壳体上，这样在停机或压力降低时，仍可以将环对正轴中心，进行辅助定位。浮动环可以是整体式，也可以是分瓣式，以方便安装。

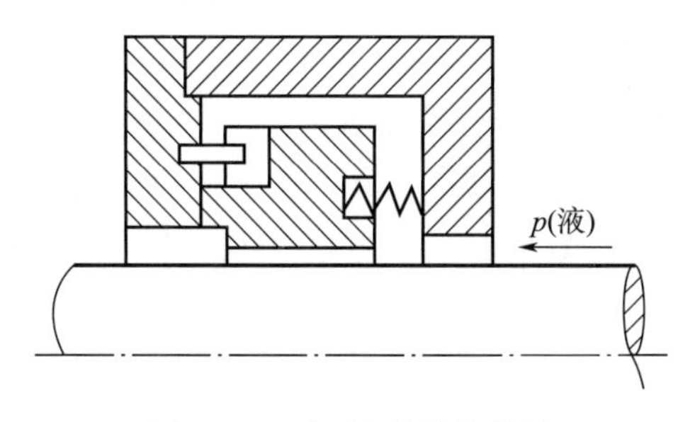

图 8－4　浮环密封结构简图

为提高密封性能和稳定性，浮环的形状有 L 型环与锥型环[8]；或在浮环内表面开出沟槽，沟槽形状有长方形、环形、正弦曲线环形及长方形（环形）沟槽附加长方形台阶等等，如图 8－5 所示。

当机组停车时，在重力作用下，浮动环悬挂在轴上，浮动环与轴不同心，浮动环内圈与轴之间的间隙成月牙状，这时浮动环与轴之间的偏心距最大；同时在压差作用下，浮动

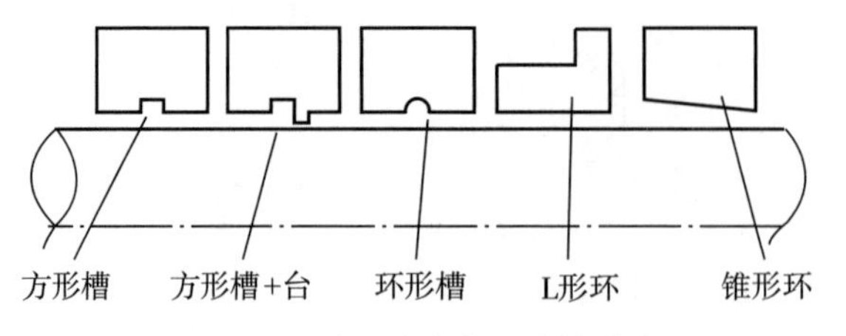

图 8-5 浮环及内表面沟槽形式

环紧贴在密封壳体上。当机组启动后，在离心力和介质黏性作用下，液体被带入环和轴之间的楔形间隙，形成液体动压效应，使得浮动环浮起。轴稳定运行时，浮动环内径间隙的浮起力和浮动环与壳体之间的摩擦力以及浮动环重力达到平衡，此时浮动环的中心和轴的中心基本重合，从而达到对中目的。由于浮动环具有自动对中的性质，环和轴的间隙可以做得比较小，这是浮环密封工作的最大特点。

浮环密封的设计计算内容主要包括：1）浮动环的浮起性能，即浮起间隙，以保证浮动环与轴之间间隙满足最小间隙要求。通常，当压力较高时，浮动环与轴的径向间隙可取轴径的 0.5/1 000～1/1 000；当压力较低时，浮环与轴的径向间隙约为轴径的 0.5/1 000～1.5/1 000[9]。2）泄漏量能否满足密封要求。

由于浮动环密封与滑动轴承工作原理相同，因此可用流体润滑公式计算浮动环平衡位置的偏心率 ε 。

$$\varepsilon = \frac{1}{1 + 0.112\mu \cdot n \cdot D \cdot L_j (L_j/\delta)^2 / F} \tag{8-1}$$

式中 δ ——直径间隙，m；

L_j ——单个浮动环节流长度，m；

D ——轴径，m；

n ——轴转速，r/min；

μ ——密封介质动力黏度，m²/s；

F ——浮起力，依据受力平衡计算得到，N。

根据偏心率的定义 $\varepsilon = e/\delta$ ，可以很容易得到平衡位置时的偏心距 e 。偏心率大，平衡位置的间隙大，相应地，泄漏量和功耗都会增加，因此设计时最大偏心率一般不超过 0.6。

泄漏量的计算

$$Q = \pi D \Delta P \delta^3 (1 + 1.5\varepsilon^2) / (12\mu L) \quad (Re < 2\,000) \tag{8-2}$$

$$Q = 14.8D(1 + 0.314\varepsilon^2)\sqrt[7]{\Delta P^4 h^{12} / \mu\rho^3 L^4} \quad (Re \geqslant 2\,000) \tag{8-3}$$

式中 Re ——雷诺数，$Re = 2 \cdot U_m \cdot h \cdot \rho/\mu$ ；

U_m ——平均速度，m/s，$U_m = Q/(\pi D h)$ ；

ΔP ——压差，Pa；

h ——半径间隙，m，$h = \delta/2$。

浮动环密封对制造精度要求比较高，浮动环的同心度、端面垂直度和粗糙度等都对密封性能影响较大。与其他间隙密封相同，为保证环的浮起以及轴向端面润滑，这种密封无法做到完全无泄漏。在对泄漏要求严格的情况下，可以将浮动环作为首道密封，与其他密封形式组合，取得满意的效果，同时必要的情况下还需配置冲洗液辅助系统。

8.3　液力透平用机械密封

机械密封是动密封的一种，是实现动设备动静部件间密封的最重要的密封形式之一。机械密封最早于 1885 年出现在英国，1900 年出现实际产品。经过一百多年的发展，其性能已有了非常大的提高，也成为液力透平等旋转机械最为常用的密封形式[10]。

8.3.1　机械密封基本结构

图 8-6 是机械密封应用及基本结构。其中 3、4、5、6、7、8 构成静环组件；密封副由动环 1 和静环 2 组成，动环依靠防转销 4 定位，防止静环随动环旋转和脱出；动静环靠弹性元件（弹簧）7 保持贴合形成与转轴垂直的主密封面，因此机械密封也称为端面密封；辅助密封 6 是机械密封的重要零件，它防止介质沿轴向泄漏，从而形成完整的机械密封效果。

动环和静环也称为摩擦环，由弹性元件所推动的静环（或动环，由安装方式决定）也称为补偿环。常用的弹性元件一般有波纹管、多弹簧或单弹簧。

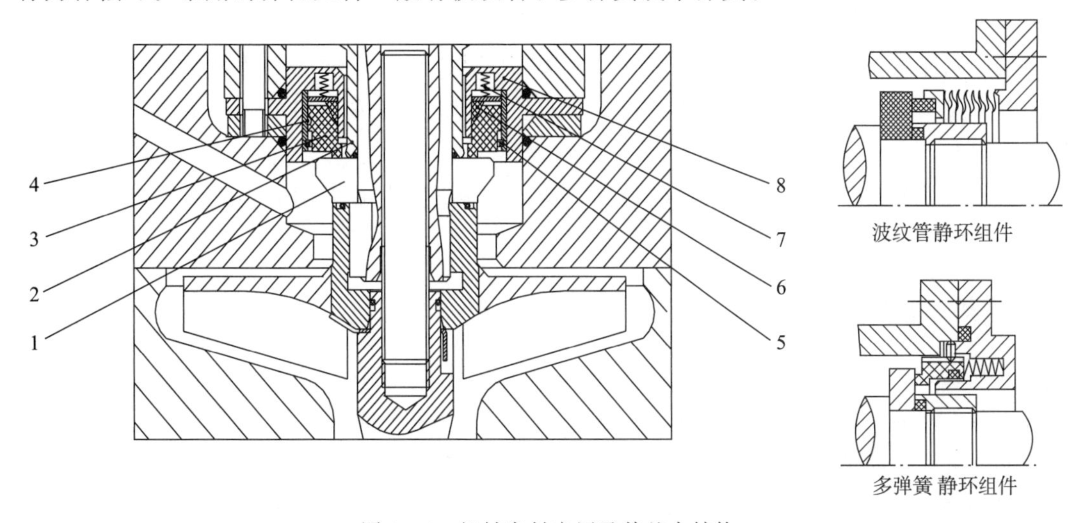

图 8-6　机械密封应用及其基本结构

1—动环；2—轴套；3—石墨环；4—防转销；5—卡环；6—辅助密封；7—弹簧；8—静环座

（3～8 构成静环组件）

（1）内流式和外流式

根据被密封介质的泄漏流动方向与离心力方向的关系，机械密封分为内流式和外流式。被密封高压介质处于密封件内侧，称为内压式（或外流式），这时密封泄漏方向与离心力方向相同。被密封高压介质处于密封件外侧，称为外压式（或内流式），这时密封泄漏方向与离心力方向相反。两种密封形式在密封机械设计上有显著差异。图 8-7 为内流式和外流式机械密封示意图。

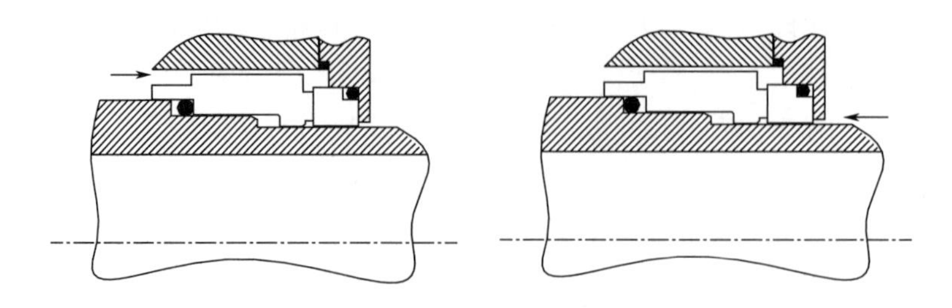

图 8-7 内流式和外流式机械密封示意图

（2）动、静补偿环的选择

补偿环可以是动环，也可以是静环。API 682[11]给出非常详细的关于旋转补偿组件或静止补偿组件选择影响因素分析，其中重点考虑的有密封环相对于轴线的垂直度、工况条件和密封特性。

在高温（176 ℃）、高压及安装在柔性较大的多级叶轮转子或存在较大管道载荷环境下，密封腔的变形会影响轴和密封腔面的对准，推荐优先使用静止补偿组件。

圆周速度大于 23 m/s，密封平衡直径超过 115 mm，为防止离心力引起的密封面打开，推荐使用静止补偿组件。

为了提高双端面密封的内侧密封的冲洗效果，以及含有悬浮固体颗粒流体时利用离心力作用使固体颗粒远离旋转补偿组件等重要功能性部件，可以使用旋转补偿密封元件。如使用多弹簧密封，将弹簧置于泵送流体之外的静止式补偿组件结构可以用于固体颗粒含量较高的工况。

对于有些波纹管密封，在操作的过程中会产生振动，这时采用静止式波纹管密封的结构有助于避免这个问题。

8.3.2 机械密封的密封性能

机械密封是存在一定泄漏的密封形式，其泄漏途径主要有三个：一是静环和动环组成的密封面，此为主密封，其性能决定了整个密封的效果和寿命；二是辅助密封圈，其随动性能也是密封性能的重要影响因素[12]，特别是在工况变化，开停车过程中，其常用的结构有 O 形圈和楔形聚四氟乙烯环等；三是静环与密封体之间的静密封，在保证加工尺寸和公差的情况下，该泄漏比较好避免，同时也可以水压等方法比较容易地发现此处泄漏。如果采用波纹管机械密封，则可以省略辅助密封，减少第二种泄漏，因此波纹管密封多用于高低温工况。随着近年全氟醚 O 形圈的广泛使用，高温场合下多弹簧密封应用也日益增多[13]。图 8-8 为机械密封主要泄漏位置。

所有的机械密封都需要对端面进行润滑，以保证密封可靠运行。当安装单端面液膜接触密封进行性能试验时，泄漏介质一般会蒸发而不可见。但是，当采用非接触液膜密封时，可能导致泄漏率增加，而出现可见的液滴。有时双端面液膜接触密封在采用非蒸发性

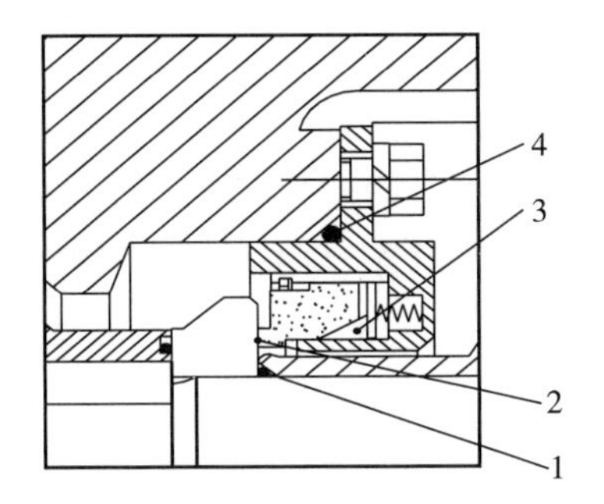

图 8－8　机械密封主要泄漏位置

1，3，4—静密封点；2—动密封点

的润滑油做隔离液时，也可能产生液滴的可见泄漏。

关于机械密封泄漏率，文献［11］等标准针对不同的介质给出了明确的规定：对于易汽化介质，泄漏介质蒸汽浓度应小于 1 000 ml/m^3（ppm vol.）；对于非易汽化介质，每对端面的平均液体泄漏率应小于 5.6 g/h。

8.3.3　密封面的几何特征

实际上机械密封的密封端面并非绝对平整，而是处于凹凸不平的状态；且密封端面表面粗糙，粗糙度与密封面间的液膜基本处于同一数量级。因此可以将密封端面简化看作：整体表面粗糙（高频影响），沿径向锥度不平、沿周向波度不平（低频影响）。Elbeck 首次提出了接触式机械密封中同时考虑一维的纵向粗糙度和切向波度作用的混合摩擦模型。杨慧霞、顾永泉在此基础上提出一种综合考虑表面粗糙度、环状波度和径向锥度的两维混合摩擦模型[14]。相关计算和研究表明：

1）随着粗糙度的增加，摩擦系数和泄漏量增大。较小的粗糙度对改善密封的工作性能有利。

2）密封端面的波度可以理解为轴承中的压力坝作用，可增强流体动压效应，随着波度幅值和波度数量的增加，密封承载能力增加，摩擦系数减小。对一个给定的工况，波度幅值和数量有最佳值。

3）锥度由负到正逐渐增加，承载能力迅速增加，摩擦系数迅速减小。锥度为正时，泄漏量增加；锥度为负时，对泄漏量的影响不很明显。图 8－9 为机械密封密封面波度和锥度示意图。

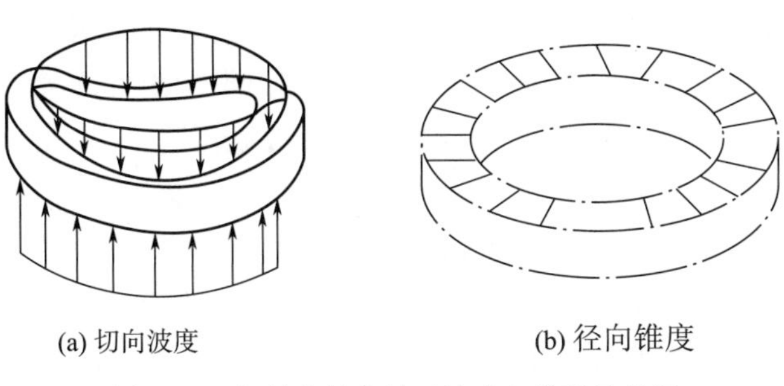

(a) 切向波度　　(b) 径向锥度

图 8－9　机械密封密封面波度和锥度示意图

8.3.4　机械密封设计参数

（1）面积比与平衡系数

机械密封流体压力作用的有效面积 A_e 与密封面名义接触面积 A_f 之比称为机械密封的面积比或平衡比（Balance Ratio），设计时用平衡系数 B 表示。图 8-10 为机械密封面积比计算示意图。

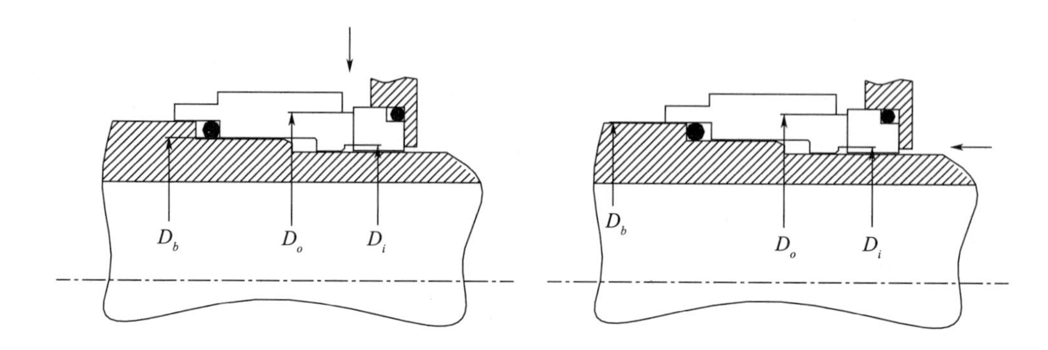

图 8-10　机械密封面积比计算示意图

对于外径受压密封，面积比由式（8-4）确定

$$B=\frac{D_o^2-D_b^2}{D_o^2-D_i^2} \tag{8-4}$$

对于内径受压密封，面积比由式（8-5）确定

$$B=\frac{D_b^2-D_i^2}{D_o^2-D_i^2} \tag{8-5}$$

式中　B ——面积比；

D_b ——密封的平衡直径，m；

D_o ——密封面外径，m；

D_i ——密封面内径，m。

当平衡系数 $B>1$ 时，机械密封为非平衡型，平衡系数 $B\leqslant 1$ 时，机械密封为平衡型；平衡型机械密封的平衡系数取值范围一般在 0.6～0.9 之间。采用平衡型机械密封结构，可以减小流体作用面积，平衡或抵消密封腔压力作用在密封端面上的载荷，减小密封面的发热量。

平衡系数可以被解释为密封腔压力使密封端面趋于闭合的比例，影响密封端面的载荷卸载情况，以及产生的热量和端面密封面的比压。密封设计中可通过平衡直径、平衡系数以减少密封面的发热量，满足预期的密封寿命和排放限制[15]。顾永泉介绍了与机械密封面积比有关的几种主要失效模式，并提出考虑主要失效现象的临界面积比[16]。根据临界面积比的大小，可以判断所选用的机械密封面积比的合理性。

图 8-11 反映了内流安装式密封副几何参数与平衡系数的关系，同时可以看出由于平衡系数不同，密封副密封面的载荷将有所不同。

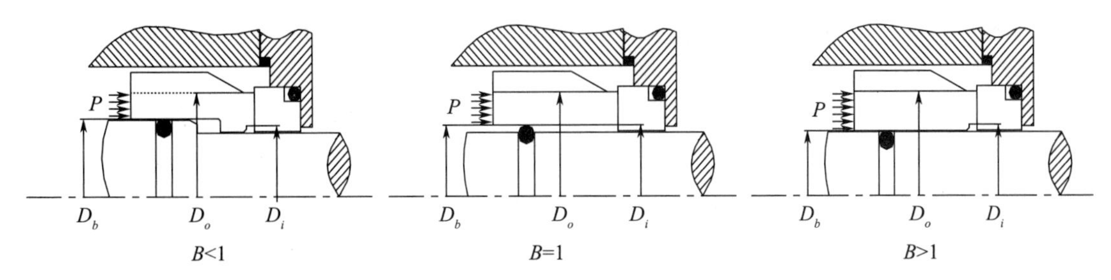

图8-11 机械密封平衡系数与几何参数关系示意图

(2) 载荷系数

图8-12为不考虑惯性力和摩擦力情况下稳态工况机械密封轴向力示意图。可以看出作用在密封端面的闭合力 F_c 等于介质压力 P_f 作用力 F_f，弹簧载荷 F_{sp} 以及液膜反力 F_m 的合力。

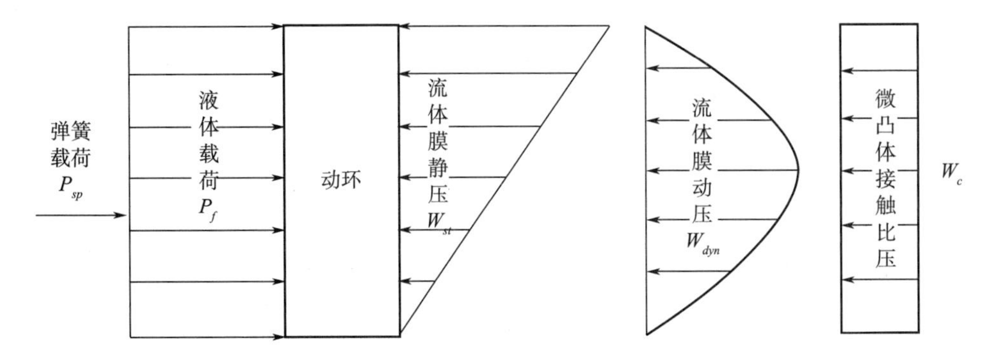

图8-12 机械密封密封面轴向载荷总承载能力示意图

其中液膜反力 $F_m = W_{st} + W_{dyn} + W_c$，为简化工程设计计算，引入膜压系数 K_m。

$$K_m = p_m/\Delta p_1 = F_m/(A_f \cdot \Delta p_1) \tag{8-6}$$

式中 A_f——密封端面面积，m^2；

Δp_1——密封系统流体压差，即密封腔压力与密封背压的差，Pa。

膜压系数 K_m 反映被密封流体通过密封端面的压降程度，是用来定量地表示密封端面的压差转化为流膜动压力即开启力的系数，介于0.0～1.0之间，实际设计计算中通常在0.5～0.8之间取值。对于平行平面密封（平行液膜）和非闪蒸性液体，$K_m \approx 0.5$；对于收敛液膜的密封端面或闪蒸性液体，$K_m > 0.5$；对于发散液膜的密封端面，$K_m < 0.5$。

密封面上单位闭合压力（即端面比压）p_{tot} 可以表示为

$$p_{tot} = F_{tot}/A_f = (F_{sp} + F_f - F_m)/A_f = p_{sp} + B \cdot \Delta p_1 - K_m \cdot \Delta p_1 \tag{8-7}$$

式中 p_{sp}——弹簧比压，Pa。

端面比压 p_{tot} 与 Δp_1 之比定义为载荷系数 K_{tot}，可由下式确定

$$K_{tot} = p_{sp}/\Delta p_1 + B - K_m = K_{sp} + B - K_m \tag{8-8}$$

式中 K_{sp}——弹簧载荷系数，为弹簧比压 p_{sp} 与 Δp_1 之比。

端面比压通常用来校核机械密封的密封性和耐磨密封性以及说明密封所处的状态。为

了保证接触式密封的密封面密封性（或闭合能力），端面比压必须大于0；同时为了保证必要的耐磨性，端面比压值必须小于许用值[17-18]。

(3) PV 值

PV 值是机械密封设计、选型、应用中的一个重要参数，是压力与圆周速度的乘积。但由于所取用的压力不同，PV 值的含义和数值有所不同[19]。

工作状态（P_gV）值：密封面比压 P_g 与密封面平均圆周速度 V 的乘积。

允许 (P_bV) 值：通过摩擦副的耐热性试验，根据密封面材料的摩擦和磨损最有效的数值来确定。通常允许值根据密封面材料组合在几种典型介质下的磨损率来确定，可据此推算或实测工作寿命。

极限 $(PV)_m$ 值：以密封面产生热裂时的 PV 值作为极限值。机械密封的端面摩擦发热使密封环的温度升高，产生过度的热应力裂纹即热裂。热裂使密封面泄漏量增大、磨损加剧，导致密封破坏。为了避免热裂应保持密封环的热应力处于安全范围内。

临界 $(PV)_c$ 值：密封面液膜破裂时的 PV 值为临界值。通常应使热变形和压力变形小于液膜厚度，或限制密封面温度以防止液膜发生汽化。应使 $P_bV < (PV)_c$，该值可以根据热变形公式来确定。

8.3.5 机械密封端面温度和热平衡

(1) 摩擦系数 f

密封腔内液体的平均温度可以通过简单的热力学平衡计算获得，如式（8-9）所示。

$$T = T_0 + \Delta Q_T / m \cdot c \tag{8-9}$$

ΔQ_T 为密封腔内流体获得的热流量，是传入密封腔流体的热量与传出密封腔流体的热量的差；密封腔液体温度的升高或降低取决于净热流量是正还是负。实际上传入和传出密封腔的热流量有多个源头，传入热源有密封端面的摩擦和流体的剪切产生的热量，密封旋转部件引起的涡流（或湍流）产生的热量，透平端传导正向吸收热或正向渗透热量；传出的热量主要包括透平端的负向吸收热量，通过对流或辐射发散到大气中的热量。

在密封系统的设计中，对控制温升或密封冲洗量的计算，除考虑上述热量外，平衡系数、流体特性以及其他影响因素需综合考虑。

摩擦系数 f 与摩擦学中的概念相似。标准的摩擦系数是用来两个直接接触的物体相对运动时摩擦力与正压力的比值，反映两个相对滑动的表面间的相互作用。在机械密封中，两个相对运动的物体表面就是密封端面。如果密封在无润滑条件下干运转，那么摩擦系数仅与接触面材料有关；但对机械密封，出于延长密封使用寿命等多方面的考虑，多在各种润滑介质条件下运转，这就造成了其摩擦系数与标准摩擦系数不同。如果密封端面是显著的粗糙接触，则摩擦系数 f 主要取决于材料与非润滑流体黏性；如果密封面间液膜处于分子的厚度量级，则摩擦力只与流体和密封端面的交互作用有关；对于全液膜润滑，密封端面之间没有机械接触，则摩擦系数 f 只是流体黏性剪切力的函数。由于机械设备加工和运行条件的复杂性，机械密封端面可能同时出现上述摩擦现象。

机械密封的摩擦系数是两个滑动密封端面与液膜之间交互作用的总体效果。实际试验表明，常规机械密封材料的摩擦系数 $f=0.01\sim0.18$；对于水和大多数中等分子量的烃类，一般摩擦系数 f 取 0.07；对油品类黏度系数较大的液体，摩擦系数 f 取较大值；对液化石油气或烃等黏度系数较小的液体，摩擦系数 f 取较小值。

在实际工程设计中，要充分考虑到膜压系数 K_m 和摩擦系数 f 是近似结果，会导致密封端面产生的热量与实际情况相比误差较大，因此将其视作同数量级的近似数值，而不能作为保证密封可靠运行的实际数据。

（2）密封开启力 F_m

密封开启力是密封面间流体动压产生的使密封面脱开的力，在机械密封设计中必须予以考虑。密封开启力可用式（8－10）表示

$$F_m=K_m\cdot A_f\cdot \Delta P_1 \tag{8-10}$$

（3）密封端面的闭合力 F_{tot}

在计算有效端面摩擦热时，需要首先计算促使密封面闭合的正向力。闭合力是弹簧力和作用于密封环有效面积上的流体压力之和。

$$F_{\text{tot}}=(B+K_{sp}-K_m)\cdot \Delta p_1\cdot A_f \tag{8-11}$$

（4）密封摩擦功耗 P

端面压力 P_{tot}

$$P_{\text{tot}}=(B+K_{sp}-K_m)\cdot \Delta p_1 \tag{8-12}$$

运转扭矩 RT

$$RT=0.5\cdot p_{\text{tot}}\cdot A_f\cdot f\cdot (D_0+D_i) \tag{8-13}$$

摩擦功耗（kW）

$$P=\left(\frac{RT\times N}{9\ 550}\right) \tag{8-14}$$

式中　N ——转速，r/min。

（5）密封腔温升 ΔT_{cha}

引起密封腔温度升高的热源有几种，除密封端面摩擦功耗以外，还有动环在流体中旋转生成的搅拌热，通过密封腔和轴从透平腔中传导来的热（或称为正吸收热）或向透平腔导出的热（或称为负吸收热），以及以对流扩散方式向大气散出的热。

除高速运转的大型密封之外，搅拌热量通常是微乎其微的，可忽略不计。

如果透平的温度不是很高或者透平外有保温层，大气对流散热也可忽略。

透平腔的吸收热计算很复杂，需要详细分析、测试和全面了解透平的结构和透平介质的特性。如果得不到这些数据，可采用式（8－15）估算吸收的热量

$$Q_{\text{sock}}=U\times A\times D_b\times \mathrm{d}T \tag{8-15}$$

式中　Q_{sock} ——吸收热，kW；

U ——物料特性系数；

A ——传热面积；

$\mathrm{d}T$ ——泵送介质温度和密封腔预期温度之差，℃。

当轴套和密封端盖材料为不锈钢，为碳钢时，估算的 $(U \times A)$ 值是 0.25。采用这个值时，热传导的计算结果一般是安全的。

密封腔温升 ΔT_{cha}

$$\Delta T_{cha} = 14.35 \cdot (P + Q_{sock}) / (\rho_{rel} \cdot q_{inj} \cdot c_p) \tag{8-16}$$

式中 ΔT_{cha} ——密封腔温升,℃；

ρ_{rel} ——冲洗介质相对密度；

q_{inj} ——冲洗流量，L/min；

c_p ——冲洗介质的比热，J/（kg · K）。

单密封按 API 标准配 11、12、13 或 31 冲洗方案时，流体是在透平介质温度下注入密封腔的，热吸收可不予考虑；采用 21、22、32 或 41 方案时，流体可在明显低于透平介质的温度下注入密封腔，热吸收需予以考虑。

为保证密封的可靠运行，API 标准规定了密封腔最大温升：常规的单端面密封，密封腔最大温升应限制在 5.6 ℃以下；有隔离/缓冲流体的，最大温升应限制在 16 ℃；缓冲液或隔离液为乙二醇/水或黏度接近水的液体时，密封腔最大温升为 8 ℃；缓冲液或隔离液为油时，密封腔最大温升为 16 ℃[11]。

以上计算中所应用的温升是密封腔的平均温升，有的区域温度比此温度高很多，而有的区域则低很多；同时密封端面的温升比密封腔的温升要高得多，为安全可靠起见，实际冲洗流体流量按以密封腔最大温升计算的最小冲洗液流量 2 倍以上确定。同时还可以采用切向进出口、内部隔板，径向和轴向导流环以及改进的密封腔设计等措施来加强流体在密封腔中流入和流出的流动效果，以保证密封端面附近的有效冷却。

8.3.6 机械密封辅助系统

机械密封的密封副又称为摩擦副，摩擦副在运行过程中需要良好的润滑和冷却条件，可以说良好的冲洗是保证密封性能的关键[21]。因此液力透平设计过程中，提高密封冲洗效果、对密封冲洗系统作出合理的选择非常重要。

（1）机械密封布置方式及冲洗方案

根据 API 610 标准推荐，液力透平的密封布置和冲洗系统选择原则与泵相同。密封冲洗方式选择与密封的布置形式密切相关，API 682 标准规定了三种布置方式，如图 8 - 13 所示。

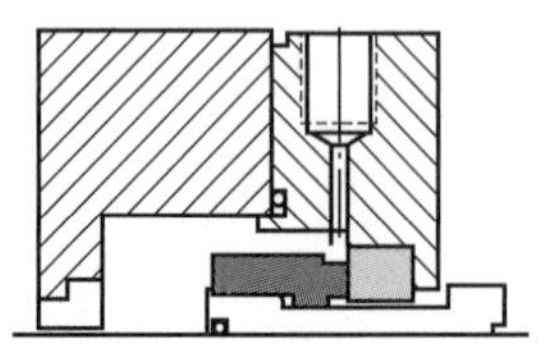

(a) 布置方式1:单端面密封

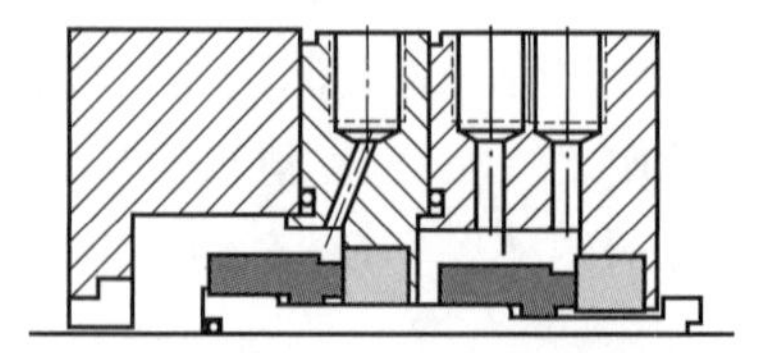

(b) 布置方式2:双端面串联密封

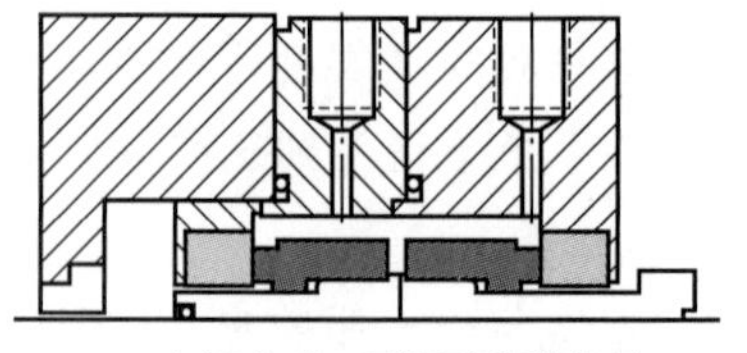

(c) 布置方式3:双端面并联密封

图 8 - 13 机械密封布置方式

布置方式1为单端面密封，即每套集装式密封中有一对密封端面；布置方式2为双端面串联密封，即每套集装式密封中有两对密封端面，且两对密封端面之间的压力低于密封腔压力；布置方式3为双端面并联（背靠背或面对面）密封，即每套集装式密封中有两对密封端面，由外部引入隔离流体到两对密封端面间，其压力高于密封腔压力。

API 682标准附录针对这三种布置方式给出了工业上常用的标准冲洗方案及其相关流程图，同时该标准还对使用过程中出现的问题及时进行总结并对标准内容进行相应修订，是进行密封冲洗系统选择的重要参考资料。

①布置方式1单端面密封冲洗方案

单端面机械密封典型的密封冲洗方式有三种，分别为自冲洗PLAN 11、反向冲洗PLAN 13和外冲洗PLAN 32，如表8-3所示。常用的冲洗方式是自冲洗PLAN 11和反向冲洗PLAN 13。

表8-3　布置方式1单端面密封的常用冲洗方式

序号	冲洗方式	特点描述	应用场合
1	PLAN 11	从高压区引介质到密封腔作为冲洗介质	常用于常温水、柴油等
2	PLAN 13	从密封腔引介质返回到透平低压端作为冲洗介质	常用于轻烃等
3	PLAN 32	外供冲洗介质	含颗粒或高温场合

注：视压力高低，这三种冲洗方式中间管路都可加节流装置。

PLAN 11方案是布置方式1的默认冲洗方案，但在如下情况下不推荐使用：1）立式安装的设备其排气性能不好时；2）进出口压差过高，造成节流孔板孔径过小时；3）介质容易气汽的场合。

PLAN 13多用于介质易汽化的场合。

PLAN 11、PLAN 13适合于介质干净，温度和压力适中，环境温度下介质不易凝固或聚合的场合。当介质高温或含颗粒，不适合直接作为冲洗介质，并允许外引冲洗介质时，开采用外部冲洗即PLAN 32。

在自冲洗方式基础上，可以通过外部加温或降温，衍化出其他多种冲洗方式。表8-4为布置方式1单端面密封的常用衍化冲洗方式。

表8-4　布置方式1单端面密封的常用衍化冲洗方式

序号	冲洗方式	衍化方式	特点描述
1	PLAN 11	PLAN 01	与PLAN 11冲洗流程一致，但没有外接管路，适合常温下容易凝固或结晶的介质
		PLAN 12	回路中增加过滤器，适合含有少量颗粒的介质
		PLAN 21	回路中增加冷却器，适合高温介质
		PLAN 22	PLAN 21+12，适合含有少量颗粒的高温介质
		PLAN 31	回路中增加漩涡分离器，适合含有较重颗粒的介质（颗粒密度是液体两倍以上）
		PLAN 41	PLAN 21+31，适合含有较重颗粒的高温介质

续表

序号	冲洗方式	衍化方式	特点描述
2	PLAN 13	PLAN 14	PLAN 11+PLAN 13 的组合，可有效增加密封腔压力，是近年来轻烃类易气化介质常用的冲洗方式
		PLAN 23	回路中增加冷却器，适合高温介质

布置方式 1 单端面密封由于只有一道机械密封，为提高其可靠性和密封寿命，其密封背面也可选择不同的密封冲洗方式，常用的有 PLAN 62，即密封背面增加急冷液冲洗，可以用于碱液、盐液等易结晶以及高温易结焦的工况。

②布置方式 2 双端面串联密封冲洗方案

对于布置方式 2 双端面串联密封，前一道密封冲洗可以按布置方式 1 单端面密封的冲洗方式选取；第二道机封常用冲洗方式为 PLAN 52、PLAN 55；其中 PLAN 55 是新标准增加的冲洗方式。表 8-5 为布置方式 2 双端面串联密封的常用冲洗方式。

表 8-5　布置方式 2 双端面串联密封的常用冲洗方式

序号	冲洗方式	特点描述	应用场合
1	PLAN 52	采用泵送环等泵密封自身结构和虹吸罐系统形成缓冲液的循环	用于输运洁净、无结晶、无杂质的流体，同时流体介质蒸汽压力高于缓冲液系统压力，如轻烃等
2	PLAN 55	利用外置泵或外部压力源形成缓冲液的循环	可用于输运在大气侧容易结晶或固化的介质

PLAN 52 相比于 PLAN 55，由于密封系统与机组自成一体，对外界需要较少。但由于没有外置泵或外部压力源，其缓冲液循环效果相对较弱，需要合理选择密封系统管径，尽量减少管接头和管路长度，增大管路转弯半径以减少管路循环阻力。而 PLAN 55，由于缓冲液是外部供给和循环，因此需要注意供给源的稳定性以及输送介质泄漏对外部环境的污染。

布置方式 2 双端面串联密封的第二道机械密封可以根据介质特性选用干气密封，这时常用配合冲洗方式有 PLAN 72+76、PLAN 72+75。PLAN 75 与 PLAN 76 相比增加了介质收集罐，常用于常温常压下不容易液化的泄漏介质；而 PLAN 76 则更适合常温常压下易挥发的轻烃类介质工况。

③布置方式 3 双端面并联密封冲洗方案

布置方式 3 双端面并联密封可以采用 PLAN 53A、PLAN 53B、PLAN 53C、PLAN 54 等作为常用冲洗方案。表 8-6 为布置方式 3 双端面并联密封面的常用冲洗方式。

表 8-6　布置方式 3 双端面并联密封面的常用冲洗方式

序号	冲洗方式	特点描述	优点	缺点
1	PLAN 53A	外供高压氮气直接加压	结构简单，成本低	需要合适的氮气源
2	PLAN 53B	蓄能器加压	没有高压气源要求	成本及操作要求较高
3	PLAN 53C	外供低压氮气，采用活塞增压	压力可随介质压力动态调整	需要低压氮气源
4	PLAN 54	直接外供高压冲洗介质	强制循环，效果最好	成本最高，结构复杂

当压力超过 2.0 MPa 后，气体在液体中的溶解度急剧上升。因此，PLAN 53A 的方案只适用密封腔压力为 1～1.4 MPa 的场合。PLAN 53B 的隔离液在换热器的盘管中流动，流动阻力较大，循环效果不是最佳。PLAN 53C 在这几种冲洗方式中的隔离液压力最为合理，特别在介质压力变化较大的情况下。PLAN 54 理论上是一种非常具有优势的方案，由于其造价非常高，没有推广应用。因此任俊明[23]认为高温热油液力透平机械的优选方案依次为 PLAN 53C＞ PLAN 53B＞ PLAN 53A。但作者认为，考核成本不应只做初期投入计算，而要做全周期成本核算，在经费允许的条件下，还是推荐使用 PLAN 54，并且一般要求一台透平配一套 PLAN 54，不建议几台透平共用一套 PLAN 54 冲洗系统。使用 PLAN 53C 的冲洗方案，有一点还需关注，其活塞式蓄能器引压管线内部液体几乎不流动，对于易凝固介质，有必要考虑伴热和保温[24]。

与布置方式 2 串联密封类似，布置方式 3 双端面并联密封的机械密封也可以选择干气密封，这时配合冲洗方式有 PLAN 74。

④三种布置方式对比

布置方式 2 串联密封与布置方式 3 双端面并联密封第二道密封冲洗液的最大区别在于一个带压一个不带压，一般习惯上将布置方式 2 串联密封的第二道密封设置为不带压（压力小于 0.28 MPa. G），冲洗液称为缓冲液（Buffer liquid），而将布置方式 3 双端面并联密封的第二道密封带压冲洗液称为隔离液（Barrier liquid）。

加压双密封形式的布置方式 3 双端面并联密封与不加压双密封形式的布置方式 2 相比，密封泄漏途径是从隔离液腔流入透平，机械密封端面基本位于隔离液中，仅密封背面与输送介质接触，因此可以用于输送较脏、易结晶、含颗粒的介质工况。但需要指出的是，由于隔离液会进入输送介质，因此需要考虑隔离液与输送介质的相容性，以防隔离液污染介质或引起不安全的反应；同时隔离液压力需要高于输送介质压力 0.14 MPa 以上，否则加压密封就没有了意义。

总之，相比布置方式 1 单端面密封，布置方式 2 串联密封和布置方式 3 双端面并联密封的泄漏率更小，特别是布置方式 3 双端面并联密封，其隔离液压力高于密封腔压力，彻底杜绝了泵送介质向大气侧的泄漏，是安全级别最高的布置形式。

液力透平是能量转化设备，因此一般工作介质压力都比较高，温度也较高，而且工业上大多数均为危险介质，因此采用布置方式 3 双端面并联密封的机械密封在液力透平上运用比较多[24-25]。但需要指出的是，布置方式 3 双端面并联密封虽然本质安全度高，但其压力等级也高，给密封本身的设计和质量提出了更为严格的要求，在实际使用中，需要结合实际情况，合理选择密封布置形式，而不能一概而论[26]。

（2）隔离液和缓冲液的选择

①选择需考虑的因素

根据隔离液或缓冲液的作用，选择时需要考虑多方面因素。

（a）安全性

介质的挥发性和毒性也要考虑，隔离液或缓冲液不应含有或产生对环境和人体健康有严重危害的挥发性有机物（Volatile Organic Compound，VOC）和危险性空气污染物（Hazardous Air Pollutant，HAP）。防止万一出现泄漏情况，隔离液或缓冲液本身不会带来环境污染问题。如 Flowserve 等著名密封公司提供的隔离液或缓冲液产品都符合 FDA、NSF 相关安全标准[27]。

（b）良好的润滑和热传导性能

（c）介质相容性

1）需要与被密封的工艺介质相容，以确保其与工艺介质发生接触时不产生化学反应，或出现结胶，沉淀物；2）隔离液和缓冲液需要与密封冲洗系统中所用的金属、橡胶及其他所用材料相容；3）隔离液和缓冲液在被密封工艺介质温度下（主要是指高温或低温条件）仍可保证其相容性。

（d）低气体溶解度

在使用气体加压的隔离液系统中，需要特别注意工作工况条件和隔离液的选择。随着压力增加，气体在液体中的溶解度也会增加；随温度增加，气体溶解度会下降。随着隔离液压力下降，温度上升，其内部溶解的气体会不断逸出，形成泡沫以及隔离液循环量的损失。当黏度较高的隔离液（如润滑油）在使用压力超过 1 MPa 的情况下，通常会出现这种情况。

（e）黏度要求合适

黏度太低，在摩擦面形成不了液膜，容易造成干摩擦。但黏度增大，摩擦力增大，容易造成石墨表面损伤。因此对于隔离液或缓冲液黏度的选择原则是在保证形成液膜的前提下，黏度越低越好。大多数比较理想的碳氢化合物类的隔离液或缓冲液在操作温度下的黏度在 2～10 mm^2/s。碳氢化合物类的隔离液或缓冲液在操作温度下的黏度如果小于 100 mm^2/s 是可以接受。隔离液或缓冲液黏度在最小工作温度下需要小于 500 mm^2/s[11]。需要校核隔离液或缓冲液在整个介质操作温度范围内的黏度值，特别要注意启动工况。

（f）非易燃

如果存在含氧环境，隔离液或缓冲液闪点需要高于工作温度。

（g）倾点和沸点

选择的隔离液或缓冲液在最小环境温度下不会凝固，在工作温度流动性好（包括非常低的温度条件）。隔离液或缓冲液的初馏点需要比接触温度高 28 ℃ 以上[11]。初馏点（initial boiling point）是指油品在规定条件下进程馏程测定中，当第一滴冷凝液从冷凝器的末端落下的一瞬间所记录的温度。初馏点既能说明液体燃料的沸点范围，又能判断油品组成中轻重组分的大体含量。

（h）纯度

一般要求隔离液和缓冲液的纯度高，高纯度的隔离液和缓冲液有以下优点：一是可以减少对介质以及流程中催化剂的污染，二是可以减少泄漏对环境的污染，提高安全性，三是可以减少添加剂成分对密封部件的磨损以及在密封面的析出。因此一般选用高纯度石蜡基矿物油，以及合成基础油作为隔离液和缓冲液，尽量降低隔离液和缓冲液中硫、钒、胺类物质以及其他极压添加剂的含量。

(i) 性质稳定，廉价且容易获得

②常用的隔离液和缓冲液特性介绍[28]

常用的隔离液和缓冲液特性可以参见表8-7。

表8-7　常用隔离液和缓冲液的特性

隔离液和缓冲液名称	黏度@40℃ /cSt	最小使用温度/℃	最大使用温度/℃	热传导性能/℃	食品中使用	费用	备注
水	1	4	80	最好	可以	低	低沸点
乙二醇/水 50%	1～2	-40	80	很好	不行	中	—
丙二醇/水 50%	1～2	-25	80	很好	可以	中	—
矿物基础油	5～40	-25	204	好	可以	中	—
合成基础油	5～40	-50	232	好	一些	高	—
煤油	2	-18	150	好	不行	中	—
柴油	2	-12	150	好	不行	中	—
甲醇	<1	-58	50	好	不行	中	用于低温
丙醇	<1	-50	50	好	不行	中	用于低温

(a) 水和乙二醇溶液

水，价格便宜，安全，容易获得，不易燃，与密封材料有较好相容性，有良好的热传导特性，其热导率约比油大三倍，比热大约是油的两倍。但由于低温下结冰以及高温下黏度和沸点较低，导致可使用水的环境温度范围较窄。

对于低温环境，常使用的是水和乙二醇混合物，它们几乎与水有同样的热传导特性；50∶50混合体积比例是最常用搭配，可提供良好的防冻保护。注意乙二醇需要选用添加了抑制剂的工业用抗腐蚀乙二醇，这些抑制剂可以抑制乙二醇产生有机酸，阻止酸化，减少了对密封部件的腐蚀。

注意不要使用商品级汽车防冻液，因为防冻液中的添加剂往往会在密封部件表面析出沉淀，造成因结胶而出现部件失效。

(b) 石油基液压油和润滑油

高纯度石蜡基矿物油，以及合成基础油通常是比较理想的隔离液和缓冲液的选择。它们使用温度范围广，在高温环境下有较高的稳定性，不容易冻结，润滑性能优异。

石蜡基基础油普遍比环烷基础油好，而合成油性能更优。对于合成油，聚α烯烃(PAO)基础油通常比酯系好。一些密封厂家会专门配制用作机械密封隔离液和缓冲液的合成油。这些合成油通常在极宽的温度范围内提供了非常稳定的性能，纯度很高，具有优异的低温流动性和传热性，还获得了FDA及USDA的认可[29]。

一般来说，ISO黏度32以下的润滑油性能较好。高黏度可能导致机械密封面的损害，尤其是石墨材料。

实践表明，在工业中广泛使用的透平油和自动变速箱油（ATF）对于密封隔离液和缓冲液来说并不是一个好的选择，这主要是因为其内部含有复杂的添加剂成分。透平油中的抗氧化添加剂或极压剂会在密封面产生沉淀或析出物；而自动变速器油中包含增加离合器摩擦力的添加剂，增加了密封面磨损。

(c) 煤油和柴油燃料

煤油和柴油燃料主要用于需要油类物质作为隔离液和缓冲液的场合。煤油和柴油黏度低，润滑性能良好，且蒸汽压力足够低，流动性低，不容易挥发，减少了排放问题。

(d) 热传导油

常用热传导油有长城牌 L-QB300 导热油，该油是以精制的窄馏分矿物作为基础油，加入清净、分散、抗高温氧化等多种添加剂精制而成，符合 SH/T 0677—1999。适用于最高温度不超过 300℃的强制或非强制循环的闭式传热系统，可用于加热、干燥等过程，如木材加工、纺织染整、食品加工、化工等行业。具有如下优点：馏分范围窄，初馏点高；高温氧化安定性能良好，使用寿命长；挥发性低，闪点高；比热容高，热传导性能好；低温流动性好；系统的材料相容性好，耐腐蚀等。其具体性能见表 8-8。

表 8-8 长城牌 L-QB300 导热油性能参数[30]

项目	L-QB300 导热油
初馏点/℃	348
闪点/℃	226
馏程/40 ℃ HK 2% 97%	348 376 473
倾点/℃	−12
腐蚀	1
密度/(kg/m^3)	868.5
热稳定性 (300 ℃,720 h) 外观 变质率,%(m/m)不大于	透明,无悬浮物和沉淀 5.5

根据隔离液的理化特性，结合液力透平实际工作介质工况，采用导热油作为高温液力透平隔离液是一个比较好的选择。某焦化装置介质工况：密度为 838 kg/m^3（40 ℃），运动黏度为 0.86 mm^2/s（40 ℃），温度为 340 ℃，入口压力 0.1 MPa，出口压力2.0 MPa。原始选择的隔离液为 L-TSA46 汽轮机油，后改为基础油 HVIP8。从效果来看，L-TSA46 汽轮机油容易引起高温乳化，从而导致外漏。使用 HVIP8 润滑油后，隔离液乳化的情况得到明显的缓解。而且 HVIP8 抗氧化安定性较 L-TSA46 汽轮机油有明显的改观，有效地降低了高温条件下隔离液结焦的可能性，避免了大气侧机械密封因为隔离液结焦而导致的密封液膜汽化或波纹管补偿能力减弱情况的出现[31]。

（3）密封冲洗系统具体布置及其特殊部件

前面介绍了不同种类冲洗方案的特点，下面以立式液力透平配置的具体冲洗方案为例做简要介绍。

从图 8-14 方案示意图中可以看到，冲洗系统中含有一些特殊部件，掌握这些部件的基本原理和注意事项对于提供密封冲洗效果十分必要。下面对比较常用的一些部件进行简要介绍。

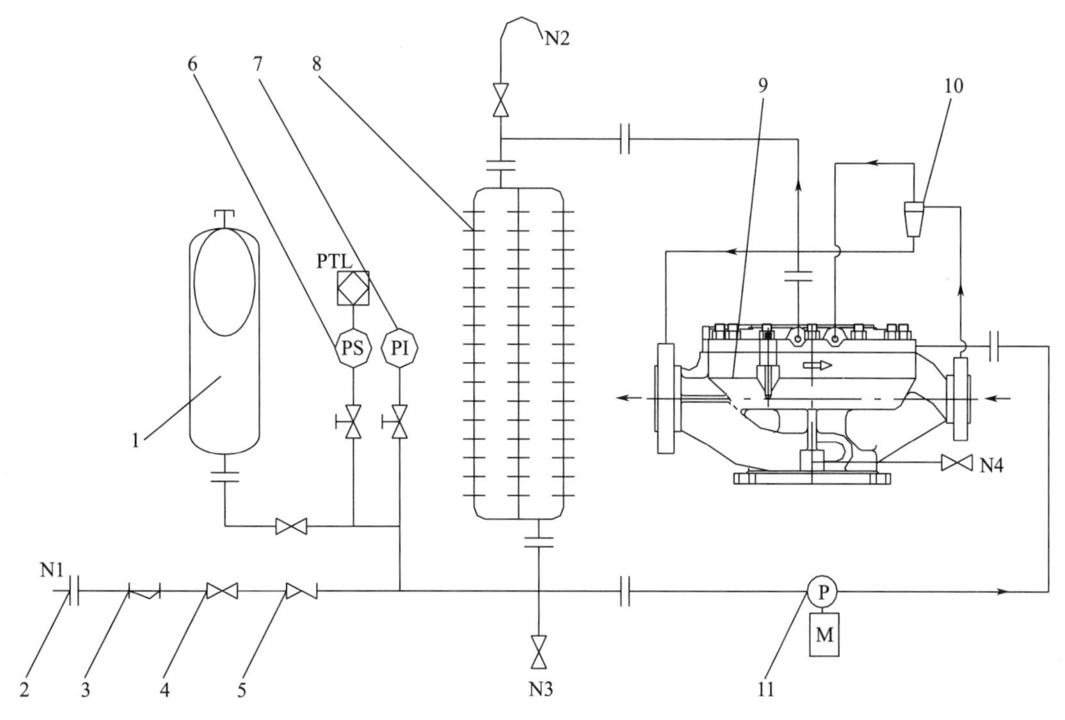

图 8-14 PLAN 31+53B 冲洗方案

1—囊式蓄能器；2—法兰；3—过滤器；4—闸阀；5—单向；6—压力开关；7—压力表；8—换热器；9—立式液力透平；10—漩涡分离器；11—电动循环泵

N1—隔离液加注口；N2—隔离液排气放空口；N3—隔离液放净口；N4—透平主介质放净口

①蓄能器

蓄能器是 PLAN 53B 系统的重要组成部分，其结构如图 8-15 所示。

蓄能器的作用是利用可以压缩的气体介质的体积变化来储存液体，以达到存储压力能的目的。液压系统中的蓄能器有多种用途，比如减少液压泵出口脉动，紧急情况提供压力源，用于液压弹簧以及热膨胀补偿器。蓄能器用于 PLAN 53B，主要起补液保压的作用。从图 8-15 可以看出，在蓄能器壳体内部，气体和液体被皮囊隔开，液体处于皮囊外部，与系统管路相通。当系统的压力升高时，液体会流入蓄能器内，使处于皮囊内的气体压缩；相反，当系统的压力降低时，气体会膨胀，将一部分液体从蓄能器排出到系统中。为防止皮囊脱出壳体，壳体下部设有蘑菇头形状的底部油阀。壳体上部设有补充气体的充气单向阀。壳体常用材料为碳钢，为使其能够用于腐蚀介质的场合，可以对其内/外表面进

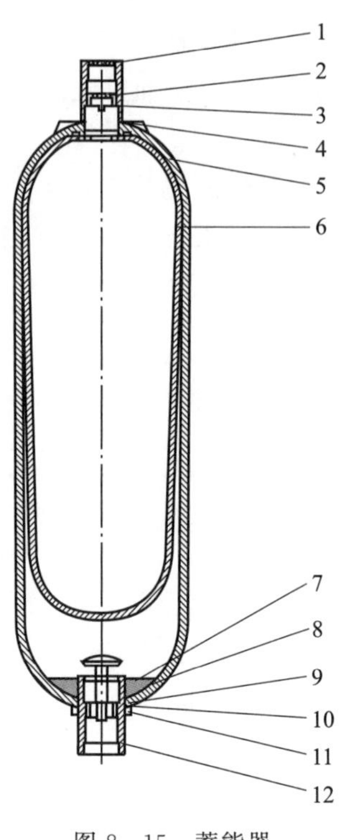

图 8-15　蓄能器

、1—气阀端保护盖；2—密封盖；3—气阀；4—气阀螺母；5—壳体；6—气囊；7—橡胶双半圆垫圈；8—O 形密封圈；9—挡圈；10—定位垫圈；11—带槽螺母；12—油阀体

行防腐处理或涂层，如磷化处理、镀镍、PTFE 涂层等，也可以直接使用不锈钢制作壳体。皮囊的材料一般是丁腈橡胶，也可用乙丙橡胶、氟橡胶、硅橡胶或其他特种橡胶制成。

在 PLAN 53B 中使用蓄能器需要注意以下问题：

1）蓄能器大小的选择：选多大容量的蓄能器主要由密封泄漏量、工作压力以及压力报警值的设定决定。API 682 规定蓄能器最小补液周期为 28 天，按此规定以及工程实际经验，蓄能器一般选 20 L 左右。

2）蓄能器材料的选择：虽然 PLAN 53B 是加压密封形式，但由于流动的复杂性以及开停车和密封故障时刻，难免有少许介质会进入密封辅助系统，因此蓄能器的金属和非金属材料选择要充分考虑输送介质的腐蚀性。

3）蓄能器正常工作压力确定：蓄能器的工作压力一般要求高于最大密封腔压力一定值（一般推荐 0.14 MPa）。密封腔压力与工况相关，如不同入口压力、介质温度和汽化压力、入口液面高度等，同时蓄能器保压介质为气体，它受环境温度等影响较大。所以蓄能器正常工作压力的确定需要充分考虑工况变化以及环境的影响，防止压力设定过高引起密封工作寿命减少或压力设定过低引起密封介质反流造成密封失效。在阳光照射强烈的地方可以考虑给蓄能器增加遮阳罩。

4）蓄能器使用步骤：需使用充气工具对蓄能器进行预冲气体（一般是氮气），预冲压力一般取正常工作压力的 0.75，然后利用液体加注设备（一般是手动或电动补液泵）对蓄能器进行补液，将压力提高到正常工作压力。

②漩涡分离器

漩涡分离器是利用相同速度不同质量密度的物质其离心力大小不同这一原理进行不同类型物质分离的设备，其结构简单，成本低，分离效率高，是密封冲洗 PLAN 31、PLAN 41 中的主要部件。其结构如图 8－16 所示。使用中需要注意：1）介质中需要分离的固体颗粒密度需要远高于流体介质密度，否则分离效果不佳；2）分离器前后需要保证一定压差，API 682 规定最小需要达到 1.7 bar；3）介质黏度也是分离效果重要影响因素之一，黏度越小，分离效果越好。

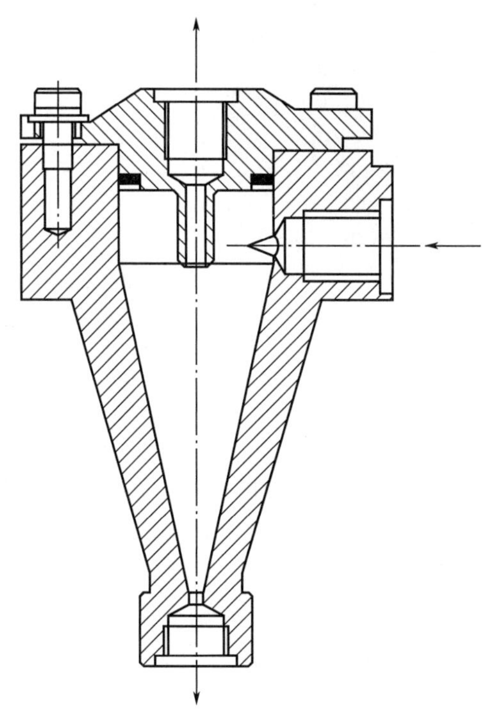

图 8－16　旋涡分离器

③循环泵

在 PLAN 52、PLAN 53A 或 PLAN 53B 等密封冲洗液循环动力不足的情况下，可以通过外加循环泵的措施增强循环动力。图 8－17 是博克曼公司生产的 SPU 系列密封冲洗液循环泵。

8.3.7　机械密封典型故障

机械密封的损坏形式主要有化学损坏、热损坏以及机械损坏三种情况。对于液力透平这种通常介质为高温高压的情况，热损坏是最为常见的故障形式，主要表现为热裂和疱疤等。

（1）热裂

热裂的表象是密封环表面出现径向裂纹，对于脆性材料，也会发生断裂，如图 8－18

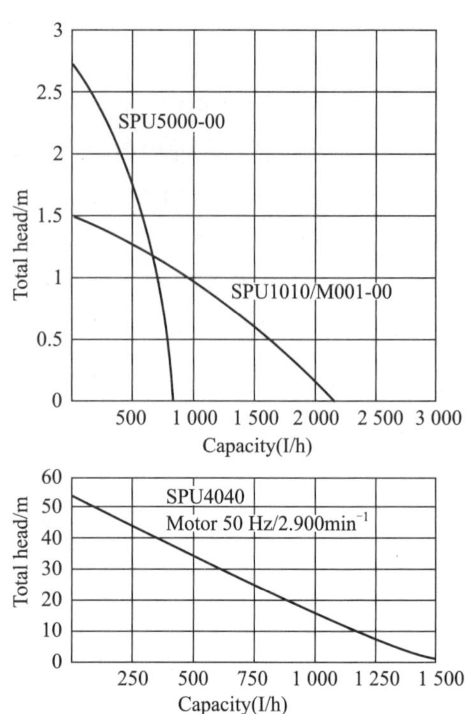

图 8－17　循环泵

(a) 所示。热裂产生的主要原因可能是密封冲洗系统失效、端面介质汽化、入口抽空等造成动静环发生干摩擦，机械故障造成动静环局部接触或者是工况的剧烈波动造成密封端面载荷增大，导致端面出现过大热应力。

热裂会造成密封泄漏量迅速增大，严重的可能会造成整个轴系失效，影响到叶轮、轴承等其他部件。为防止热裂影响整个轴系的安全，可以采用分体动环形式，即将动环装于动环座中，轴系的定位由动环座承担。

(2) 疱疤

疱疤的表象是密封的石墨表面出现不同大小的暗斑，如图 8－18 (b) 所示，破坏密封表面的平整度，从而引起泄漏。疱疤现象比较容易在润滑油等黏度较大的介质中出现，特别是润滑油中的极压添加剂有加重疱疤的作用。

目前为止，关于热裂和疱疤的实际物理机理还不是完全清楚，但一些研究结论还是可以作为设计人员的指导原则[12]。

(3) 热裂和疱疤的避免措施

对于热裂，Golubiev (1971) 将机械密封三维传热简化为平面问题，同时假设材料特性与温度场无关，推出密封环材料性能与按热强度得出的极限工作条件之间的关系，后来文献把其中表征材料抗热裂能力的部分称为耐热冲击系数 ($Th \cdot SP$)，其值等于

$$Th \cdot SP = \frac{\sigma_b \lambda}{Ea} \tag{8-17}$$

(a) 热裂

(b) 疱疤

图 8 - 18　密封面损伤情况

式中　σ_b ——材料强度极限，MPa；

E ——弹性模量，MPa；

λ ——材料的导热系数，W/（m·K）；

a ——线膨胀系数，K^{-1}。

耐热冲击个系数值越高说明抗热裂性能越好。为了尽量避免热裂的发生，需要选择导热性能好、强度高、热膨胀系数和弹性模量小的材料。例如对于常用密封动环材料，碳化钨比碳化硅具有更好的抗热裂性，同时也需要充分考虑运转和辅助冲洗条件。

关于疱疤，Strugala（1972）和 Miyazawa（1987）等人进行过详细的试验，其结果表明疱疤主要发生在轻烃和油类介质中；PV 值越高，疱疤越多；黏度越大，疱疤越多。

为避免疱疤，需要选择黏度较低的介质作为密封冲洗液，如前节所提的利用热导油代替 32 号透平油作为隔离液就是这个原因，同时尽量降低端面发热量，如选择相对较低的转速或使用非接触液膜密封代替接触式机械密封。

8.3.8　非接触流体膜密封

最初非接触机械密封都是气膜密封，即干气密封（Dry Gas Seal），密封环如图 8 - 19 所示，主要用于压缩机。后来技术延伸到液体密封中，出现了液膜非接触密封，通常是在密封端面开毫米级深槽或微米级浅槽，使密封面间产生液体动压、热变形或热流体等效应，控制端面压力分布，从而可以在端面形成一层厚度为微米级的连续液膜。液体密封环结构如图 8 - 20 所示。

浅槽液膜常用的非接触密封是一种被称为“上游泵送”的密封形式[32]，通过在密封端面上开一定形状的深度为微米级的浅槽，通过运转时产生动压效应，在密封面间形成一层 3 μm 左右的液膜；同时，由于槽产生的剪切流抵抗压差流，当剪切流与压差流相等时，密封实现零泄漏。

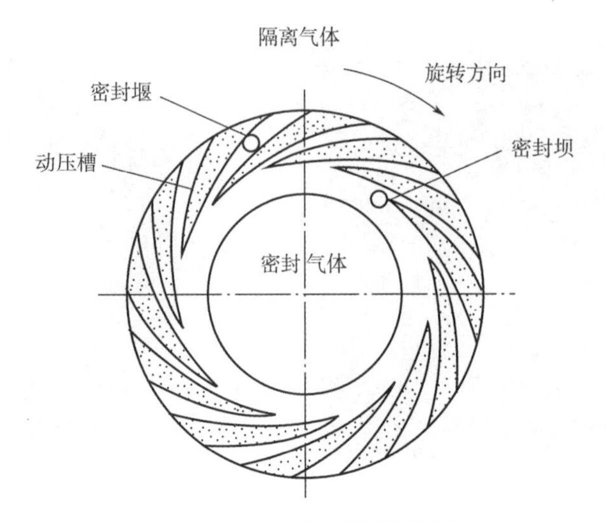

图 8-19　气膜密封环结构图

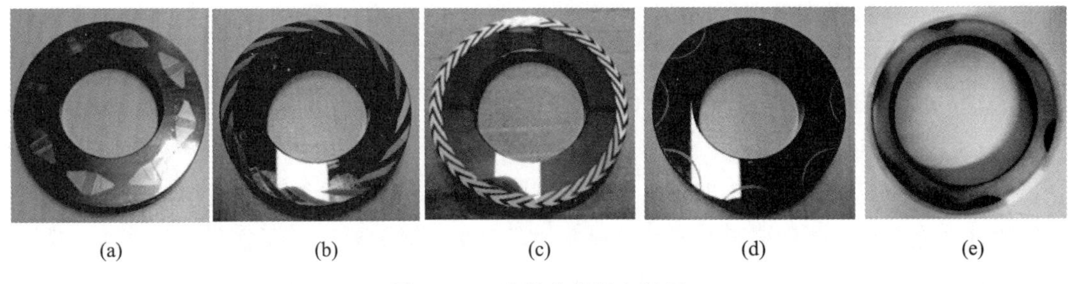

图 8-20　液膜非接触密封环

对于深槽，最早可以追溯到 Mayer 1961 年提出的端面径向槽密封[33] [如图 8-20(e) 所示]，其工作原理是由流体压力产生端面变形而形成的流体动力楔效应，和端面温差导致的局部热变形而形成的热楔效应，两种效应相互耦合，形成所谓热流体动力楔效应。Pascovici 和 Etsion[34]提出了一种考虑温度和黏度随膜厚变化的热流体动力分析模型，以及国内杨惠霞等人提出考虑表面粗糙度、力变形、端面摩擦生热和热传导等因素的密封特性计算方法[35]，都可以作为这类深槽非接触密封的理论分析模型。

目前国内四川日机密封件有限责任公司、石油大学化工机械研究所、天津鼎铭密封有限公司 、四川联合大学等开展有关的研究开发工作，并取得了具有自主知识产权的研究成果[36-38]。

与一般常规机械密封相比，非接触液膜密封其端面间形成了完整的流体膜，不存在机械磨损，因此相对普通机械密封发热量小、端面温度低、寿命大大增加，是一种很有发展前景的密封形式，有望成为解决热裂、疱疤等问题的最佳方案。

8.4　液力透平用静密封

液力透平中常用的静密封形式主要有平面密封胶、垫片以及 O 形圈密封三种形式。

8.4.1　平面密封胶密封

密封胶一般是一种呈液体或膏状的高分子密封材料，其基料一般可以分成树脂类、橡胶类、树脂和橡胶混合类以及天然高分子材料等四种。密封胶具有固化性能、温度性能、化学性能、力学性能、黏附性、工艺性等。它是一种化学液体垫片，具有一定的流动性，能够充满和补偿表面微小间隙、凹坑以及划痕，密封面积比较大时，容易形成一个比较可靠耐久的密封，是液力透平等一些中大型设备进行平面密封的一种较好的选择。

密封胶的密封是液体固化，不需要像固体密封那样的压缩变形，因此不会影响相关部件之间的间隙和配合尺寸链；不会像胶黏剂具有较强结合力，易于清除更换。

常用平面密封胶大致可以分为两大类：厌氧型和硅橡胶型。

厌氧型密封胶以丙烯酸酯为主，添加少量引发剂、促进剂和稳定剂配制而成，其成膜后不固化，保持黏结性和浸润性，为不干性粘接型密封胶，适用于较小平面间隙（0.25 mm），典型的如乐泰 515。也有干性固化型厌氧型密封胶，主要用于高温，如乐泰 510。

硅橡胶型厌氧型密封胶主要成分为链状低聚物硅氧烷，溶剂挥发后形成软性膜，具有一定橡胶的黏弹型，为半干型黏弹型密封胶，具有高柔性（延伸率最高达 600％以上），可以填充高达 6 mm 的间隙。常用硅橡胶型厌氧型密封胶型号分为脱肟型（如乐泰 587）和脱醋酸型（如乐泰 595），相比脱醋酸型，脱肟型密封胶无臭味、无腐蚀性，当与铜、黄铜接触时，可使其变色。

8.4.2　密封垫密封

密封垫片广泛运用于设备法兰以及设备端面等连接处。在 350 ℃以上高温、高压和超低温情况下，以及普通 O 形圈无法满足需要的极限工况下，可采用特殊材料或金属材料的密封垫。

密封垫根据材料可以分为非金属垫片、金属垫片、金属复合垫片等。非金属垫片分为橡胶垫片、聚四氟乙烯垫片、柔性石墨垫片，还有早期常用的石棉垫片，最近十几年由于环保和健康等原因，逐渐被芳纶纤维、碳纤维以及植物纤维垫片所代替。其中植物纤维垫片是由植物纤维、动物胶与黏结剂组成，具有抗拉强、耐油性能好且不易烂等特性，可替代传统的青稞纸、牛皮纸、红钢纸，非常适用于齿轮箱、轴承盖等有润滑油的场合。金属垫片由不锈钢、铜、铝等材料制成，最常用的形状就是八角形垫片和椭圆形垫片。最为常用的金属复合垫片是金属缠绕垫片。

密封垫性能参数主要包括垫片压缩率及回弹率、垫片密封性能、垫片应力松弛性能等，考核密封垫性能的方法是，在规定的试验环境下，从初始载荷 1 MPa 开始以 0.5 MPa/s 速度加压到 70 MPa，记录垫片压缩量，并再按此速度卸载到初始载荷，记录垫片的残余压缩量，计算得到垫片压缩率及回弹率；垫片密封性能测试是采用 99.9%的工业氮气，在 15～250 ℃试验温度，1.1 倍公称压力，垫片预紧压力为 70 MPa 的试验条件下，通过测量泄漏空腔的压力和温度，应用状态方程计算出泄漏率；垫片应力松弛试验主要是考察垫片的高温蠕变特性，试验温度是 300℃，压紧应力是 70 MPa，试验时间为 16 h，垫片应力依靠特制的应变螺栓测量，该螺栓由 35CrMoA 制作，并经调质处理，并对其在 200 ℃及 300 ℃下的载荷-变形特性进行严格标定。

实际应用中垫片要达到密封效果，需要对其施加一定的压紧载荷。因此一个完整的垫片密封系统除包括密封垫片本身外，还需考虑形成密封间隙的连接件、紧固件以及工作环境。这些因素需要作为一个整体进行考虑，连接件的刚度、表面粗糙度、紧固载荷的大小和均匀性以及密封介质压力或温度和外部附加应力等造成的结构变形对最后的密封效果都有直接影响[39]。对于标准法兰垫片有标准可以遵循也有标准产品可以直接采购，设计人员只需要按照相应的标准进行选用就可以。但对于非标法兰或者壳体密封，没有标准可以直接查询，这时就需要进行专门设计，必要时还可能需要借助数值仿真，采用接触分析才能获得具体密封状况，确定螺栓拧紧力矩以及螺栓拧紧次序等细节[40-41]。

8.4.3 O 形密封圈

虽然 O 形圈也可用于动密封，但其更为普遍的应用还是静密封。与其他静密封结构相比，具有设计简单、结构紧凑、拆装方便、密封可靠、适应范围广的特点。

（1）O 形圈密封原理

O 形圈是一种因挤压变形起密封效果的密封形式。当 O 形圈安装在密封槽中时，其截面受挤压产生变形，在接触面上形成近似抛物线型分布的接触应力，当没有介质应力或压力较小时，依靠此接触应力即可实现密封［图 8－21（a）］。当介质压力逐渐增大时，O 形圈会发生移动和变形，接触应力也随之增大，使其继续保持密封效果［图 8－21（b）］。因此，理论上只要 O 形圈存在初始压力且未出现挤出、压溃、扭转等问题，就可以实现无泄漏的密封效果，即 O 形圈具有所谓的自密封作用。

从 O 形圈的密封原理可以看出，其密封作用涉及 O 形圈本身、安装槽以及介质工况三方面，因此其选择和运用也需要从这三方面考虑。

（2）O 形圈质量及材料选择

国家标准和国际标准明确规定了不同等级 O 形圈的表面质量和形状偏差允许值，其中表面缺陷包括偏移、飞边、内陷、缺料、流痕、夹杂等；一般工业静密封和动密封使用的 O 形圈至少应满足 N 级标准要求。

O 形圈材质需要根据被密封介质的性质和温度条件选择，即要考虑化学耐受性和相容性，同时适应介质温度条件[42]。由于 O 形圈具有自密封作用，一般不特意考虑介质压力的影响。

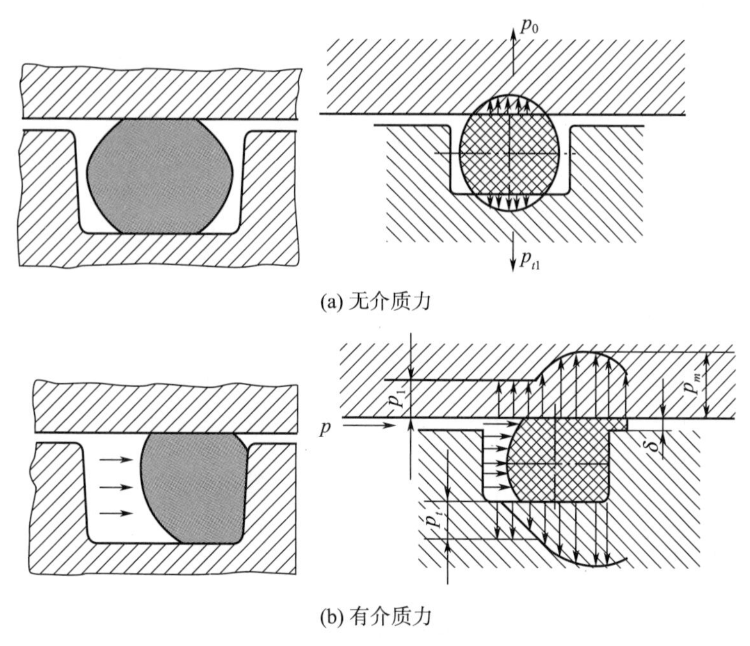

(a) 无介质力

(b) 有介质力

图 8-21　O 形圈密封原理

O 形圈材料有其允许的使用温度条件和对介质的适用性。材料对介质的适应性一般分为优良（Excellent）、良好（Good）、不推荐使用（Poor）、不适用（Fail）等几个等级[43]。表 8-9 给出了几种常用材料的特性说明，所给出的材料属性为一般意义上的参考数据。

对于同一类材料由于其组分的不同，性能可能有比较大的差异，比如氟橡胶根据其分子结构和氟含量的不同，其耐化学性和耐低温性能有很大不同。建议对于特殊或不熟悉的介质环境，寻求制造商的帮助；应区别商标名和材料通用名。

（3）O 形圈密封槽的设计选择

O 形圈密封性能不但与密封材料在介质环境中的化学稳定性，密封材料本身的机械性能有关，也与密封安装槽的结构和尺寸密切相关。为保证密封效果须特别关注密封槽的结构设计，包括密封槽形式、尺寸及公差、表面粗糙度、倒圆倒角的选择和设计[44]。

密封槽槽形有很多种，如图 8-22 所示。比较常用的有矩形槽和三角形槽两种，其中矩形密封槽最为常见，三角形密封槽主要用于空间比较狭窄的场合。

密封槽的尺寸和公差与 O 形圈的装配和工作状态的预拉伸或预压缩率、断面压缩率、体积膨胀率等密切相关。

为避免脱出，O 形圈安装在密封槽内需要固定，当采取内圈定位时，需要一定的拉伸，当采用外圈定位时需要一定的压缩；当采用内圈定位时，周长方向拉伸 1%，圈断面积减少约 1%、尺寸缩小 0.5%，因此拉伸率不宜太大，否则容易造成 O 形圈断面面积减小过多而出现泄漏。

表 8-9　常用 O 形圈特性

名称	简称	组成	使用温度	优点	缺点	主要应用场合
丁腈橡胶	NBR	丙烯腈-丁二烯共聚物的总称。丙烯腈含量(18%～50%)影响着成品材料的物理性质。丙烯腈含量越高,耐腐蚀性越好,但压缩性和回弹性越差。鉴于此,需要折中选择丙烯腈含量	−30～100 ℃,短时间可到 120 ℃	价格便宜,耐油性好	耐温,耐腐蚀性不高,耐候性差,不能用于: 芳烃(如苯); 氯化烃(三氯乙烯); 极性溶剂(酮、丙酮、乙酸、乙烯酯); 强酸; 带乙二醇基础的制动液	润滑油; 低温下稀酸,碱和盐溶液; 100 ℃以下水
乙丙橡胶	EPDM	EPR 共聚物乙烯丙烯和乙烯-丙烯-二烯橡胶(EPDM)三元共聚物	−45～150 ℃	耐强碱、酮类等介质	耐油性差,不耐矿物油和油脂	碱液℃; 带乙二醇基础的制动液; 极性溶剂(醇类、酮类、酯类)
氟橡胶	FPM	乙烯基氟化物与六氟丙烯的共聚物	−20～200 ℃	耐腐蚀性较强,具有较高使用温度,耐候性好,可用于真空或臭氧环境	价格较高,不用于: 强碱; 醇类; 酮类介质; 基于乙二醇的制动液; 氨气、胺、碱; 过热蒸汽; 低分子量有机酸(甲酸和丙烯酸); 醋酸	矿物油和植物油和油脂; 轻烃(丁烷、丙烷、天然气); 芳烃(苯、甲苯); 氯化烃(三氯乙烯)。 四氯化碳; 汽油(包括高酒精含量)
硅橡胶	VMQ	以硅元素为基础,黏附甲基、乙烯基等侧链而形成	−60～200 ℃	低温性能好,具有特别优异的耐氧化和臭氧性能,无毒无味	不用于: 酸和碱; 氯化烃(三氯乙烯); 芳烃(苯、甲苯)。 强度低,一般不用于动密封	常用于汽车、航天、医疗和食品行业,与大多数油和化学溶剂兼容
全氟橡胶	FFKM	全氟醚橡胶是四氟乙烯、全氟化甲基乙烯 基醚、全氟苯氧丙基乙烯基醚系的三元共聚物	−25～325 ℃	耐化学腐蚀性能和耐热性能优异	不用于: 氟化制冷剂(R11、R12、R13、R113、R114 等)	能耐醚、酮、酯、胺、油、燃料、酸、碱等几乎所有化学品

注:其中的简称为 ISO 1629 标准给出的材料英文缩写。

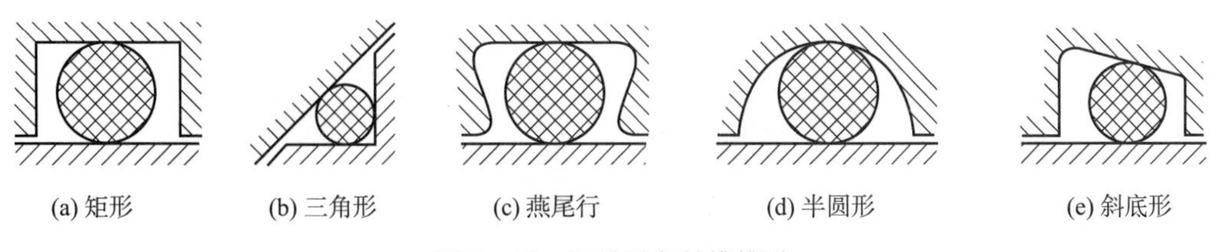

图 8-22　O 形圈密封槽槽形

压缩率是指 O 形圈断面压缩量与自由状态直径的比值。压缩率太小，不能保证足够的接触面积和接触压力，容易产生泄漏，压缩量过大会引起胶圈应力松弛，失去弹性也会造成泄漏。

O 形圈沟槽的总体积选择在一定程度上影响密封效果，如某型号产品 40% 的 O 形圈漏油都是由于压缩率和沟槽与 O 形圈的体积比选择不恰当引起[45]，因此沟槽体积除满足容纳整个密封圈变形空间外，还需考虑在不同工作介质和温度下 O 形圈的膨胀量。根据标准规定，一般预拉伸率取 2%～8%。压缩率取 10%～35%，体积溶胀值取 15%[46]。图 8-23 为推荐压缩率曲线。

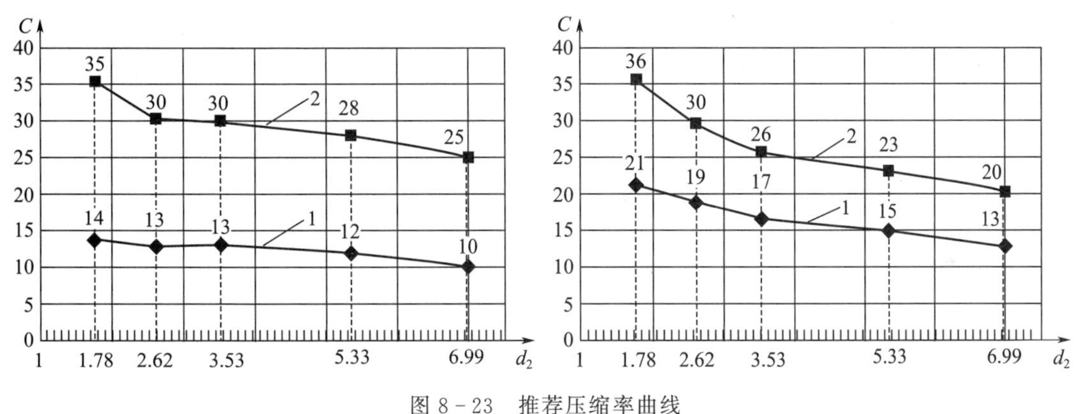

图 8-23　推荐压缩率曲线

对于标准规格的 O 形圈和矩形槽，设计时只需要按标准查询引用即可；对于非标准规格的 O 形圈或非矩形槽型，密封槽的尺寸需要根据以上几个准则参数值计算得到，计算槽时需要将尺寸公差考虑进去。蔡能根据压缩量、体积膨胀率、拉伸率三个参数推导了矩形槽和三角形槽的一般槽形尺寸计算公式，可以用于各种标准的和非标准的 O 形圈在不同工况下的矩形及三角形沟槽设计计算[47]。

对于重要或复杂工况场合，为保证密封可靠性，需要进行数值模拟分析。一般来说，橡胶类物理非线性材料采用穆尼-瑞林（Mooney-Rivlin）模型来描述，橡胶 O 形圈失效的准则和失效判断采用的是最大接触应力和转角剪切应力两个准则[48-49]。

（4）O 形圈主要损坏模式

实践表明，O 形圈主要损坏模式是材料的永久变形以及挤入密封间隙而引起的咬伤，如图 8-24 所示。

图 8-24 O 形圈主要损坏模式

O 形圈在压缩状态下，会发生物理和化学变化，当压缩力消失后，这些变化阻止材料恢复到原来的状态，于是就产生了压缩永久变形。永久变形量与材料本身特性有关，也与工作温度、压力以及压缩率有关。

由于加工精度、装配间隙和装配精度的存在，当介质压力增大时就可能会出现挤出现象的加剧。可以通过合理选择 O 形圈硬度，严格控制密封间隙，配用合适的密封挡圈等是防止挤出损坏的有效措施。帕克公司（Parker Hannifin Corporation）给出了不同硬度 O 形圈在不同压力下的挤出间隙值，可以作为密封面间隙确定的依据[43]，如图 8-25 所示。

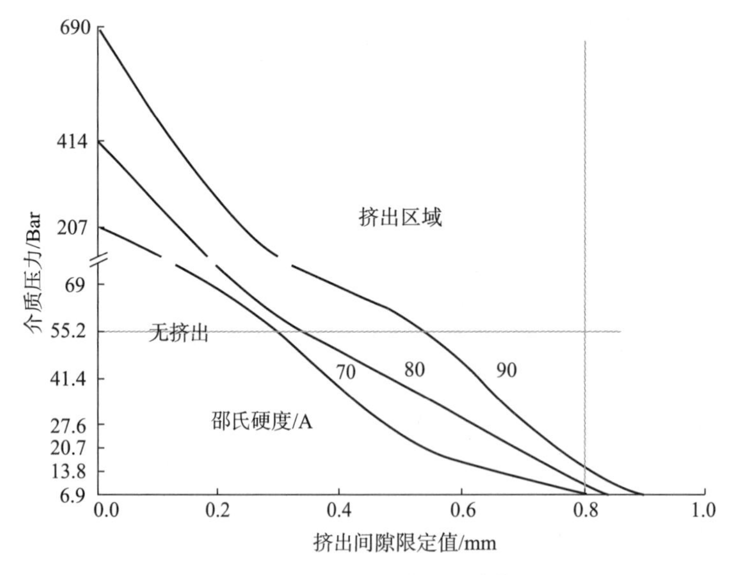

图 8-25 O 形圈挤出间隙值

8.4.4　全氟醚橡胶

全氟醚橡胶是在聚四氟乙烯（PTFE）中加入全氟化甲基乙烯基醚（PMVE）基团后，打破了聚四氟乙烯（PTFE）链的排列，使之具有了灵活度和可变性[50]。它于 1968 年首次在美国杜邦公司研发成功，并在 7 年后以 Kalrez 作为商品名投入商业化应用。从使用上看，全氟醚橡胶具有良好的耐腐蚀性，基本涵盖全部通用化学品，据杜邦公司资料显示，其 Kalrez 产品可以耐受高达 1 800 种化学品、溶剂和离子[51]。高温性能良好，Kalrez 7075 最高耐受温度达到 320 ℃。

但是在使用中也需要注意以下几个问题：

1）全氟醚橡胶的耐腐蚀性和高温性能普遍比较强，但不同牌号间性能有所差别和侧重，在使用时还需具体问题具体分析。比如杜邦公司的 Kalrez 7075 的高温性能最强，Kalrez 6375 的耐腐蚀性能则更高些[51]。详见图 8－26。

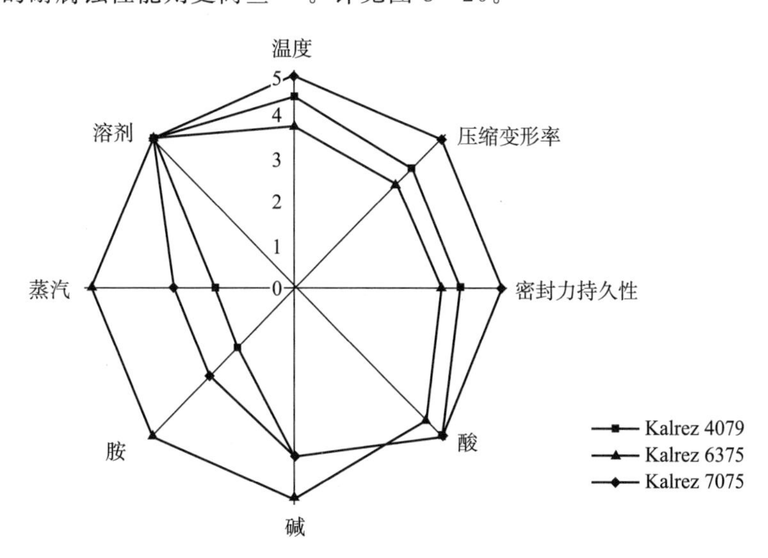

图 8－26　Kalrez 全氟醚橡胶腐蚀性和高温性能

2）全氟醚橡胶高温性能比较强，但低温性能普遍比较弱[52]。因此在低温环境中，特别是高海拔或高纬度地区使用全氟醚橡胶时应选用低温特殊牌号的全氟醚橡胶。如杜邦提供了低温专用 Kalrez 0040，使用最低温度可以达到－42 ℃[53]。详见图 8－27。

3）在大多数情况下，标准的设计和安装方法同样适用于 Kalrez 密封。

经验表明为获得最大的密封寿命，在环境温度下的 Kalrez 密封部件安装压缩量为 12%～18%；0 ℃以下的低温环境安装压缩率为 15%～21%；当使用环境温度在很低和很高（149 ℃）之间循环时，采用高的安装压缩量可能会带来问题，这时需要综合考虑。为获得良好的密封效果和较长的使用寿命，通常推荐安装拉伸量为 1%～3%，最大为 5%。过小的拉伸量可能会使 O 形圈无法正确地定位，过大的拉伸量可能会使型 O 形圈拉断或因为高的内应力造成提前失效（Gow－Joule 效应）。Kalrez 在 25～250 ℃的范围内，线性热膨胀系数（Coefficient of Thermal Expansion，CTE）为 3.2×10^{4}/℃，该值只是一个大致数值，对于不同种类的Kalrez橡胶，该值是变化的。如果转化为体积膨胀率，Kalrez比一般的氟橡胶大75%。设计高温情况下使用的密封时需要注意额外的膨胀。

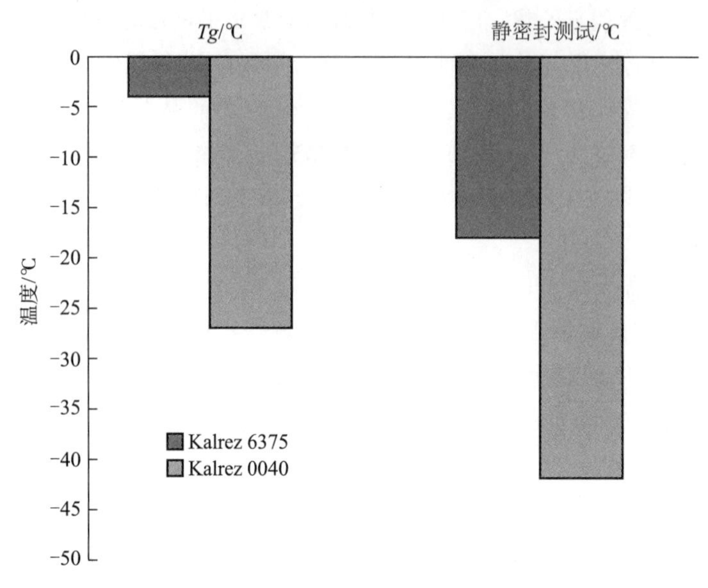

图8-27　Kalrez全氟醚橡胶腐蚀性和低温性能

8.5　轴承和法兰用特殊密封

(1) 轴承箱密封-轴承隔离器

早期液力透平轴承箱的密封最常用的是唇形密封，其中尤以橡胶并衬金属骨架的骨架密封最多，其特点是结构简单、价格便宜。但橡胶存在易老化失效、寿命短、密封效果差，过盈安装易造成轴损伤的缺点。近年来轴承箱密封慢慢被轴承隔离器代替。图8-28为骨架密封，图8-29为轴承隔离器。

图8-28　骨架密封

图 8-29　轴承隔离器

所谓轴承隔离器，一般由动、静两个部件组成。动件安装在旋转轴上，随轴一起转动；静件安装在壳体上，静止不动。动、静件分别与轴和壳体以 O 形圈密封。动、静件之间以各种形式的迷宫密封紧密结合，组成一个有机整体。目前一些世界著名密封和轴承厂家都有各自的轴承隔离器产品，虽然细节结构和技术不同，但其主密封均为非接触类型的迷宫密封。该迷宫密封结构为各厂家的核心技术，均有专利。图 8-30（a）是沃克沙公司旗下的 Inpro 隔离器，其主密封是浮动的 O 形圈结合迷宫密封；图 8-30（b）是 Garlock 公司的隔离器，其主密封是一体成型的异形非金属环结合迷宫密封。

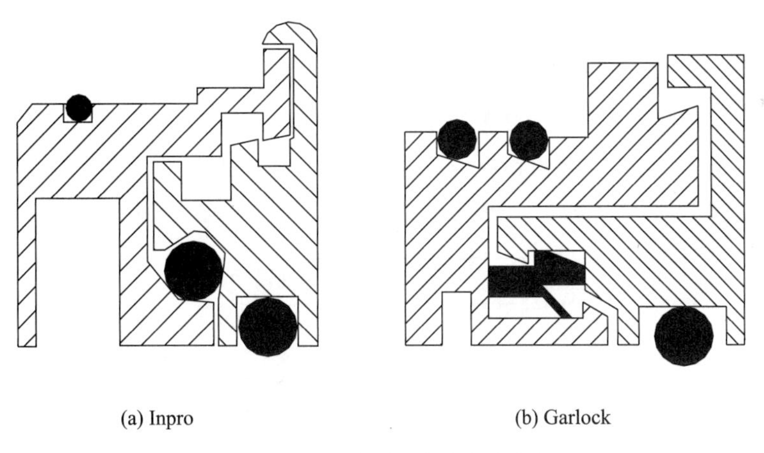

图 8-30　轴承隔离器结构示意图

与常规接触型骨架密封相比，拥有专利迷宫结构的轴承隔离器的密封性能可靠，没有额外的扭矩消耗，轴也不会发生磨损，使用寿命长，允许较大轴向窜动和高转速。

（2）高压密封

液力透平的作用是将压力能转换成动能，因此介质多为高压高温。在极端高压工况下，需要采用一些特殊的密封形式。GB 150《压力容器设计标准》规定设计温度为 0～400 ℃、设计压力为 6.4～35 MPa、内直径为 400～3 200 mm 的工况条件下，可以采用双楔密封。其结构见图 8-31，主要由平盖，紧固螺栓、螺母、垫片，双锥环，软垫片或软金属丝以及锥环下部支撑托环和托环螺钉等几部分组成，GB 150 给出推荐的双锥环的系列结构尺寸。双锥环属于半自紧密封，通过螺栓的预紧力达到初始的密封，当介质压力升高时，其产生的径向力使锥环向外扩展，使其更紧密地与密封面贴合，从而达到高压下的密封。

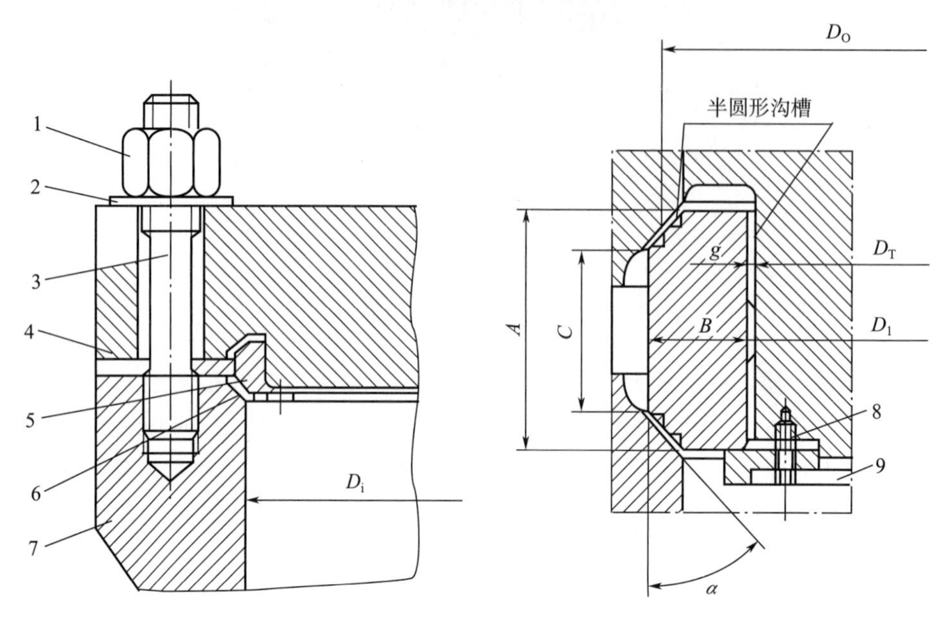

图 8-31　双锥环结构尺寸示意图

1—主螺母；2—垫圈；3—主螺栓；4—平盖；5—双锥环；6—软垫片；7—筒体端部；8—螺栓；9—托环

与双锥环类似，BHDT 等公司提供一种楔形的自紧密封，其密封由两部分组成（见图 8-32），密封部位 2 在螺栓预紧载荷下被压缩获得初始密封力，在介质压力下斜面密封环沿径向压缩，与法兰对应密封面贴合。采用 BHDT BESTLOC ® 密封结构的法兰重量与同样压力等级的标准法兰相比，可以减少 70%左右。目前在高压环境也有较多使用。

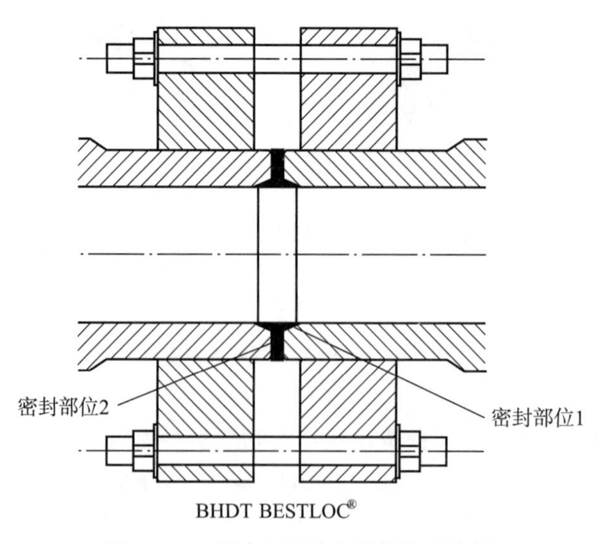

图 8-32　紧凑型法兰密封结构示意图

参考文献

[1] 蔡仁良，顾伯勤，宋鹏云．过程装备密封技术［M］．2版．北京：化学工业出版社，2006.

[2] 徐灏．密封［M］．北京：冶金工业出版社，2005.

[3] 顾永泉．流体动密封［M］．北京：化学工业出版社，1990.

[4] 付平，常德功．密封设计手册［M］．北京：化学工业出版社，2009.

[5] 蔡仁良．流体密封技术——原理与工程应用［M］．北京：化学工业出版社，2013.

[6] 宋鹏云．软填料密封机理分析［J］．润滑与密封，2000，6：64-66.

[7] 黄智勇，李惠敏，胡钟兵．液体火箭发动机超高转速泵浮动密封环研究［J］．火箭推进，2004，30（4）：10-14，62.

[8] S K BAHETI，R G KIRK. Finite element thermo-hydrodynamic analysis of a circumferentially grooved floating oil ring seal［J］. Tribology Transactions，1995：38（1）：86-96.

[9] 贾江宁，陈志，等．浮环密封的结构分析及研究现状［J］．机械，2007，34（10）：1-3，14.

[10] PHILIPP WILDNER，PATRICK WELZ. Reverse running Pumps as Hydraulic Power Recovery Turbines - Sulzer Design and Experience［EB/OL］．［2018-08-01］．http：// www. tefkuwait. com/ Documents/116%20Reverse%20Running%20Pump/116%20Full%20Paper%20-%20Reverse%20running%20pumps%20as%20power%20recovery%20turbines. pdf.

[11] API 682 4th edition. Pumps-Shaft Sealing Systems for Centrifugal and Rotary Pumps［S］.

[12] 阿兰·O. 勒贝克．机械密封原理与设计［M］．北京：机械工业出版社，2016.

[13] 李文良．蜡油加氢装置液力透平密封失效分析［J］．炼油技术与工程，2015，5（2）：50-53.

[14] 杨惠砚，顾永泉．考虑表面锥度、波度和粗糙度的两维机械密封混合摩擦研究［J］．流体机械，1994，22（5）：3-9，63.

[15] 顾永泉．机械密封面积比的确定［J］．石油化工设备，1994，23（6）：3-8.

[16] 顾永泉．机械密封的临界面积比［J］．流体机械，1994，22（7）：18-23.

[17] 顾永泉．机械密封比压选用原则［J］．石油化工设备，2000，29（2）：21-24.

[18] 顾永泉．机械密封比压选用原则（续）［J］．石油化工设备，2000，29（3）：33-36.

[19] 顾永泉．机械密封的PV值（一）［J］．化工与通用机械，1981（5）：52-60.

[20] 顾永泉．机械密封的PV值（二）［J］．化工与通用机械，1981（6）：57-60.

[21] 王慧，于平超，唐志坚，等．良好的冲洗是保证密封性能的关键［J］．液压气动与密封，2016（11）：32-34.

[22] 谢小青．API 682美国石油学会离心和回转泵用轴封标准在工程实践中的灵活运用［J］．水泵技术，2016（1）：1-7.

[23] 任俊明，王威，张有华．浅析高温热油液力透平机械密封［J］．化工设备与管道，2015（6）：55-58.

[24] 郑学鹏．重油加氢装置液力透平的机械密封选型与探讨［J］．石油化工设备技术，2012，（3）：39-42.

[25] 原栋文．API PLAN 53C 密封冲洗在加氢液力透平的首次应用 [J]. 炼油技术与工程，2013，43 (5)：36－38.

[26] 王梦炽．液力透平机械密封失效机理分析及应对 [D]. 大连：大连理工大学，2009.

[27] Flowserve Inc. Pure Synthetic Mechanical Seal Barrier Fluids DS－4614－5－F [EB/OL]. [2018－08－01]. http：//www. flowserve. com/files/Files/ProductLiterature/Seals/lit _ fta114 _ tech. pdf.

[28] MARK SAVAGE. Buffer & Barrier Fluids－What are the differences between using water or oil as a buffer or barrier fluid?，Pumps & Systems，2013. 10，p. 104－107.

[29] Flowserve Inc. High Performance Synthetic Lubricants [EB/OL]. [2018－08－01]. http：//www. flowserve. com/files/Files/ProductLiterature/ Seals/lit _ duraclear _ data. pdf.

[30] 中石化长城润滑油公司．L－QB300 导热油 [EB/OL]. [2018－08－01]. http：//sinolube. sinopec. com/sinolube/product/indus _ oil/heat _ transfer _ o/20070326/news _ 20070326 _ 355200000000. shtml.

[31] 潘从锦，刘强，赵凯，等．高危泵双端面密封及隔离液的选择 [J]. 炼油技术与工程，2014，44 (12)：34－36.

[32] G S BUCK，D VOLDEN. Upstream pumping－A new concept in mechanical sealing technology [J]. Lubrication Engineering，1990，46 (4)：213－217.

[33] MAYER E. Leakage and Friction of Mechanical Seals with Special Consideration of Hydrodynamic Mechanical Seals. Proc. of 1st Inter. Conf . on Fluid Sealing. Paper E3. 196.

[34] PASCOVICI M D，ETSION I. A Thermo－Hydrodynamic Analysis of a Mechanical Face Seal [J]. ASME Journal of Tribology，1992，114 (10)：639－646.

[35] 杨惠霞，顾永泉．高参数深槽热流体动压机械密封特性计算 [J]. 流体机械，1998 (8)：22－27.

[36] 宋鹏云，陈匡民．端面开槽机械密封技术研究进展 [J]. 化工机械，1999 (2)：110－115.

[37] 彭建，鄢新华，左孝桐，等．上游泵送密封研究 [J]. 流体机械，1998 (2)：3－8.

[38] 郝木明，胡丹梅，杨宝亮．泵用零逸出非接触式机械密封 [J]. 流体机械，2002，30 (9)：13－17.

[39] 高建伟．水平中开多级泵承压部件有限元分析及密封性能评估 [J]. 通用机械，2013 (12)：87－90.

[40] 陈成军，杨国庆，常东方，等．面向结合面密封性能要求的装配连接工艺设计 [J]. 西安交通大学学报，2012，46 (3)：75－83.

[41] ROLAND KAISER，WOLFRAM LIENAU. Behavior of pumps Subject to Thermal Shock [J]. Sulzer Technical Review，1998，2：24－27.

[42] 张翠彬．橡胶 O 型圈的材料选择分析 [J]. 中国设备工程，2017 (21).

[43] Parker Hannifin Corporation. Parker O－Ring Handbook [M]. Parker Hannifin Corporation，2007.

[44] 秦舜英．O 形圈的结构设计 [J]. 流体机械，1981 (4)：34－40.

[45] 曹关宝．O 形密封圈压缩率和槽圈体积比核算 [C] //全国摩擦学学术会议．1992.

[46] ISO 3601－2：2008－Fluid power systems—O－rings—Part 2：Housing dimensions for general applications.

[47] 蔡能．O 形密封圈用沟槽尺寸设计计算 [J]. 中国制造业信息化，2006，35 (15)：71－72.

[48] 蒋小敏，甘志银．真空密封中 O 型圈和燕尾槽的使用研究 [J]. 装备制造技术，2014 (3)：45－47.

[49] 任全彬，蔡体敏，王荣桥，等．橡胶“O”形密封圈结构参数和失效准则研究 [J]. 固体火箭技术，2006，29 (1)：9 - 14.

[50] 李振环．全氟醚橡胶的性能及应用 [J]. 流体机械，2006，34 (12)：52 - 55.

[51] DowDupont Inc. Kalrez Spectrum for CPI - HPI [EB/OL].（2018 - 08 - 01） http：//www. dupont. com/content/dam/dupont/products - and - services/plastics - polymers - and - resins/parts - and - shapes/kalrez/documents/Kalrez%20Spectrum%20for%20CPI - HPI%20 -%20English. pdf.

[52] 马海瑞，姜潮，金冰．全氟醚橡胶低温密封性能和工艺研究 [J]. 火箭推进，2010，36 (3)：45 - 48.

[53] DowDupont Inc. DuPont Kalrez Spectrum 0040 for Low Temperature Environments [EB/OL]. (2018 - 08 - 01).

[54] API610 11th edition，Centrifugal Pumps for Petroleum，Petrochemical and Natural Gas Industries [S].

第9章　液力透平试验

本章所涉及的试验内容包括关键零部件试验和透平性能试验。

9.1　关键零部件试验

9.1.1　轴上转动件与转子动平衡

（1）叶轮及轴上其他转动件的动平衡

动平衡是转子稳定运行的保证措施，一般情况下液力透平转子上的所有主要零部件均需按文献［1-2］规定的G2.5级进行动平衡，其中用于平衡的芯轴重量应不超过被平衡件重量。根据被平衡件的直径与宽度比，动平衡时可分别采用单面去重或双面去重。如图9-1所示为转子主要零件，对于径宽比比较大的零件，允许单面去重平衡；例如，如果图中的叶轮尺寸达到 $D/b\geqslant 6$，允许在叶轮的一侧去重平衡，否则应在盖板两侧双面去重。

当液力透平的转速较高或有特殊要求时，转子上的主要零部件平衡精度应按G1.0级进行动平衡。

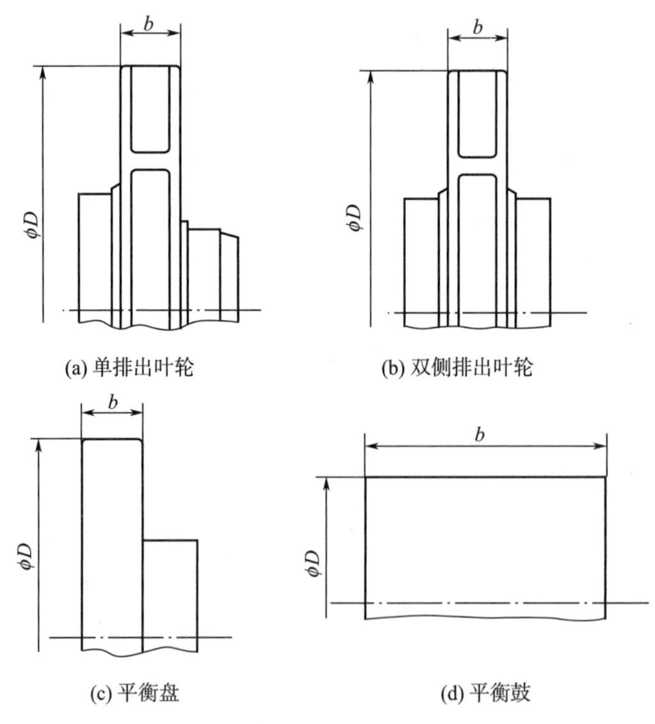

图9-1　转子主要零件

(2) 转子动平衡

当透平运行转速超过 3 800 r/min，或尽管转速不超过 3 800 r/min 但通过单个零件平衡很难保证转子的动平衡精度时，或当用户有特殊要求的情况下，转子应进行组合后的整体动平衡校验。对采取过盈配合进行零部件组装的单级 BB1、BB2 型透平转子，应对整个转子进行动平衡。

一般情况下，当转子做校验动平衡时，如平衡精度不满足要求，需要重新对转子上的零件进行再平衡；对允许组装后进行动平衡的转子，不平衡去重位置应选择在两个有一定距离的平面上进行，如图 9 - 2 所示。

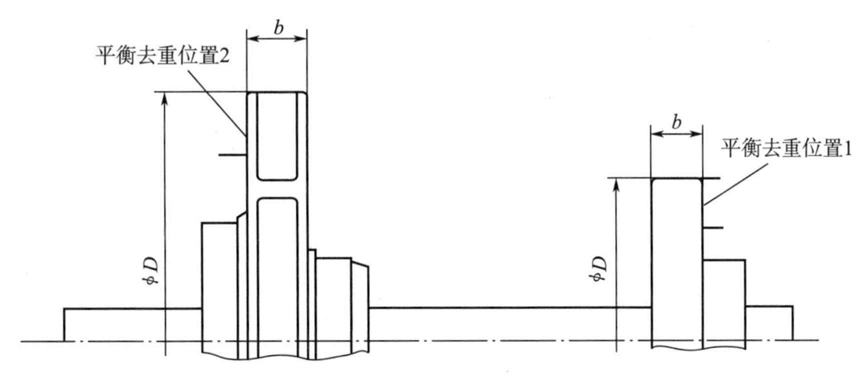

图 9 - 2　转子动平衡去重示意图

9.1.2　叶轮的超速试验

涡轮作为动力输出设备，当负荷降低时，可能存在运行速度超过额定转速的情况，因此，叶轮需要进行 1.1～1.2 倍额定工作转速的超速试验，试验应在动平衡完成后进行。

9.1.3　壳体强度试验

透平壳体是承压件，应对壳体进行强度试验。当壳体进出口压力差较大时，出口端与进口端应分别进行设计压力的 1.1 倍或法兰压力等级的 1.5 倍的水压试验。

9.2　液力透平性能试验

9.2.1　液力透平密封性试验

液力透平组装过程中或组装完成后应进行密封性试验，以检查所有密封部位的密封性。密封性试验一般以空气或氮气为试验介质，在所有可能向外泄漏的部位进行密封状态检测。

壳体静密封可在相应部位组装完成后直接用肥皂水检查；轴密封和机械密封应在密封组装后，保证密封达到规定的预紧力并保证可测的情形下，用肥皂水检查相应部位的密封性。当采用工装以数泡方式定量检查密封泄漏率时，应保证测量管内径 6 mm、插入水面以下 13 mm，如图 9 - 3 所示。

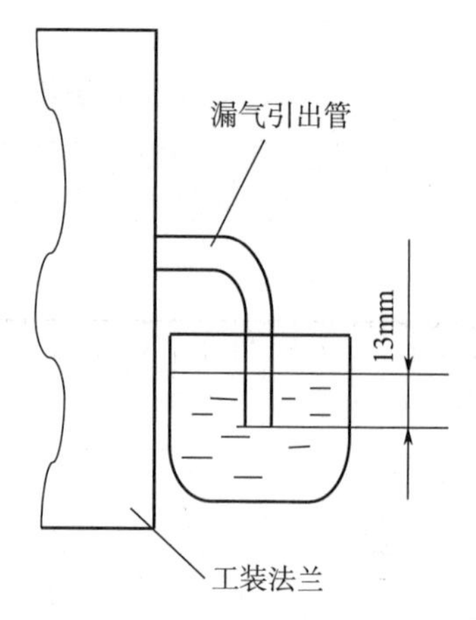

图 9-3　密封泄漏率检查方法示意图

9.2.2　液力透平水力性能试验

液力透平水力性能试验是检验设计效果的手段，由于理论计算与数值模拟的局限性，以及液力透平系统的复杂性，全面而准确的液力透平外特性很难通过计算获得，因此水力性能试验是液力透平制造过程不可替代的环节。

液力透平水力性能试验通常以常温水为介质进行，当实际介质与水有差别时，须进行扬程（水头）、功率等参数的转换；当液力透平工作介质在透平内有较大量的气体析出时，透平的输出功率应在水试基础上通过数值仿真对结果进行适当修正。

水力性能试验运行条件有两种，一种是工作转速条件下的试验，另一种是相似条件下的试验，采取哪种参数进行试验取决于试验系统的能力和透平实际运行介质的条件等因素。

水力性能试验应保证从最小流量到最大流量的全部运行工况，测点数量应保证透平的扬程-流量曲线、功率-流量曲线、效率-流量曲线的完整性，一般不少于 5 个点；在额定流量和最高效率附近可适当加密测量点，以便获得准确的结果。典型的液力透平水力性能试验结果如图 9-4 所示。

9.2.3　液力透平运转试验

运转试验的目的是确定液力透平运行的平稳性和可靠性。试验时，要求转速达到额定转速或在额定功率条件下运行，稳定运转一段时间后，检查轴承温升、密封泄漏量、噪声以及振动等情况。必要时，试验后分解检查密封环、轴承等处的完好状态。

运行试验过程中监测的物理量包括透平的流量、进出口压力、转速、输出功率，振动、噪声，润滑油温、密封泄漏量等。

9.2.4　液力透平稳定飞逸转速与飞逸转速试验

稳定飞逸转速是指负载为 0 时透平所能达到的稳定运行转速[4]。飞逸转速试验的目的

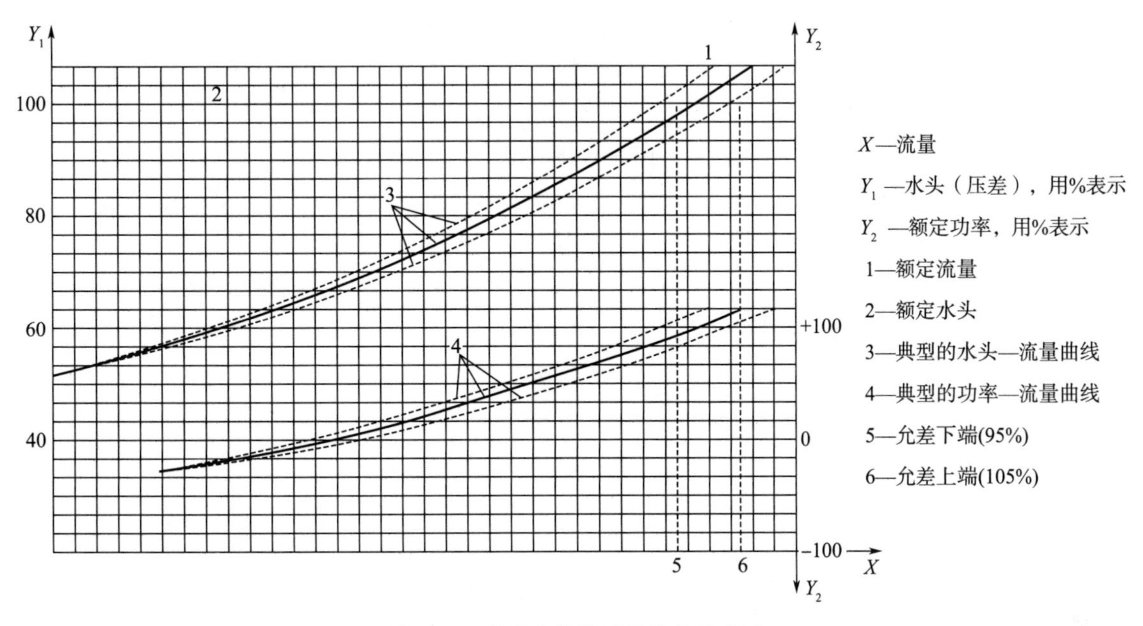

图 9-4　典型的性能试验结果示意图

是获得液力透平在失去负载情况下所能达到的最高运行转速，从而确定液力透平实际运行时的转速控制范围，保证使用过程中液力透平运行的安全性。

由于液力透平过流部件内充满液体，当外部负载为零时，透平内的流体损失使得转速不会无限制升高，但各水力模型间的流阻性能会有差别。

图 9-5 为典型的水轮机模型转轮（HL120 和 HL100）[3] 的飞逸特性试验曲线。随着水轮机导叶开度 a_0（相当于液力透平进口阀门开度）增加，通过转轮的流量增大，转轮所达到的飞逸转速增大并达到最大值；当进一步增加导叶开度时，流量增加，飞逸转速不再增大，说明每种转轮都存在一个最大的飞逸转速。

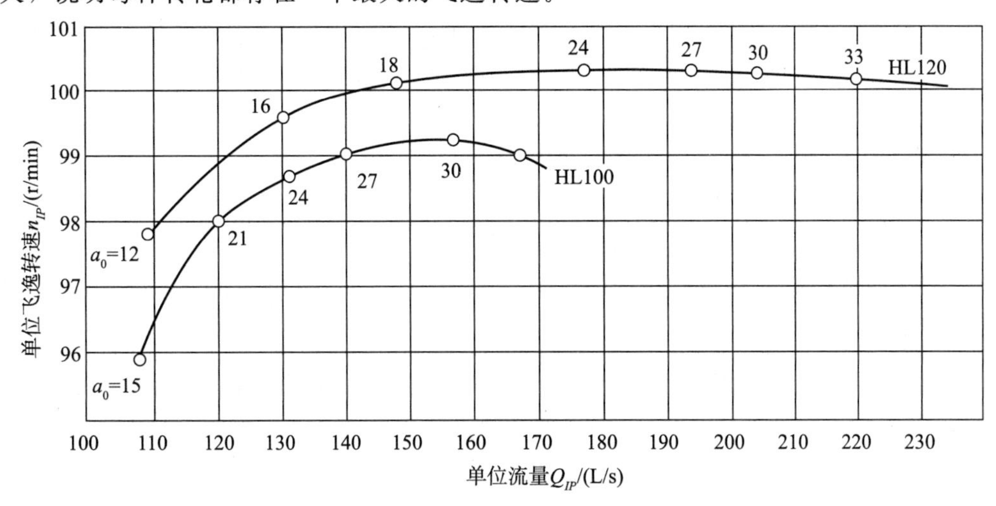

图 9-5　模型转轮飞逸特性曲线

当以模型转轮为依据进行液力透平设计，且存在模型转轮的飞逸特性曲线时，实际飞逸转速可按式（9－1）确定；当没有飞逸特性曲线，但有最大飞逸转速时，可按式（9－2）计算。《水轮机设计手册》[5]引入飞逸系数评价飞逸转速，飞逸系数为飞逸转速与额定转速的比值，根据文献［3］的推荐，轴流式水轮机的飞逸系数为 2.0～2.6，混流式水轮机的飞逸系数为 1.7～2.0，纯径向式液力透平的飞逸系数相应小些，径向式工业装置液力透平的飞逸转速可按设计转速的 1.3～1.4 倍预估。

为安全起见，在进行强度校核计算时，可适当考虑按飞逸转速或控制的最高转速进行转子零部件及转子稳定性计算。

$$n_p = \frac{n_{IP}\sqrt{H_{max}}}{D_1} \tag{9-1}$$

$$n_{p\max} = \frac{n_{IP\max}\sqrt{H_{max}}}{D_1} \tag{9-2}$$

式中 H_{max}——透平所能获得的最大水头；

n_{IP}、$n_{IP\max}$——模型转轮的飞逸转速和最大飞逸转速；

n_p、$n_{p\max}$——计算（设计）透平的飞逸转速和最大飞逸转速；

D_1——液力透平实际叶轮直径。

飞逸转速试验前，应首先使透平在额定工况稳定运转一段时间，然后逐渐降低负载直至负荷为 0；随着负载的降低透平转速逐渐升高，最终在负载为 0 时透平转速达到最大，即达到飞逸转速。

一般情况下，液力透平转子上均设计安装有转速传感器，在实际工作中其输出信号与液力透平的入口流量调节阀形成逻辑控制关系。因此，在试验时可利用试验系统和液力透平所配置的设备和仪表等，构成转速信号与试验系统流量控制阀的逻辑控制关系，以试验系统为主进行流量调节和试验测试，同时可采取冗余措施实现对液力透平的仪表和控制逻辑的检验。

为保证设备安全，工程应用中设定的触发流量控制阀动作的转速控制信号所对应的转速应低于飞逸转速。只有获得相对准确的飞逸转速，才能更精确地控制透平运行的转速范围。

9.3 液力透平试验系统及相关标准

9.3.1 测量参数

（1）试验水头 H

试验水头的测量根据文献［5］中“水轮机、蓄能泵和水泵水轮机模型验收试验——第二部分：常规水力性能试验”8.3 节的差压法进行测量。

试验水头 H 由式（9－3）确定

$$H = \frac{\Delta p}{\rho \cdot g} + \frac{V_1^2 - V_2^2}{2 \times g} \tag{9-3}$$

式中　Δp ——液力透平进出口压力差，由压差传感器或进出口压力传感器测得，Pa；

V_1、V_2——液力透平进/出口流速，由试验过程的流量和进/出口压力测量截面面积确定，m/s；

g ——试验当地重力加速度，9.81 m/s^2；

ρ ——试验用水的密度，常温条件取 997 kg/m^3。

（2）流量 Q（m^3/s）

液力透平的流量可通过安装在水力试验系统，液力透平进/出口管线上的涡轮流量计测量得到。

（3）温度 T 以及其他参数

测量试验系统的温度是水密度核算的需要，也是保证系统测量准确性的需要，试验系统的温度是系统安全运行的监测参数。当水的温升超过规定值时，系统误差较大；当试验系统采用闭式循环时，系统换热是必不可少的措施。

转速、力矩、电流、电压、振动、噪声等其他参数的测量可按文献［5－10］的标准规定操作执行。

9.3.2　试验系统

试验系统由被试的液力透平、负载机、流体动力源及其管路系统、调节系统、测量和控制系统、状态监测系统组成。其中硬件包括容器、管线、阀门、相应设备、一次仪表等，软件将一次仪表测得所有信号转换为实际物理量输出，并对试验系统进行自动控制和安全防护控制。

试验所采用的负载机有两种，一种是发电机，另一种是速度式泵。

图 9－6 为以速度式泵为负载机的液力透平试验水力系统图。试验系统工作原理是：流体经高压泵增压后进入高压罐稳压后进入透平；透平将压力能转化为机械能，带动负载泵对流体增压，增压后的流体进入高压罐与高压泵增压流体混合；经过透平减压后的流体进入低压储罐，然后再经过高压泵增压形成闭路循环。

试验过程中进入透平的流体的流量和压力降（水头），由涡轮流量计及压力传感器测量；功率可通过透平输出轴上的转速传感器和扭矩仪测量出的转速和扭矩计算获得，通过调节阀调节进入透平的流量，从而得到透平水头-流量、效率-流量、功率-流量的外特性参数。

当负载机为发电机时，图 9－6 中的负载泵用发电机替代，虚线框区域中的管线、阀门、仪表可以全部取消，但发电机发出的电必须采取合适的输出方式，如并入局域网或带动其他设备消耗。

图 9－7 为文献［4］推荐的液力透平和电动机共同驱动泵的试验系统构成，其中包括泵、电动机、被测试的液力透平、齿轮箱、耦合器、控制阀门、管道、仪表等；该试验系统的泵出口与液力透平入口直接连接、泵入口与液力透平出口直接相连。该试验系统启动电动机驱动泵使系统建压，此时液力透平启动但未达到对外输出功的条件，当系统压力可

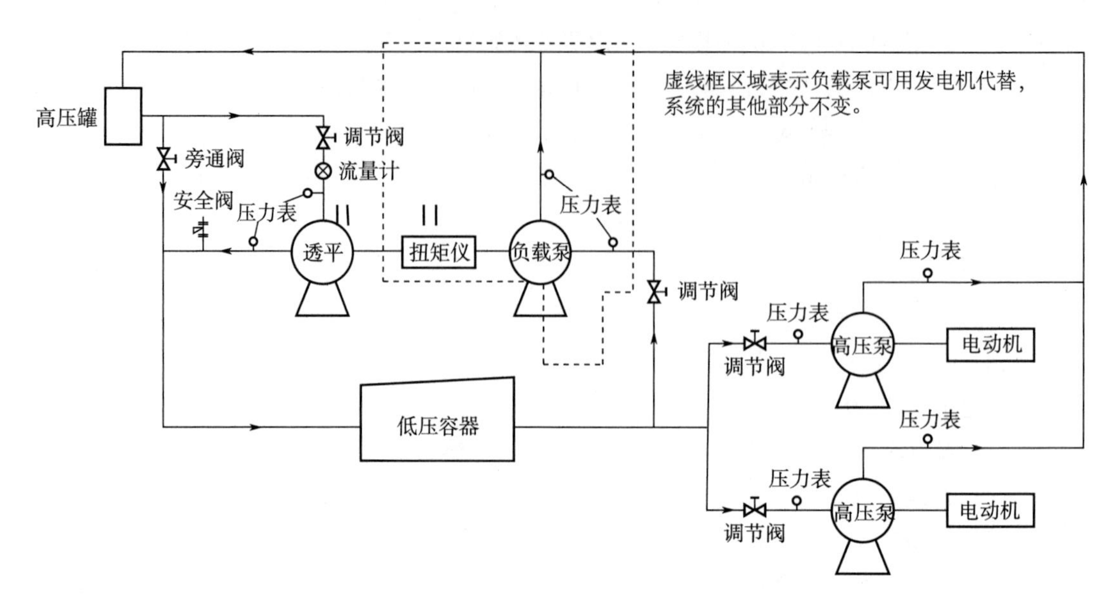

图 9-6　液力透平试验水力系统图（一）

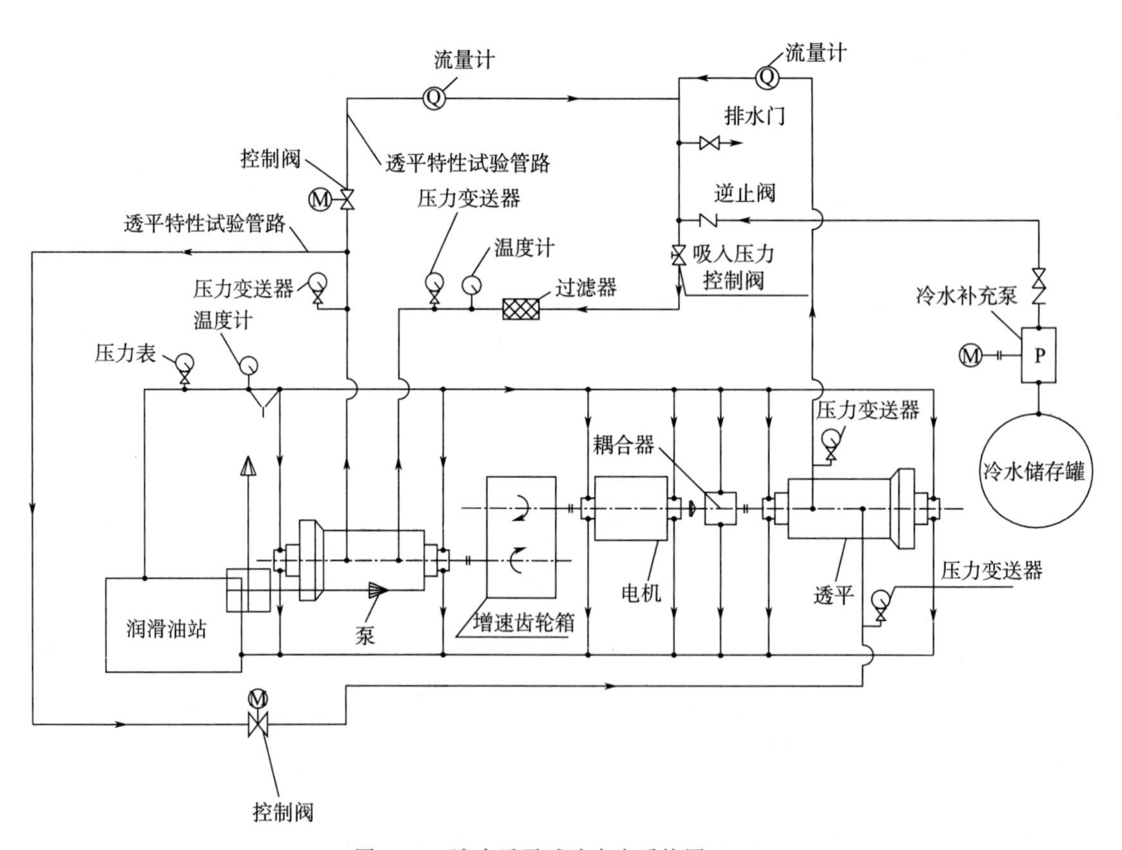

图 9-7　液力透平试验水力系统图（二）

使液力透平稳定运行、转速达到电动机转速时，耦合器将透平轴和电机轴连接、透平与电动机共同驱动泵，此时透平测试条件具备。

图 9－8 为文献［5］展示的日本东芝公司的实际液力透平试验系统，其中包括液力透平供水系统（管线、阀门、高压容器、低压容器）、试验模型、发电机系统、测量系统、控制系统、数据处理系统等。

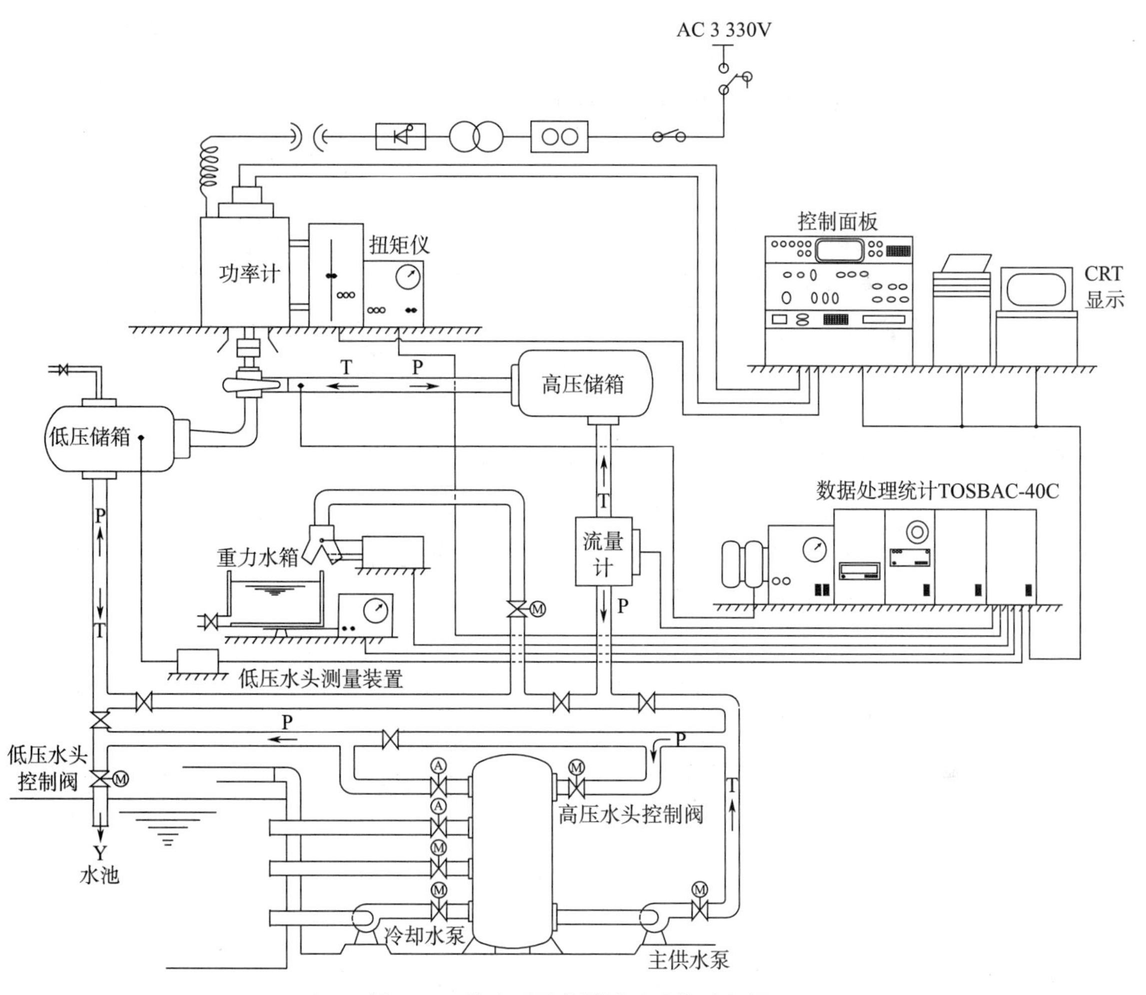

图 9－8　液力透平实际试验系统示意图

9.3.3　液力透平的输出功率 P 及效率 η 计算

（1）负载为发电机时透平输出功率 P 的计算

当试验负载为发电机时，液力透平的输出功率由发电机的输出功率以及发电机的效率求出，其公式为

$$P = P_e / \eta_e \tag{9-4}$$

式中　P_e——发电机的输出功率，可由发电机的电压和电流计算得到，kW，$P_e = U \cdot I / 1\,000$，其中 U 和 I 分别为发电机的输出电压和输出电流；

η_e——发电机的功率，由发电机制造厂家提供。

(2) 负载为泵时输出功率 P 的计算

①液力透平单独驱动泵

当试验负载为泵时，可通过安装在泵和液力透平之间的扭矩仪测得的输出扭矩，以及安装在透平轴上的转速传感器测得的转速，计算出透平输出功率，计算公式如式（9－5）所示。

$$P = M \cdot n / 9\ 550 \tag{9-5}$$

式中 M ——扭矩，N · m；

n ——转速，r/min；

P ——功率，kW。

②液力透平与电动机共同驱动泵

如果液力透平的输出功率不足以带动负载泵时，需要液力透平与电动机共同驱动负载泵，此时透平的输出功率计算如式（9－6）所示。

$$P = P_b - P_{ed} \tag{9-6}$$

式中 P_b ——负载泵输入功率，$P_b = \rho \cdot g \cdot Q_b \cdot H_b / \eta_b$ ；

P_{ed} ——电动机输出功率，$P_{ed} = K_{ed} \cdot I \cdot U \cdot \eta_{ed}$ ，泵和电动机效率及系数 K_{ed} 由产品给定，其他参数在试验过程中测量获得。

(3) 透平效率 η 的计算

液力透平的输入功率 P_h（kW）

$$P_h = \rho \cdot g \cdot Q \cdot H / 1\ 000 \tag{9-7}$$

液力透平的效率 η

$$\eta = \frac{P}{P_h} \times 100\% \tag{9-8}$$

9.3.4 试验标准

由于液力透平的工作介质为工业装置中可能涉及的各种流体，其工作条件、安装方式等与水力发电系统水轮机有较大区别，因此到目前为止，液力透平的设计、制造、检验和试验标准尚不完善。

美国石油化学工业协会出版的《炼油、化工和天然气工业离心泵》标准，在附录 C “液体动力回收透平”一节中，将液力透平作为该标准规定的离心泵的反转设备，对有关设计、配套、试验等作出规定。

我国的国家标准 GB/T 3215—2019《石油、石化和天然气工业用离心泵》，国际标准 ISO 13709－2009 *Centrifugal Pumps for Petroleum, Petrochemical and Natural Gas Industries* ，与 API610 标准一样，在相同的附录章节对液力透平做了相同的规定。

我国的化工行业标准 HG/T 4591—2014《化工液力透平》，给出了液力透平的术语，规定了试验系统的构成和基本要求，该标准适用于一级、两级、多级离心式液力透平，液体温度－40～380 ℃，压力壳体最大允许工作压力不超过 42 MPa，流量 5～1 800 m^3/h、水头 20～3 000 m 的场合。

根据液力透平与泵的结构相似性，以及抽水蓄能电站所用的水泵水轮机的机泵一体的结构特征，液力透平的零部件试验、水力性能试验、振动和噪声测量方法等均可参照离心泵的相关标准规定；其他参数的测量方法和透平相关性能测试内容和测试方法，也可参照《水轮机、蓄能泵和水泵水轮机模型验收试验》的有关规定和方法。

参考文献

［1］ API 610 11th edition，Centrifugal Pumps for Petroleum，Petrochemical and Natural Gas Industries ［S］.

［2］ GB/T 3215—2019 石油、石化和天然气工业用离心泵 ［S］.

［3］ ISO 13709：2009（E） 2nd edition，Centrifugal Pumps for Petroleum，Petrochemical and Natural Gas Industries ［S］.

［4］ GB/T 9239.1—2006 机械振动恒态（刚性）转子平衡品质要求，第 1 部分：规范与平衡允差的检验 ［S］.

［5］ 哈尔滨大电机研究所．水轮机设计手册 ［M］. 北京：机械工业出版社，1976.

［6］ Toshiba Corporation Power System and Services Company. Hydralic Turbines ［Z］. Tokyo Japan.

［7］ GB/T 15613.1—2008 水轮机、蓄能泵和水泵水轮机模型验收试验，第 1 部分：通用规定 ［S］.

［8］ GB/T 15613.2—2008 水轮机、蓄能泵和水泵水轮机模型验收试验，第 2 部分：常规水力性能试验 ［S］.

［9］ GB/T 3216—2016 回转动力泵-水力性能验收试验，1 级、2 级、3 级 ［S］.

［10］ HG/T 4591—2014 化工液力透平 ［S］.

［11］ GB/T 29529—2013 泵的噪声测量与评价方法 ［S］.

第 10 章　液力透平系统与状态监测

10.1　液力透平系统构成及配置要求

10.1.1　液力透平系统构成

液力透平作为工业装置能量回收设备，其配置方式必须满足所处工作环境对设备运行的要求，包括安全性（如防爆、隔爆等）、稳定性、可调节性等。

液力透平的整个功能系统包括工艺管线系统、辅助润滑系统、辅助密封系统、状态监测系统和安全控制系统，通过对各个子系统设置的仪表、执行元件构成的逻辑关系，在软件和数据库的支持下，实现对设备运行状态的监测、独立控制和联锁控制，并可通过互联网和大数据技术，实现设备全寿命周期的健康状态监测、故障诊断、精准服务，保证设备的稳定运行。

液力透平设备交付内容一般包括透平本体及由其驱动的设备、配套的辅助系统、实现透平开关和调节的自动控制阀（可用户采购），可实现就地显示、和（或）与 DCS 通信的一次仪表，独立的 PLC 控制系统，可实现远传监测的无线智能模块等。

当液力透平作为其他特殊用途设备时，系统构成根据使用环境确定。

10.1.2　液力透平配置要求

根据实际使用条件，液力透平的配置方式主要有以下三种：液力透平与电机以相同的速度驱动泵，如图 10－1（a）所示；液力透平直接驱动发电机，如图 10－1（b）所示；液力透平与电机共同驱动泵，但透平和泵转速高于电机转速，如图 10－1（c）所示。其中被驱动泵也可以是其他的旋转机械。

根据液力透平所驱动设备的特点和要求不同，构成液力透平装置系统可靠运行的设备至少应包括图 10－1 中设备表所列内容。

10.2　液力透平工艺系统

液力透平工艺系统是区别于液力透平设备自身系统，满足液力透平所服务的整个装置运行需要的系统，是构成整个装置工艺系统的一部分，由与液力透平动力介质直接相关的管道、阀门及相关设备共同构成。

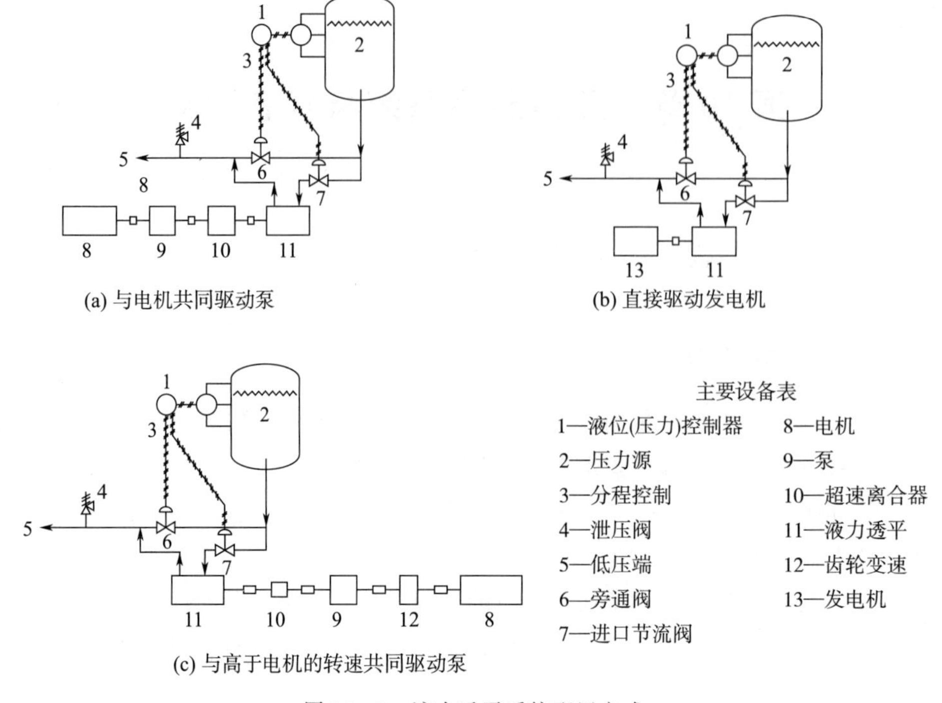

图 10-1　液力透平系统配置方式

10.2.1　工艺系统设计

如图 10-2 所示，为保证整个工艺系统的安全可靠性，一般液力透平工艺管线作为新增的管线设计，与无液力透平的原工艺管线并联配置，以保证整个工艺系统的安全冗余。新增管线中的调节阀、控制阀等，与透平转子上的转速传感器等形成控制逻辑关系，新增管线的控制需要与原工艺管线控制阀实现联锁控制。

工艺系统运行参数至少包括压力、流量、温度，以及介质物性参数如密度、黏度、不凝气体含量等。

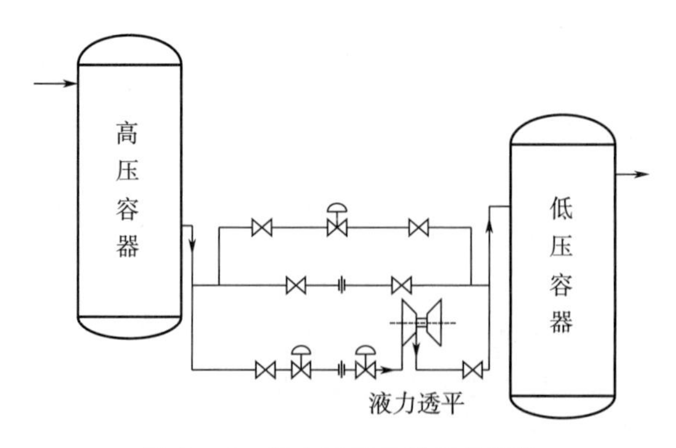

图 10-2　液力透平典型工艺管线

10.2.2　工艺系统控制

液力透平作为原动机，同时又是旋转设备，必须保证负载变化时透平运行稳定，并且转速控制在允许的范围内，避免超速和飞逸现象的发生，因此转速、流量和压力是运行过程必须控制和调节的参数。转速与系统运行工艺参数直接相关并形成控制链，如运行过程中转速降低，则通过调节透平管线的阀门开度以增加通过透平的流量，从而增加透平输出功，实现提高转速的目标；如转速高于允许值，反向调节透平管线的阀门开度减少通过透平的流量，从而降低透平输出功，实现降低转速的目标。透平流量调节阀宜安装在透平出口管线上，以减少由于阀门调节对透平入口流动的影响；在调节透平管线阀门开度时，应考虑与透平旁通管线的流量匹配。

标示设备运行稳定性的参数包括主设备和辅助系统参数。主设备参数包括运行参数和主设备控制参数，如液力透平运行转速、介质流量、可利用水头、输出功率为运行参数；转子轴承温度、振动、位移等为控制参数。液力透平辅助系统包括润滑油和（或）密封系统，相关参数包括流量、压力、压差、温度、液位等。当上述参数超出规定值时，提示报警或联锁乃至停机，其中辅助系统参数可以对主设备构成自动联锁、停机；非正常的主设备参数，将可以通过 DCS 构成与整个工艺系统中其他设备的联锁控制。

10.3　液力透平状态监测

状态监测包括设备相关的工艺系统运行参数的监测和设备运行稳定性监测，前者主要由用户监测和控制，后者与设备自身状态有关，是设备状态监测的主要目标。一般一次仪表直接安装在设备上，设备运行状态监测仪表所获得的数据，可通过与工艺系统参数的联锁动作，改变设备运行状态，两者形成互为因果的关系，同样重要。本章主要介绍液力透平机组运行稳定性状态监测。

液力透平的状态监测（Condition Monitoring），就是合理设置测点，通过对相应参数传感器获得的测量数据，在数据分析对比基础上，确定机组所处的运行状态（正常、非正常）。

10.3.1　状态监测的目的

液力透平机组状态监测的目的有两个方面，一是从使用角度保证设备正常稳定运行，二是从设备运行维护角度判断设备健康状态，为检维修的合理安排提供依据。

从使用角度看，对液力透平机组进行在线运行状态监测，保证整个工艺系统处于良好的运行状态，并可在设备故障发生前通过对异常征兆或非正常参数信息的分析判断，及时采取针对性措施，控制或避免故障停机和因停机造成的损失，提高液力透平的有效利用率。

从运行维护角度看，对液力透平机组进行在线运行状态监测，了解设备运行状态，准确掌握设备实际运行特性，有助于判定机组及零部件的健康状态，确定需要停机检维修时机，充分发挥机组和零件的潜力，避免过度维修，节约维修费用；提前准备更换的零部件，缩短停机维修所需时间，提高维修效率。

对于液力透平机组这样的关键设备，实施状态监测有利于能量利用、降低运行维护成本、提高设备运行的安全性和经济性。

10.3.2 状态监测对象

在液力透平状态监测设计时，最好将液力透平机组中的液力透平、被驱动设备、电动机（如有）、离合器、增速齿轮箱（如有）等统一考虑，根据各设备特点和监测参数在健康状态分析中的作用，布置测量参数和监测点的数量，并将监测数据集中管理。

液力透平机组状态监测参数分布来源于密封辅助系统、润滑辅助系统和转子系统等分系统，三个分系统的状态监测共同构成液力透平状态监测系统。

主设备工艺参数如流量、压力、温度等非常重要，一般由工艺系统提供，必要时也可通过在透平机组中增加测点获得。

10.4 液力透平辅助系统状态监测

10.4.1 润滑系统构成及状态监测

润滑是轴承、齿轮等转动部件正常工作的保证。

轴承类转动部件的润滑方式需根据结构、负载、转速等情况确定。可选择的润滑方式包括自润滑和强制润滑。自润滑如浸油润滑、飞溅油雾润滑等；强制润滑需配备独立的润滑系统，润滑系统通常由油箱、油泵、阀门、管线、过滤器、换热器及仪表等组成，简单的润滑系统如图 10－3 所示。

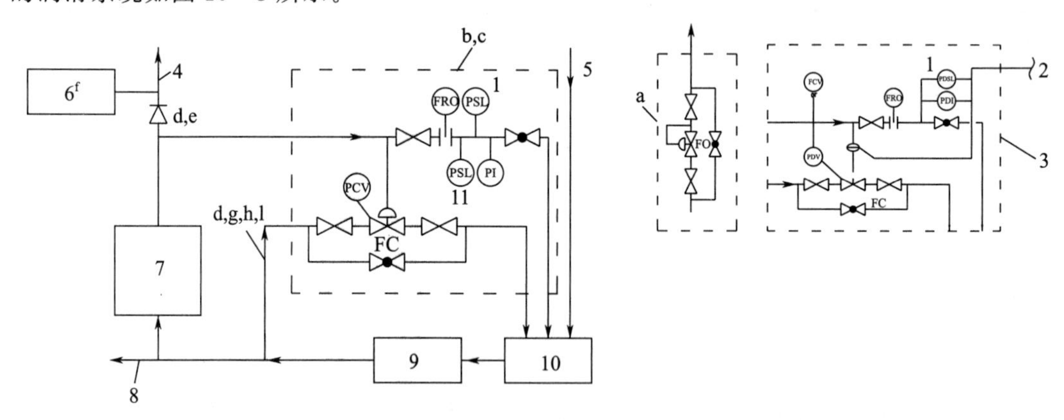

图 10－3　润滑系统构成

1—启动备用油泵；2—参考气体；3—备选布置；4—接至设备的供油总管；5—来至设备的回油总管；6—蓄能器；7—滤油器和油冷却器组件；8—备选控制油；9—主油泵；10—油箱；11—报警

润滑系统的监测参数应根据系统复杂程度确定，通常包括油箱液位、油泵出口压力和润滑油总管压力、回油温度、供油量、过滤器压差等。

图 10－3 的润滑系统，通过流量调节、压力保护等措施，为图 10－4 所示的液力透平各润滑点提供相应压力和流量的润滑油。润滑系统的仪表实现流量控制、压力报警；而设备应用端即各润滑点关注流动状况，以及来源压力、润滑点压力和温度，并具备相应的报警功能等。两者共同构成完整的润滑系统和状态监测与报警联锁等。

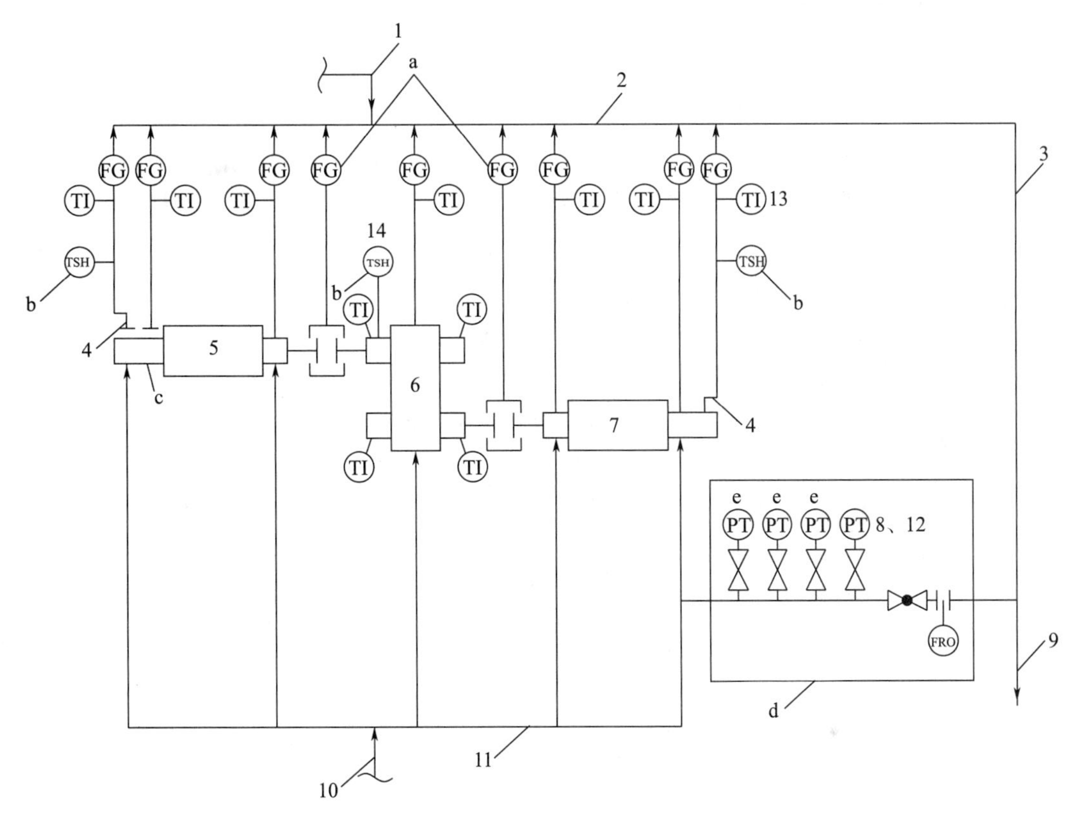

图 10－4　设备端管线及测点布置

1—必要时接至设备外密封排放管、控制油排放管等；2—润滑油排放总管；3—回油总管；4—推力轴承回油；5—驱动装置；6—齿轮；7—被驱动装置；8—低润滑油供给压力陡降；9—回油；10—油入口；11—润滑油供油总管；12—低润滑油供给压力报警；13—推力轴承报警；14—齿轮温度报警

其中 8、12、13、14 表示一种状态

润滑油流量确定：润滑油供油量应大于所有润滑点所需流量的总和。

$$Q_r = \sum q_{ri} + \Delta q \tag{10-1}$$

式中　Q_r——系统总润滑油流量；

q_{ri}——各个点的润滑油量；

Δq——系统设计余量，一般取实际需要总量的 10％～20％。

润滑油压力的确定：控制的油泵出口压力应大于润滑点所需压力最高值。

$$P_p = P_{d\max} + \Delta p \tag{10-2}$$

式中　P_p——润滑油泵出口控制压力；

$P_{d\max}$——润滑点中最高压力；

Δp ——应考虑的各种损失的压力。

构成系统的管线、过滤器和换热器需要有足够的强度，必要时过滤器和换热器可按压力容器有关要求设计或选用；设备、阀门、仪表等材质、防爆等级应满足现场环境要求。

10.4.2 密封冲洗系统构成与状态监测

采用机械密封的液力透平装置，其机械密封的布置方式和冲洗方式根据介质条件和具体结构确定，如第8章所述。在特殊情况下，如介质不允许外泄漏、介质温度高或含有固体颗粒等，密封冲洗液、缓冲液、隔离液等需采用 PLAN 54/PLAN 53 等带压的冲洗方式时，典型的密封辅助系统与图 10-3 相同或相似，流量和压力确定及监测点设置要求也相同。

液力透平用于驱动泵时，密封冲洗系统最好共用一套；密封冲洗系统压力按泵和透平中的高者确定，流量按泵和透平密封冲洗量总和确定。

密封冲洗系统供给压力应高出密封腔最高压力 0.3～0.5 MPa；各密封点的流量根据机械密封摩擦副发热量确定，在进行压力和流量分配时，应保证密封系统的整体平衡。

图 10-5 为典型的 PLAN 32 密封冲洗方案设备端的监测参数和监测点布置。设备端监测参数主要为压力，对高温、多点并联等要求较高的场合可增加流量和温度监测。

与润滑系统相同，密封冲洗系统供给端和设备端的压力、温度、流量、压差等共同构成密封辅助系统参数的状态监测和控制联锁。具体的可根据工况按 API 682 标准选择合适的密封冲洗方案。

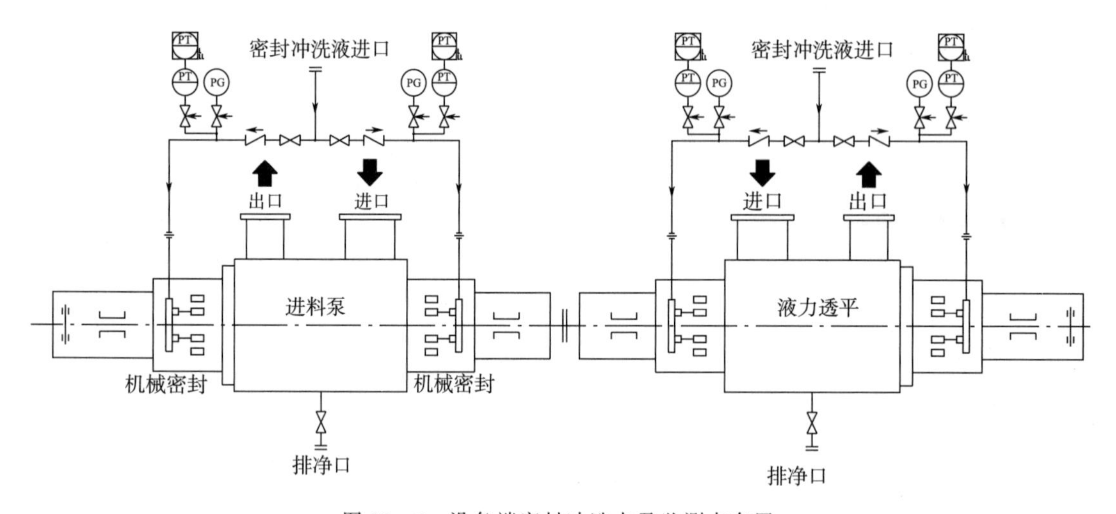

图 10-5　设备端密封冲洗点及监测点布置

10.4.3 辅助系统状态监测说明

图 10-6 为液力透平装置强制润滑系统状态监测示例，其中主要监测参数为润滑油温度和压力，具体布点如图所示。

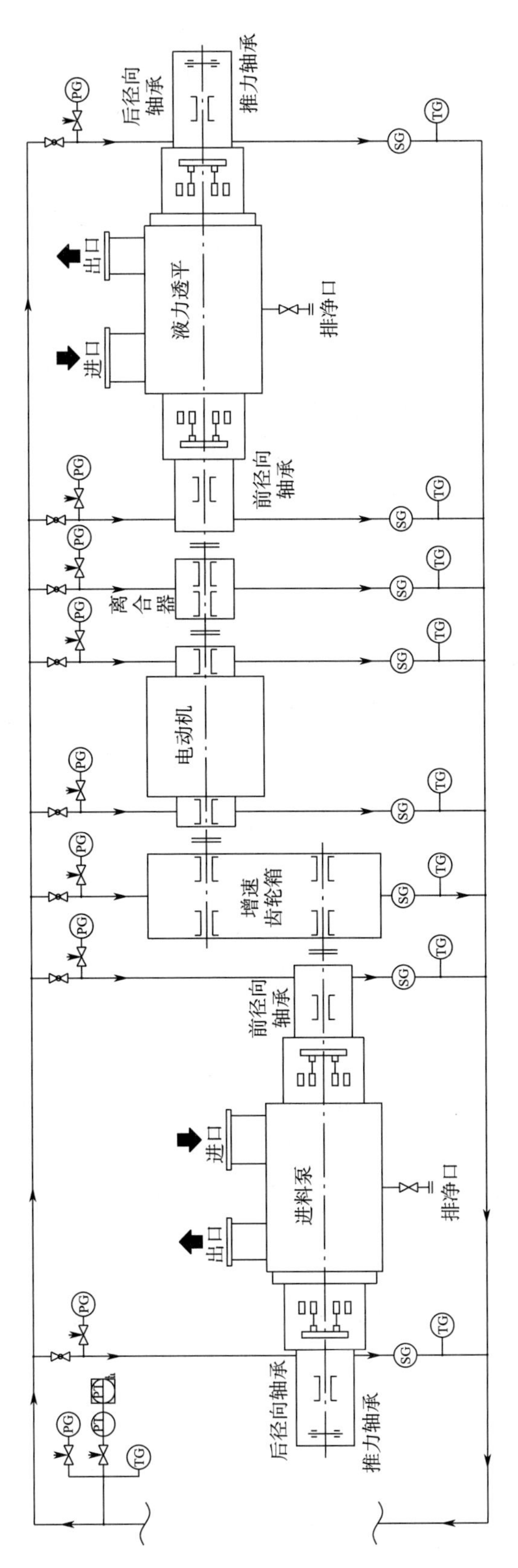

图 10-6　液力透平装置强制润滑系统状态监测示例

（1）润滑油温度监测

润滑油用于对液力透平、泵、电动机、增速齿轮箱、离合器等设备的轴承、齿轮等部位进行润滑，并及时带走摩擦面产生的热量。润滑油有其合适的工作温度范围，在此范围内润滑油黏度适宜，能达到最佳的润滑效果。通常在润滑油回油管路上设置温度计（TG），以便判断润滑油温度是否过高，必要时可在相应位置设置温度传感器（TE）及变送器（TT），实现高/低报警，与相应控制设备形成联锁动作。

（2）润滑油压力监测

润滑油一般由油站的电动油泵供应。根据 10.4.1 节的介绍，润滑系统的润滑油压力应满足设备需求，并通过各油路上关键位置设置的压力表（PG）和压力变送器（PT）来实现润滑油压力监测。透平启动前，需先启动润滑系统并保证润滑油压力达到要求值；透平运行中，润滑油压力应保持在适当的范围内，当润滑油压力低于要求值时，可能触发报警或联锁，以防润滑不良引发更大的故障。

10.5 转子系统状态监测

转子系统包括轴、轴承、叶轮及轴上所有转动部件。转子系统状态监测主要是对轴承温度、轴的径向振动、轴向位移、转速等参数的监测，图 10－7 给出了最复杂的液力透平机组的转子系统监测示例。

10.5.1 轴承温度监测

液力透平和泵的轴承一般采用前、后径向滑动轴承和推力轴承。电动机、增速齿轮箱通常采用滑动轴承或滚动轴承。轴承健康关系到液力透平的稳定运行，给轴承以良好的润滑，控制工作过程中的温升对于轴承健康至关重要，因此必须对轴承温度进行监测。

随着液力透平等设备的启动，轴承温度会缓慢上升，当设备稳定运行后，轴承温度会保持稳定。轴承的正常温度因散热量、转速、负荷的不同而不同，当轴承的油量减少（或过多）或安装不当，轴承温度会急剧上升。通常要对轴承温度设置报警和停机值，一旦出现温度异常，必须及时采取措施，如增加润滑油量、增加冷却水量等。而急剧温升常直接触发联锁停机，以防轴承烧瓦、抱轴等更严重的设备损坏。

通常在液力透平和泵的前、后径向轴承，主、副推力轴承处各设置 1 个温度传感器（TE），并通过温度变送器（TT）将信号远传至中控室的分布式控制系统（DCS）进行监测和联锁控制。

对电动机的温度监测，主要是对前、后轴承温度和三相定子绕组温度的监测，通常采用 PT100 铂热电阻，双支型或一用一备以增加安全冗余。

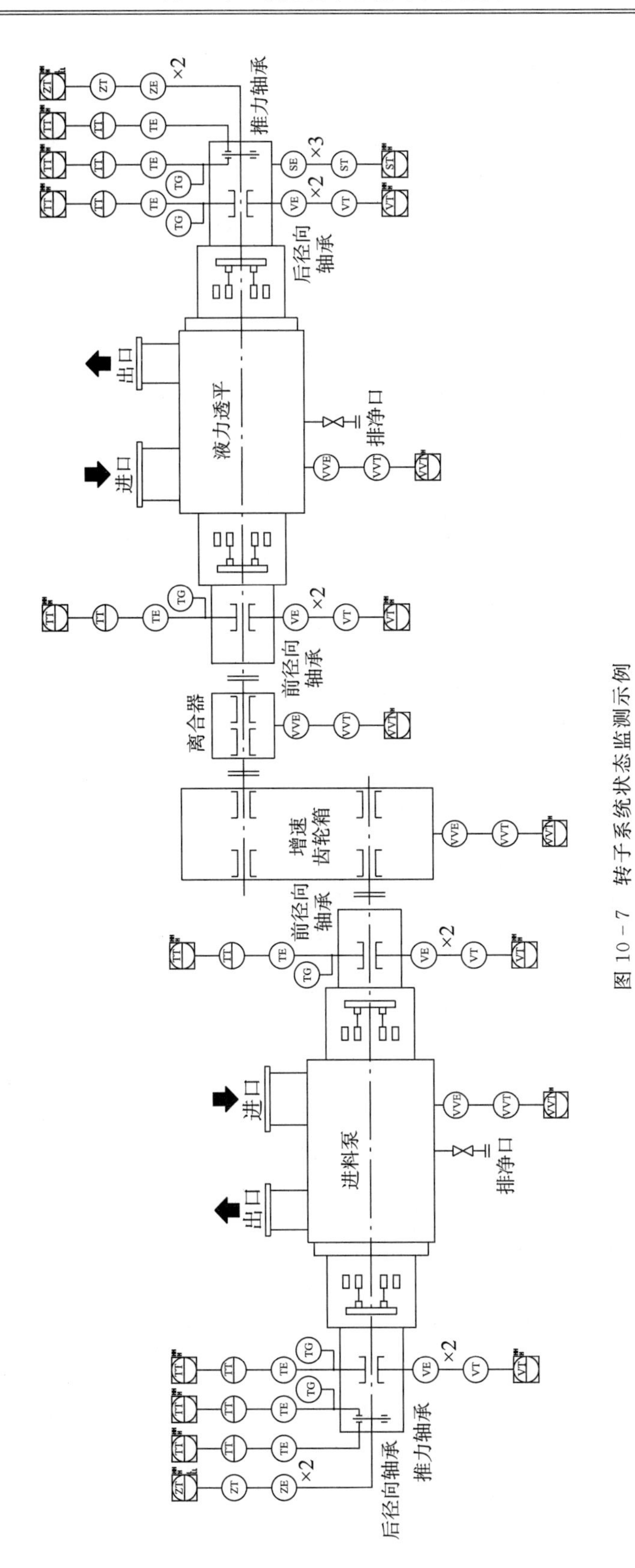

图 10-7　转子系统状态监测示例

10.5.2 转子径向振动监测

对于液力透平和泵这样的旋转机械，振动监测能有效反映轴承-转子系统运行状态。旋转机械在运转过程中可能出现的故障，如转子不平衡、不对中、弯曲、裂纹、流体动压滑动轴承油膜涡动、动静件碰摩、机械松动等，这些故障往往会引起异常振动，过大的振动往往是旋转机械被破坏的先兆。通过对振动的监测，可以及早发现异常状态；借助于一些独特的诊断图，如趋势图、频谱图、轴心轨迹、波德图等，可以查明故障原因和故障部位，及时进行处理。

振动可以用位移、速度或加速度来表征。如果关心的振动频率及其主要倍频位于低频段，如转子振动，则监测振动位移比较合适；如果关心的振动频率主要位于中频段，如叶片不多的叶轮的通过频率，则监测振动速度比较合适；如果关心的振动频率多为高频，如齿数较多的齿轮的相关频率、滚动体较多的滚动轴承的相关频率，则宜监测振动加速度。可据此设置振动测点并选择振动传感器类型。

对液力透平和泵的振动监测，采用在每个轴承箱中径向滑动轴承处成 90°垂直布置 2 个非接触式电涡流传感器（VE＋VT），并将信号传至振动监测系统或 DCS，以监测轴承处轴颈在水平和垂直方向的径向振动位移。

需要指出的是，受结构限制，若不方便在轴附近安装传感器，则可在轴承箱壳体上振动较显著的部位设置安装平面或螺纹孔，以螺纹安装、磁座吸附、胶黏等方式安装振动速度或加速度传感器（VVE＋VVT），信号传至中控室的振动监测系统或现场手持式分析仪，也能获得较好的振动监测效果。当条件有限无法安装固定的振动传感器时，可采用最简单的测振仪，触及想要检测的任何位置，即可获得该位置的振动速度或位移，以简单了解设备振动情况。对于电动机、增速齿轮箱、离合器等在液力透平机组中的设备的振动监测，常采用这种方法。

10.5.3 转子轴向位移监测

配置滑动轴承和推力轴承的液力透平和泵的转子系统因带有叶轮，启动、运转过程中受到流体力作用，会产生一定的轴向窜动，需要在轴端或轴肩设置 2 个轴向位移传感器（ZE＋ZT，采用非接触式电涡流传感器），实时监测轴向位移，通过必要的联锁值设置来保护透平不因转子系统窜量超标而发生损坏。

10.5.4 转速监测

液力透平进、出口压差和载荷的突然变化有可能引起透平的飞速，造成重大事故，因此必须对液力透平的转速进行实时监测，并建立转速联锁停机机制，防止事故的发生。通常在转子上对称开设 2 个键槽，等间隔安装 3 个转速传感器（SE＋ST，非接触式），通过三取二的冗余设置，可以在超速状态下触发报警或联锁停机以保护透平机组。透平转速的上限一般不超过其额定转速的 110%，当运行转速超过规定值时，联锁控制透平入口调节阀开度减少透平流量，转速报警和停机值应低于理论计算的飞逸转速值，并保持一定裕量。

10.6 监测参数的报警、联锁参数设定示例

10.6.1 温度参数

文献［2］规定：液力透平在规定的运转条件下和环境温度为 43 ℃时应保持油和轴承温度为：1）对于强制润滑系统，油的吐出口温度应低于 70 ℃，轴承金属的温度应低于 93 ℃。在工厂试验时，在最不利的工况下，轴承的油温升应不超过 28 ℃。2）对于油环润滑或喷雾润滑系统，油池温度应低于 82 ℃。在工厂试验时，油池的油温升应不超过 40 ℃，轴承外圈温度应不超过 93 ℃。

10.6.2 振动参数

文献［3-4］的表 8 和图 34 示出了悬臂泵和两端支承泵的振动极限值，液力透平也可参考。以转速 n =1 485 r/min、功率 P =1 080 kW 的液力透平为例：

1）轴承箱的振动速度（未滤波速度均方根值 RMS）——在优先工作区 Vu < 3 mm/s，在优先工作区外而在允许工作区内 Vu <3.9 mm/s，可将 3 mm/s 作为报警值，振动速度通常不设置停机值，以防止冲击等引发不必要的联锁。

2）轴（靠近流体动压滑动轴承）振动位移（未滤波位移峰-峰值）——在优先工作区 Au <50 μm，在优先工作区外而在允许工作区内 Au <65 μm，可将此二值作为报警值和联锁值。

10.6.3 轴向位移参数

轴向位移报警值和联锁值须考虑轴向位移具有双向性，如果规定一个方向为正方向，则窜向另一个方向为负方向，故报警值和联锁值各有 2 个值。假设轴的设计窜量（理论上轴所能达到的前、后极限位置的总间隙）为 x，则轴向位移联锁值可设置为：低于 $-x$ 或高于 x 时停机；报警值设置为绝对值稍小于 x。

10.6.4 转速

例如，某液力透平的工作转速为 1 500 r/min，飞逸转速约为 2 400 r/min，可将转速报警值和联锁值分别设置为 1 650 r/min 和 1 700～1 800 r/min。

10.7 监测参数异常的致因及排除

监测参数偏离正常值则为异常，明显偏离甚至超过报警值或联锁值而触发报警或停机，则意味着故障。表 10-1 列出了液力透平的部分监测参数异常的可能原因及解决方

法，可用于指导液力透平的状态监测和故障诊断。

液力透平机组的状态监测系统是保证机组安全、稳定、长周期运行的关键手段，是机组稳定运行的基础。

表 10－1　液力透平（或泵）监测参数异常的可能原因及解决方法

参数异常	原因	解决方法
润滑油温过高	润滑油品牌不当	换规定牌号润滑油
	冷却水流量不足	检查冷却器冷却水进出口两端压差，增大冷却水流量
	冷却水脏	检查水质，并排除
	油污染	检查冷却器有无漏水，过滤器有无破损，换油、换过滤器、冷却器
	低油位过高，搅油	调整低油位
润滑油泵不上压或压力偏低	油泵有漏气处	检查排除
	油路中有气堵	放气
	系统管路装配不善，有泄漏点	检查各密封点，排除漏点
	油泵损坏，内部间隙过大	排除或更换
	径向轴承间隙过大	更换
	油温过高	改善冷却
润滑油泵压力偏高或运转中油压不断升高	油脏，过滤器堵塞	彻底清洗箱体，换油，更换滤芯，清洗冷却器
	油进水，油液乳化	检查冷却器漏点，密封损坏情况，更换受损部件
轴或箱体振动大	转子不平衡	重新平衡
	轴不对中	检查对中性并处理
	轴弯曲或磨损过多	校直或更换
	轴承损坏	检查更换
	零部件松动	上紧螺母或更换零、部件
	基础不完善	完善基础
	地脚螺钉松动	拧紧螺钉
轴承温度过高	轴承设计不合理	改进设计
	润滑油量不足	增大供油量
	振动过大	按“振动大”内容处理

参 考 文 献

[1] API 614 5th edition，Lubrication，Shaft - sealing and Oil - control Systems and Auxiliaries [S].

[2] HG/T 4591—2014 化工液力透平 [S].

[3] GB/T 3215—2019 石油、石化和天然气离心泵 [S].

[4] API 610 11th edition，Centrifugal Pumps for Petroleum，Petrochemical and Natural Gas Industries [S].

附　录

1　液力透平数据表

液力透平数据表

用户名称 ____________________

项目名称 ____________________

设备工位号 ____________________

设备编号 ____________________

产品系列号 ____________________

询价单号 ____________________

合同号 ____________________

必要的描述性说明

适用标准

设备	条款	条款	条款
泵（或其他）			
液力透平			
电动机			
齿轮箱			

Rev.	Date	说明（Description）	By	Checked			
		满足××标准的液力透平数据表 API/GB/HG Std ×× Hydraulic Turbine Data Sheet	Sheet	of			

1	说明	适用标准____		Rev.
2		装置名称____	位号____	
3		询价单号____ 设备尺寸____	型号____ 级数____	
4		制造厂____	系列号____	
5		**流体性质**		
6		单位 最大 最小	说明： 运行条件及切入切出； 粒径/粒子浓度； 腐蚀性； 含 HCL/H_2S 浓度； 不凝气体含量； 排出条件下气体含量； NPSHa 为介质排出条件与饱和蒸气压的关系 ……	
7		名称 （说明：最大最小值与性能表有关）		
8		汽化压力 psia		
9		相对密度		
10		比热 kJ/kg-℃		
11		黏度 cP		
12		**运行条件**		
13		单位 最大 额定 正常 最小		
14		NPSHa m		
15		介质温度 ℃		
16		流量 m^3/h		
17		入口压力 MPa		
18		出口压力 MPa		
19		压力差 MPa		
20		水头 m		
21		水力功率 kW		
22		**设备安装环境条件与公用工程条件**		
23		安装地址____	**冷却水**	
24		电气环境条件 类别	进口 返回 设计	
25		组别 温度等级	温度____℃ Max____	
26		**地址条件**	压力____MPa Min____	
27		海拔高度 ____m 环境温度范围 ____/____℃	水源氯离子含量____ppm	
28		相对湿度 ____/____% 特殊条件 ____	仪表风：Max____bar Min____bar	
29		**公用工程条件**	**蒸气条件** 驱动 加热	
30		动力条件 驱动 加热 控制 开关	温度/℃ Max	
31		电压	温度/℃ Min	
32		相数	压力/MPa Max	
33		频率	压力/MPa Min	
34		**性能**	**被驱动设备**	
35		预计性能曲线号：____rpm____	被驱动设备类型 ____	
36		叶轮直径：额定____ Max____ Min____ mm	齿轮箱 ____	
37		额定功率 ____kW 效率____%	允许转速范围 ____to____rpm	
38		额定曲线最佳效率点流量（额定直径下）____m^3/h	名牌功率 ____kW	
39		最小流量 功率为零____m^3/h 允许流量____m^3/h	额定转速 ____rpm	
40		优先运行范围 ____to____m^3/h	额定负荷转速 ____rpm	
41		允许运行范围 ____to____m^3/h	运行方向 ____	
42		额定叶轮下最大输出功率 ____kW	轴承类型：	
43		额定叶轮下最大水头 ____m	径向轴承 ____/____	
44		比转速 ____m/kW	推力轴承 ____/____	
45		单位转速 ____r/min 单位流量 ____L/s	启动方式	
46		飞逸转速 ____rpm		
47		允许最高运行转速 ____rpm		
48		最大允许声压级 ____dBA		
49				
50				
51				
52				
53				
54				
55				
56				
57				

Date sheet no.____ Rev.____ sheet of

	说明	结构								Rev.
1	说明	结构								Rev.
2		透平类型 ____（符合 API 或国家标准）							**壳体安装** ____	
3		**法兰连接尺寸**							**壳体形式** ____	
4			尺寸	法兰类型	压力等级	方位			壳体压力等级	
5		入口							最大工作压力 ____MPa@____℃	
6		出口							水压试验 ____MPa@____℃	
7		**压力壳体辅助接口**							**悬臂式透平水压试验安装**	
8			No	尺寸	形式	类型	等级	方位	排出低压、最大工作压力范围 ____	
9		压力平衡口							**旋转方向**（从联轴器端看） ____	
10		排净口							多级叶轮独立保护 ____	
11		排气/液口							底座地脚螺丝 ____	
12		压力表口							底座 ____	
13		温度表口							**转子**	
14		保温管口							轴的柔性指数 ____	
15									一阶湿临界转速（多级） ____	
16		排净阀 ____							零件平衡 G1 ____	
17		排气/液阀 ____							过盈配合叶轮轴向移动上限 ____	
18		锥管螺纹连接 ____							**联轴器** ____	
19		圆柱螺纹连接 ____							制造厂 ____	
20		双头螺栓连接 ____							型号 ____	
21									额定功率 ____	
22		**材料**							长度 ____ mm	
23		安装地址____							服务系数 ____	
24		电气环境条件			类别				液压安装联轴器 ____	
25		组别			温度等级				联轴器平衡 G6.3 ____	
26		**地址条件**							专用工具 ____	
27		海拔高度	____ m		环境温度范围	____/____℃			脱扣转速 ____	
28		相对湿度	____/____%		特殊条件	____				
29		**公用工程条件**								
30		动力条件	驱动	加热	控制	开关			**底座**	
31		电压							底座结构 ____	
32		相数							底座排水系统 ____	
33		频率							安装：	
34		**性能**							非灌浆结构	
35		材料等级 ____							立式水平调准螺栓 ____	
36		最低设计温度 ____℃							轴向位置定位螺栓 ____	
37		材料热处理标准 ____							附件：地脚螺栓孔 ____	
38		壳体 ____							排水连接口 ____	
39		导叶 ____							底座水平调节垫尺寸 ____	
40		叶轮 ____							底座上所有设备调整垫 ____	
41		叶轮摩擦环 ____								
42		壳体摩擦环 ____								
43		轴 ____								
44		轴套 ____								
45		无损检测等级 ____								
46		**轴承与润滑**								
47		轴承形式和型号 ____								
48		径向 ____/____							说明	
49		轴向 ____/____								
50		润滑：								
51		压力润滑系统 （与透平安装在同一底座上）								
52		（独立的安装底座）								
53		润滑油黏度 ____								
54										
55										
56										
57										

Date sheet no. ____ Rev. ____ sheet of

1	说明	仪表	密封支撑系统安装	Rev.
2				
3				
4				
5				
6				
7				
8				
9				
10				
11				
12				
13				
14				
15				
16				
17				
18				
19				
20				
21				
22				
23				
24				
25				
26				
27				
28				
29				
30				
31				
32				
33				
34				
35				
36				
37				
38				
39				
40				
41				
42				
43				
44				
45				
46				
47				
48				
49				
50				
51				
52				
53				
54				
55				
56				
57				

Date sheet no. ________　Rev. ________　sheet　of

2　试验数据

试验数据概要	
最终用户：	曲线号：
采购方：	试验日期：
采购单号：	
项目号：	确认方：
液力透平系列号：	（卖方代表）
尺寸和形式：	见证方：
级数：	（买方代表）

透平性能参数				
	额定参数	实际试验参数	实际误差(±%)	允许误差(±%)
流量/(m^3/h)				
水头/m				
功率/kW				
转速/(r/min)				

结构参数			
第一级(或单级)		次级	
叶轮直径/ mm		叶轮直径/ mm	
叶轮模型号		叶轮模型号	
叶片数		叶片数	
涡壳/扩压器模型号		涡壳/扩压器模型号	
叶尖半径间隙(与涡壳或导叶)/%		叶尖半径间隙(与涡壳或导叶)/%	

机械性能							
在特定的流量范围内最大振动水平							
		额定流量		优先运行范围		允许运行范围	
		试验结果	允许值	试验结果	允许值	试验结果	允许值
壳体振动	驱动端:总的/滤波值						
	非驱动端:总的/滤波值						
轴的位移	驱动端:总的/滤波值						
	非驱动端:总的/滤波值						

轴承温度/℃			
强制润滑		甩油环或飞溅润滑	
环境温度		环境温度	
油温升		油温升	
回油温度		油池温度	
轴承最高温度			
驱动端径向轴承			
非驱动端径向轴承			
止推轴承			

飞逸转速试验属于特殊的试验内容，必须在保证安全的情况下进行，不作为水力性能试验内容。

飞逸试验应在水力性能试验完成后进行，试验过程中慢慢降低负载为 0 时，测量给定水头或最大水头下的转速，过程中必须监测振动、油温等参数。

3　试验性能曲线

				曲线号	
				额定点参数	
液力透平系列号	________	工作介质	____________	流量	m^3/h
尺寸和形式	________	密度	____________	水头	m
级数	________	温度	____________℃	功率	kW
转速	________	运动黏度	____________ mm^2/s	计算效率	%
叶轮号	________	叶轮排出口面积	____________ mm		

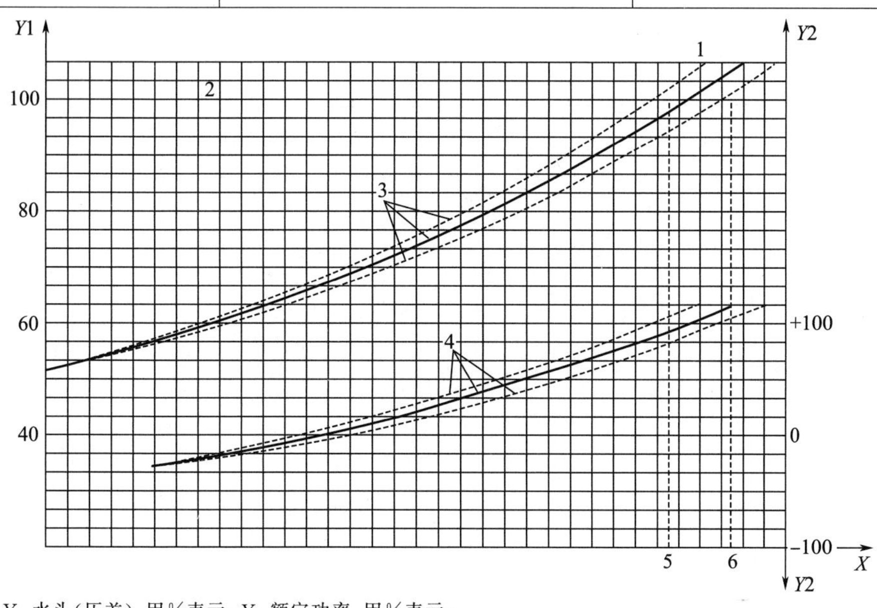

X 流量；Y_1 水头(压差)，用%表示；Y_2 额定功率，用%表示；

1—额定流量；

2—额定水头；

3—典型的水头-流量曲线；

4—典型的功率-流量曲线；

5—允差下端(95%)；

6—允差上端(105%)。